"十三五"国家重点出版物出版规划项目
高分辨率对地观测前沿技术丛书
主编 王礼恒

# 地理空间大数据分析
## 方法与应用

付琨 孙显 许光銮 刁文辉 著

国防工业出版社

·北京·

# 内 容 简 介

地理空间大数据分析作为一个交叉前沿学科方向，涉及计算机、通信、遥感、人工智能等多个领域，也是近年来信息处理和应用领域的研究热点。本书系统介绍了地理空间大数据的概念内涵，从基础设施、组织关联、智能分析和可视化等四个方面详细叙述了地理空间大数据分析的技术要点和实现路线，并给出了若干领域的典型应用案例。

本书可供从事地理信息、图像处理、遥感测绘、人工智能等领域的研究人员参考使用，也可作为高等院校相关专业的教学和研究资料。

**图书在版编目(CIP)数据**

地理空间大数据分析方法与应用/付琨等著. —北京：国防工业出版社，2021.7

（高分辨率对地观测前沿技术丛书）

ISBN 978 – 7 – 118 – 12238 – 1

Ⅰ.①地… Ⅱ.①付… Ⅲ.①地理信息系统—数据处理 Ⅳ.①P208

中国版本图书馆 CIP 数据核字(2020)第 213961 号

※

国防工业出版社出版发行

（北京市海淀区紫竹院南路23号 邮政编码100048）
北京龙世杰印刷有限公司印刷
新华书店经售

\*

开本 710×1000 1/16 印张 23 字数 374 千字
2021 年 7 月第 1 版第 1 次印刷 印数 1—2000 册 定价 138.00 元

**（本书如有印装错误，我社负责调换）**

国防书店：(010)88540777　　书店传真：(010)88540776
发行业务：(010)88540717　　发行传真：(010)88540762

# 丛书学术委员会

**主　　任**　王礼恒

**副 主 任**　李德仁　艾长春　吴炜琦　樊士伟

**执行主任**　彭守诚　顾逸东　吴一戎　江碧涛　胡　苹

**委　　员**　（按姓氏拼音排序）

　　　　　　白鹤峰　曹喜滨　陈小前　崔卫平　丁赤飚　段宝岩
　　　　　　樊邦奎　房建成　付　琨　龚惠兴　龚健雅　姜景山
　　　　　　姜卫星　李春升　陆伟宁　罗　俊　宁　辉　宋君强
　　　　　　孙　聪　唐长红　王家骐　王家耀　王任享　王晓军
　　　　　　文江平　吴曼青　相里斌　徐福祥　尤　政　于登云
　　　　　　岳　涛　曾　澜　张　军　赵　斐　周　彬　周志鑫

# 丛书编审委员会

主　　编　王礼恒

副 主 编　冉承其　吴一戎　顾逸东　龚健雅　艾长春
　　　　　彭守诚　江碧涛　胡　莘

委　　员　（按姓氏拼音排序）
　　　　　白鹤峰　曹喜滨　邓　泳　丁赤飚　丁亚林　樊邦奎
　　　　　樊士伟　方　勇　房建成　付　琨　苟玉君　韩　喻
　　　　　贺仁杰　胡学成　贾　鹏　江碧涛　姜鲁华　李春升
　　　　　李道京　李劲东　李　林　林幼权　刘　高　刘　华
　　　　　龙　腾　鲁加国　陆伟宁　邵晓巍　宋笔锋　王光远
　　　　　王慧林　王跃明　文江平　巫震宇　许西安　颜　军
　　　　　杨洪涛　杨宇明　原民辉　曾　澜　张庆君　张　伟
　　　　　张寅生　赵　斐　赵海涛　赵　键　郑　浩

秘　　书　潘　洁　张　萌　王京涛　田秀岩

# 序 言

高分辨率对地观测系统工程是《国家中长期科学和技术发展规划纲要（2006—2020年）》部署的16个重大专项之一，它具有创新引领并形成工程能力的特征，2010年5月开始实施。高分辨率对地观测系统工程实施十年来，成绩斐然，我国已形成全天时、全天候、全球覆盖的对地观测能力，对于引领空间信息与应用技术发展，提升自主创新能力，强化行业应用效能，服务国民经济建设和社会发展，保障国家安全具有重要战略意义。

在高分辨率对地观测系统工程全面建成之际，高分辨率对地观测工程管理办公室、中国科学院高分重大专项管理办公室和国防工业出版社联合组织了《高分辨率对地观测前沿技术》丛书的编著出版工作。丛书见证了我国高分辨率对地观测系统建设发展的光辉历程，极大丰富并促进了我国该领域知识的积累与传承，必将有力推动高分辨率对地观测技术的创新发展。

丛书具有3个特点。一是系统性。丛书整体架构分为系统平台、数据获取、信息处理、运行管控及专项技术5大部分，各分册既体现整体性又各有侧重，有助于从各专业方向上准确理解高分辨率对地观测领域相关的理论方法和工程技术，同时又相互衔接，形成完整体系，有助于提高读者对高分辨率对地观测系统的认识，拓展读者的学术视野。二是创新性。丛书涉及国内外高分辨率对地观测领域基础研究、关键技术攻关和工程研制的全新成果及宝贵经验，吸纳了近年来该领域数百项国内外专利、上千篇学术论文成果，对后续理论研究、科研攻关和技术创新具有指导意义。三是实践性。丛书是在已有专项建设实践成果基础上的创新总结，分册作者均有主持或参与高分专项及其他相关国家重大科技项目的经历，科研功底深厚，实践经验丰富。

丛书5大部分具体内容如下：**系统平台部分**主要介绍了快响卫星、分布式卫星编队与组网、敏捷卫星、高轨微波成像系统、平流层飞艇等新型对地观测平台和系统的工作原理与设计方法，同时从系统总体角度阐述和归纳了我国卫星遥感的现状及其在 6 大典型领域的应用模式和方法。**数据获取部分**主要介绍了新型的星载/机载合成孔径雷达、面阵/线阵测绘相机、低照度可见光相机、成像光谱仪、合成孔径激光成像雷达等载荷的技术体系及发展方向。**信息处理部分**主要介绍了光学、微波等多源遥感数据处理、信息提取等方面的新技术以及地理空间大数据处理、分析与应用的体系架构和应用案例。**运行管控部分**主要介绍了系统需求统筹分析、星地任务协同、接收测控等运控技术及卫星智能化任务规划，并对异构多星多任务综合规划等前沿技术进行了深入探讨和展望。**专项技术部分**主要介绍了平流层飞艇所涉及的能源、囊体结构及材料、推进系统以及位置姿态测量系统等技术，高分辨率光学遥感卫星微振动抑制技术、高分辨率 SAR 有源阵列天线等技术。

丛书的出版作为建党 100 周年的一项献礼工程，凝聚了每一位科研和管理工作者的辛勤付出和劳动，见证了十年来专项建设的每一次进展、技术上的每一次突破、应用上的每一次创新。丛书涉及 30 余个单位，100 多位参编人员，自始至终得到了军委机关、国家部委的关怀和支持。在这里，谨向所有关心和支持丛书出版的领导、专家、作者及相关单位表示衷心的感谢！

高分十年，逐梦十载，在全球变化监测、自然资源调查、生态环境保护、智慧城市建设、灾害应急响应、国防安全建设等方面硕果累累。我相信，随着高分辨率对地观测技术的不断进步，以及与其他学科的交叉融合发展，必将涌现出更广阔的应用前景。高分辨率对地观测系统工程将极大地改变人们的生活，为我们创造更加美好的未来！

王礼恒

2021 年 3 月

# 前 言

地理空间数据(Geospatial Data)是指一切具有地理坐标信息的数据,可来源于经济、环境、地理、资源和社会等多个领域,是地理实体的空间特征和属性特征的数字描述。常见的地理空间数据包括电子信号、基础专题、遥感图像、电子地图、三维图像、矢量数据以及重力磁力等。

地理空间大数据既符合大数据的特征,又具有自身的特质,可分为基础大数据和承载大数据两类。基础大数据是指利用对地观测手段获取和处理的各种数据与数据产品的集合,用于构建统一时空框架。承载大数据则是指载体关联、时空关联、业务关联的各类数据与数据产品的集合,主要用于支持各类泛在应用。

与互联网上的大数据相比,地理空间大数据获取链路长、处理环节多、关键技术更为复杂。数据采集环节将获取的地理空间信息数字化,使得数据可度量;清洗标注环节将数据内容转化为容易理解的信息;组织关联环节打破多源异构数据之间的壁垒,搭建起数据之间的逻辑与结构;数据挖掘环节抽取海量数据中隐含的信息,预测发展规律;可视化环节将数据结果直观形象表达,使得用户读图即可知数据。对应来看,地理空间大数据分析的框架涉及基础设施、组织关联、智能分析和可视展现等不同层次,由各类算法模型提供技术支撑。

地理空间大数据伴随应用而生,使以前一些不可能完成的任务成为可能。加入数据的时间、空间属性,结合可视化,能够感知数据的动态趋势。大数据与业务模型深度融合,通过提供新的服务决策模式,在国土资源、水利环保、城市建设、交通运输、公共舆情等领域发挥了重要作用。随着技术的发展,从过去以人工解译为主、计算机为辅,人占主导地位、受个体影响大,会逐渐进化到由机器指挥机器,机器协同机器,全自动无须人工干预,最终实现由机器代替人的决策,并具有较高的可信度和稳定性。

本书的内容安排如下:第1章定义了地理空间大数据的概念内涵,从大数据的发展历史和主要特点讲起,描述了大数据的技术路线和典型应用,阐释对地理空间大数据的理解;第 2 章介绍了地理空间大数据的基础设施,从计算设备、操作系统、存储设备、文件系统等角度分别阐述了大数据技术的依赖支撑,并介绍了虚拟化、容器、微服务、云计算等新概念和新技术;第 3 章重点叙述了地理空间大数据的组织关联方法,重点包括数据清洗、标注和组织管理等内容,介绍了统一时空框架下海量多源异构地理空间数据组织管理的若干前沿技术;第 4 章阐述了地理空间大数据的智能分析方法,结合数据特性和任务特性开展的创新工作,实现多源数据的智能解译;第 5 章介绍了可视化的概念内涵和大数据可视化的机遇与挑战,分基础数据、承载数据和融合数据三类介绍可视化的方法与手段,包含部分可视分析技术与实现流程;第 6 章列举了地理空间大数据的几类典型应用,覆盖国土资源、水利环保、城市建设、交通运输等领域。

本书的出版得到了国家高分辨率对地观测系统重大科技专项和国家出版基金的支持。撰写过程中也得到了多位老师的支持和帮助,其中:闫志远、李浩和王剑宇参与第 1 章的撰写;张文凯、陈凯强、王佩瑾和刘庆参与第 2 章的撰写;李峰、张泽群、赵良瑾和闫梦龙参与第 3 章的撰写;于泓峰、王智睿、李晓宇和李树超参与第 4 章的撰写;王洋、林道玉和金力参与第 5 章的撰写;张跃、任文娟、杨战鹏和张义参与第 6 章的撰写。此外,孙俊、张乃心、葛志鹏、张鸿志、张宇航、焦娇、王慎思、闫姜桥、陈文彬、李军、马永赛、陈静、曹志颖、展扬、缪子明、吴斌、吴凡、张云燕、王鑫沂、王承之,以及刘迎飞、时爱君、李轩、汪勇、李洋、毛廷运、占俊坚、田雨等研究生也为本书的资料调研、文稿校对、格式规范等做出了贡献。在此一并表示衷心的感谢!

限于作者的水平和时间的仓促,书中难免存在一些不妥之处,敬请广大同行读者批评指正。

作者

2021 年 1 月 27 日于北京

# 目 录

## 第1章　地理空间大数据概念内涵 ······ 1

### 1.1 大数据概念与发展现状 ······ 2
#### 1.1.1 大数据的发展简史 ······ 2
#### 1.1.2 大数据的定义内涵 ······ 5
#### 1.1.3 大数据的特点 ······ 11

### 1.2 大数据的技术路线 ······ 15
#### 1.2.1 数据采集 ······ 15
#### 1.2.2 数据清洗 ······ 16
#### 1.2.3 数据标注 ······ 17
#### 1.2.4 组织关联 ······ 18
#### 1.2.5 数据挖掘 ······ 21
#### 1.2.6 可视化 ······ 24

### 1.3 大数据的典型应用 ······ 26
#### 1.3.1 关联分析 ······ 26
#### 1.3.2 推荐系统 ······ 27
#### 1.3.3 趋势预测 ······ 28

### 1.4 地理空间大数据的概念内涵 ······ 29
#### 1.4.1 地理空间大数据的认知 ······ 30
#### 1.4.2 地理空间大数据的特点 ······ 32
#### 1.4.3 地理空间大数据的技术 ······ 36
#### 1.4.4 地理空间大数据的应用 ······ 42

### 1.5 小结 ······ 45

## 第 2 章 地理空间大数据基础设施 … 46

### 2.1 IT 基础设施 … 46
- 2.1.1 计算设备 … 47
- 2.1.2 存储设备 … 53
- 2.1.3 网络设施 … 57
- 2.1.4 操作系统 … 59
- 2.1.5 文件系统 … 61
- 2.1.6 数据库 … 66
- 2.1.7 信息安全 … 70

### 2.2 大数据基础设施 … 72
- 2.2.1 虚拟化 … 73
- 2.2.2 容器 … 80
- 2.2.3 微服务 … 86

### 2.3 地理空间大数据基础设施 … 88
- 2.3.1 地理空间大数据基础设施基础框架 … 88
- 2.3.2 地理空间大数据虚拟化 … 90
- 2.3.3 地理空间大数据计算 … 96
- 2.3.4 地理空间数据存储 … 98
- 2.3.5 地理空间大数据开发支撑 … 107

### 2.4 小结 … 109

## 第 3 章 地理空间大数据组织关联 … 110

### 3.1 数据组织和关联 … 111
- 3.1.1 数据组织关联的概念内涵 … 111
- 3.1.2 数据组织关联的发展历程 … 111
- 3.1.3 大数据组织关联的独特性 … 121
- 3.1.4 大数据组织关联的基础流程 … 122

### 3.2 地理空间大数据组织和关联 … 148
- 3.2.1 地理空间大数据组织管理框架 … 148
- 3.2.2 地理空间坐标系统和投影方式 … 150

|  |  | 3.2.3 地理空间大数据标注 …………………………………… 154 |
|---|---|---|

　　　　3.2.3 地理空间大数据标注 …………………………………… 154
　　　　3.2.4 地理空间大数据组织 …………………………………… 156
　　　　3.2.5 地理空间大数据关联 …………………………………… 162
　　3.3 地理空间大数据组织关联应用 ………………………………… 163
　　　　3.3.1 图谱构建 ………………………………………………… 163
　　　　3.3.2 深度问答 ………………………………………………… 173
　　　　3.3.3 智能推荐 ………………………………………………… 175
　　　　3.3.4 人机对话 ………………………………………………… 177
　　3.4 小结 ……………………………………………………………… 180

# 第 4 章　地理空间大数据智能分析 ……………………………………… 181

　　4.1 地理空间大数据智能分析概述 ………………………………… 182
　　4.2 人工智能技术综述 ……………………………………………… 183
　　　　4.2.1 智能分析的概念内涵 …………………………………… 183
　　　　4.2.2 人工智能的发展历程 …………………………………… 184
　　　　4.2.3 深度学习的发展 ………………………………………… 186
　　　　4.2.4 智能产业发展现状 ……………………………………… 187
　　4.3 大数据智能分析技术 …………………………………………… 188
　　　　4.3.1 智能分析经典理论 ……………………………………… 188
　　　　4.3.2 深度学习基本思想 ……………………………………… 189
　　　　4.3.3 深度学习主流模型 ……………………………………… 191
　　　　4.3.4 深度学习主要框架 ……………………………………… 212
　　4.4 地理空间大数据智能分析技术 ………………………………… 217
　　　　4.4.1 可见光遥感图像分析技术 ……………………………… 217
　　　　4.4.2 合成孔径雷达图像分析技术 …………………………… 230
　　　　4.4.3 地理空间文本数据分析技术 …………………………… 247
　　　　4.4.4 电子信号数据分析技术 ………………………………… 256
　　4.5 小结 ……………………………………………………………… 269

# 第 5 章　地理空间大数据可视化 ………………………………………… 270

　　5.1 可视化基本概述 ………………………………………………… 270

    5.1.1 可视化的概念内涵 ·········································· 272
    5.1.2 大数据可视化发展现状 ···································· 273
  5.2 可视化技术 ····················································· 277
    5.2.1 通用可视化技术 ············································ 277
    5.2.2 大数据可视技术 ············································ 280
  5.3 地理空间数据可视化 ········································· 282
    5.3.1 基础数据可视化 ············································ 282
    5.3.2 承载数据可视化 ············································ 290
    5.3.3 融合数据可视化 ············································ 292
  5.4 地理空间大数据可视分析 ··································· 295
    5.4.1 地理空间人机交互 ········································· 296
    5.4.2 面向应用的可视分析技术 ································· 299
    5.4.3 数字地球 ···················································· 305
  5.5 小结 ······························································· 313

# 第6章 地理空间大数据典型应用 ······························· 314

  6.1 国土资源领域 ·················································· 314
    6.1.1 需求背景 ···················································· 314
    6.1.2 应用方案 ···················································· 315
  6.2 水利环保领域 ·················································· 318
    6.2.1 需求背景 ···················································· 318
    6.2.2 应用方案 ···················································· 318
  6.3 城市建设领域 ·················································· 322
    6.3.1 需求背景 ···················································· 322
    6.3.2 应用方案 ···················································· 322
  6.4 交通运输领域 ·················································· 325
    6.4.1 需求背景 ···················································· 325
    6.4.2 应用方案 ···················································· 325
  6.5 公共舆情领域 ·················································· 329
    6.5.1 需求背景 ···················································· 329
    6.5.2 应用方案 ···················································· 331

6.6 电磁领域 ……………………………………………………… 335
　　6.6.1 需求背景 …………………………………………… 335
　　6.6.2 应用方案 …………………………………………… 336
6.7 小结 …………………………………………………………… 339

**参考文献** ………………………………………………………… 340

# 第 1 章
# 地理空间大数据概念内涵

随着互联网与物联网技术的飞速发展以及移动通信技术的不断进步,大数据(Big Data)已经成为当今时代最热门的话题之一。企业数据迅速增长,结构化与非结构化数据大量堆积,数据来源渠道广泛,信息技术发展把个人、企业乃至国家带入了大数据时代。大数据正在逐渐改变人们的生活方式、思维模式和研究范式,地理信息领域也不可避免地受到大数据技术的影响,逐渐发展出"地理空间大数据"的概念。

大数据是指采集、存储、分析和处理海量数据,并进行推理和预测的技术总称,涉及数据采集与存储、清洗标注、组织关联、挖掘分析以及可视化等关键技术。地理空间大数据是大数据的一种特殊类型,加入了数据的时间、空间属性,既符合大数据的特征,又具有自身特质。相比大数据,地理空间大数据的获取链路长、处理环节多、关键技术复杂。在数据采集环节,采集技术和大数据相似,但是获取的数据量大幅增加,并面向动态和静态两类数据;在清洗标注环节,重点解决数据全要素自动标注的问题,补全多源化、碎片化数据的时空属性和要素内容;在组织关联环节,解决可自主学习、动态关联网络构建的问题,消除海量异构数据间的差异,在统一框架下对数据进行处理;在数据挖掘环节,重点是从海量地理空间数据中抽取隐含的时间、空间和知识关系,发现并预测其中的演化规律、行为模式等时空信息;在可视化环节,则是解决数据形式各异、基准不一、可视效率低的问题。

本章主要对地理空间大数据的概念内涵进行介绍。首先从大数据的概念和发展现状讲起,接着概述了大数据的主要技术和典型应用,对应引出对地理空间大数据的理解,包括地理空间大数据的认知、主要特点、相关技术与典型应用。

## 1.1 大数据概念与发展现状

大数据不是凭空产生的,是时代发展的产物。本节首先从大数据的发展简史讲起,回顾大数据的前世今生;然后从认知、数据、技术和应用四个维度对大数据的定义内涵进行介绍;最后对大数据的特点进行总结。

### 1.1.1 大数据的发展简史

大数据的概念最早可以追溯至 1980 年,美国未来学家 Aivin Toffler 在其著作《第三次浪潮》中预言了信息时代的到来会带来数据爆发,将"大数据"称为"第三次浪潮的华彩乐章"。由此可见,大数据的历史由来已久,从出现距今已经将近 40 年的时间。期间大数据技术持续积累,慢慢由量变到质变,如今已渗透到社会的各行各业,对信息社会的智能化发展起到了决定性作用。大数据的发展历程大致可以分为三个阶段,分别是大数据萌芽阶段、大数据发展阶段以及大数据兴盛阶段。

**1. 大数据萌芽阶段**

20 世纪 90 年代至 21 世纪初是大数据的萌芽阶段。随着 Aivin Toffler 首次提出大数据的概念,美国航空航天局武器研究中心的 David Ellsworth 和 Michael Cox 在数据可视化研究中使用了大数据。1998 年,《科学》杂志发表了一篇题为《大数据科学的可视化》文章,大数据作为一个专有名词正式出现在公共期刊上。

这一阶段是大数据概念的萌芽阶段,从概念的提出到专业人士和媒体的认同及传播,意味着大数据正式诞生,如图 1-1 所示。但大数据在很长时间里并没有实质性的发展,只是作为一个概念或者假设,少数学者对其进行了研究和讨论,其意义仅限于数据量的巨大,对数据的收集、处理和存储没有进一步的探索,整体发展速度较为缓慢。

**2. 大数据发展阶段**

21 世纪初至 2010 年,互联网行业快速发展,非结构化数据大量产生,传统的数据处理方法难以应对,从而带动了大数据技术的快速突破,大数据解决方案逐渐走向成熟,形成了并行计算与分布式系统两大核心技术,谷歌的分布式文件系统(Google File System,GFS)和 MapReduce 等大数据技术受到追捧,Hadoop 平台开始大行其道。

图1-1 大数据(Big Data)词云

2001年,美国高德纳公司(Gartner Group)率先开发了大型数据模型。同年,DougLenny提出了大数据的3V(Velocity、Volume、Variety)特性。2005年,Hadoop技术应运而生,成为大数据分析的主要技术。2007年,数据密集型科学的出现,不仅为科学界提供了一种新的研究范式,而且为大数据的发展提供了科学依据。2008年,《自然》杂志推出了一系列大数据专刊,详细讨论了一系列大数据的问题,如图1-2所示。2010年,美国信息技术顾问委员会就大数据在政府工作中的应用,发布了《规划数字化未来》的研究报告。

图1-2 《自然》杂志推出大数据专刊

在这一阶段,大数据迎来了发展的小高潮。大数据作为一个新名词,成为互联网行业中的热门词汇,开始受到理论界的关注,其概念和特点得到进一步丰富,相关的大数据处理技术层出不穷,大数据开始展现出活力。世界各国纷纷布局大数据规划,将大数据作为国家发展的重要资产之一,大数据时代悄然开启。

### 3. 大数据兴盛阶段

随着移动互联网的蓬勃发展与智能手机的全面普及,碎片化、流式等数据急剧增长,进一步带动了大数据技术的快速突破。2011年,通用商用机械公司开发了"沃森"超级计算机,通过每秒扫描和分析4TB数据打破了世界纪录,大数据计算达到一个新的高度。同年6月,麦肯锡全球研究院重新对大数据进行定义,并发布相关报告《大数据:下一个创新、竞争和生产力的前沿》。该报告详细介绍了大数据在各个领域的应用,以及大数据的技术框架,受到各行各业的广泛关注。2012年被称为世界的大数据元年,世界经济论坛就大数据相关问题开展了一系列讨论,发表了题为《大数据,大影响》的报告,正式宣布了大数据时代的到来。2013年5月,麦肯锡全球研究院发布了一份名为《颠覆性技术:技术改进生活、商业和全球经济》的研究报告,确认了未来12种新兴技术,而大数据是其中的技术基石。

自2017年以来,在国家政策、技术创新、应用需求等多个因素的推动下,我国大数据迎来了全面兴盛的时期,并渗透到各行各业。各地政府不断推出鼓励大数据研究与发展的相关政策,并建设地区数据研究中心。各大高校与研究机构纷纷布局大数据相关的专业方向,全国293所高校申报了数据科学与大数据技术相关的专业。此外,"大数据"成为多个全球性重要会议的热门议题,各国与会者都对大数据技术进行了讨论和展望。

如图1-3所示,2009年全球的数据总量为0.8ZB,而全球数据的年均增长速度达到40%,2020年全球的数据总量达到35ZB,其数据规模增长44倍。越来越多的学者对大数据的研究从基本的概念、特性转到数据资产、思维变革等

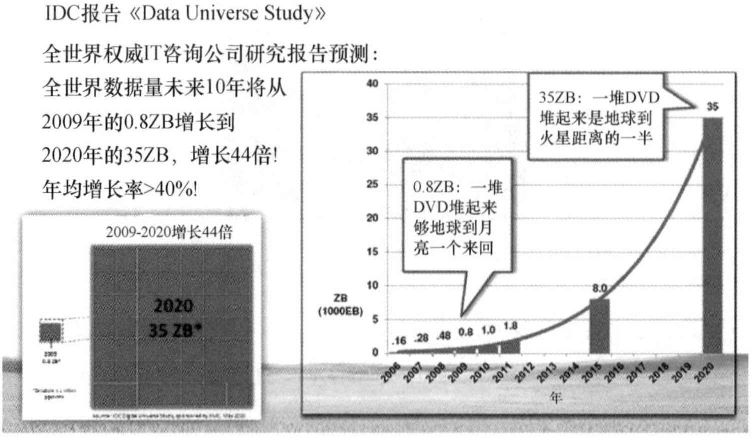

图1-3　IDC报告揭示全世界数据量的增长变化

多个角度。大数据提高了信息社会的智能化水平,不断改变原有行业的技术,不断创造新技术,大数据的发展呈现出一片蓬勃之势。

大数据伴随着互联网的成熟而发展,可以肯定的是,随着人工智能、云计算、区块链等新科技和大数据的融合,大数据将释放更多的可能,迎来全面的爆发式增长。如何把握机遇,正确认识大数据,利用大数据技术助力行业发展,成为近年来的研究热门。

## 1.1.2 大数据的定义内涵

大数据是一个宽泛的概念,对其定义也不尽相同。2008年,《自然》杂志在大数据专刊中将大数据定义为信息爆炸时代产生的海量数据,并命名与之相关的技术。麦肯锡认为大数据是一种规模极其庞大的数据集合,在数据获取、数据储存、数据管理与分析等各个方面,都超出了传统数据处理工具的能力范围。高德纳公司则将大数据比喻为未来的新石油,是海量的、具有宝贵信息的数据资产。

以上几种表述虽然不尽相同,但对大数据的共同认知是一致的,即数据量庞大、数据类型复杂以致传统工具难以处理。在我们看来,大数据不仅仅是大规模数据集合本身,还包括从海量、复杂的碎片数据中挖掘隐藏在其中有价值的信息,是大数据认知、数据、技术与应用四者的统一。

### 1.1.2.1 认知维度

认知决定了大数据的定位,维克托·迈尔·舍恩伯格(Viktor Mayrer-Schönberger)在著名的《大数据时代》一书中(见图1-4),提出了大数据时代的三个思维:

(1)在大数据时代,需要处理的数据为全部的数据,而不是抽样数据。

图1-4 维克托·迈尔·舍恩伯格和他所著的《大数据时代》

(2) 接收数据的混杂性,更加关注效率而不是精度。

(3) 更注重相关关系,而不是因果关系。

大数据带来的信息风暴正在变革我们的生活、工作和思维,开启了重大的时代转型。在传统的数据处理中,往往只需要抽样出小部分数据来加以利用,无须用到全部的数据,在结果上则更注重对精度的追求。而在大数据时代,所有的数据都具有潜在价值,需要从全部数据中挖掘知识,同时关注的重点由精度变为效率,由因果变为相关性,即更需要知道"是什么",而不需要知道"为什么"。这颠覆了千百年来人类的思维惯例,对人类的认知和与数据的交流方式提出了全新的挑战。

如今,对大数据的认知存在三个法则。

法则1:数据资产成为核心竞争力。

大数据时代,许多企业都成立了自己的数据平台,如亚马孙、谷歌以及我国的阿里巴巴、腾讯、百度等。在这个信息化不断深入的年代,企业的采购、生产、销售、运营等一切活动都会在数字空间留下痕迹,商流、物流、资金流最终汇集成为数据流,沉淀为企业的数据资产。这些沉淀的数据蕴含了改善企业经营、优化商业模式、拓展业务疆界的大量信息。只要善加利用,找到含有意义的数据并进行专业的分析处理,就可以洞察市场,辅助企业做出快速而精准的决策,从而得到巨大的投资回报。因此,在大数据时代,数据资产将成为各个企业的核心竞争力。

法则2:大数据的价值在于挖掘能力。

数据蕴含信息,可创造知识和价值,但不是每条数据都有价值。数据以海量的方式不断产生,大数据的意义就在于通过对数据进行整合、转换、抽取以及模型化处理,从中挖掘出有助于商业决策的关键信息,为企业决策提供精准依据。此外,通过大数据技术,可以从海量数据中提取出隐藏在其中的特征,进而可以进行趋势预测,当不同的数据大量汇集在一起,预测的广度和深度都会大大地提高。目前,各大企业都设立了专门的数据分析岗位,如数据挖掘算法工程师、数据统计分析师等,只有对大量数据进行深度挖掘和分析(见图1-5),才能将大数据更好地利用。

图1-5 从包含海量数据的贫矿中可挖掘出高价值的黄金

法则3:大数据驱动运营管理。

大数据从本质上来说是为了决策而存在的,未来有价值的公司,一定是数据驱动的公司。相比于传统凭借主观与经验进行运营决策的方式,大数据会让运营更加精准。例如,在淘宝、京东等电子商务平台,数据中心会根据用户的搜索与下单记录标记用户的喜好,生成个性化的用户画像,经过数据分析与处理,在系统中为用户推送感兴趣的产品,做到精准运营。除了电子商务行业,大数据也可以驱动其他行业的运营管理,例如:医疗机构可以实时监控用户的身体状况;教育机构可以针对用户的数据制定专门的教育培训计划;社交网络可以更精准地为用户推荐志同道合的朋友;政府可以更高效地办理政务。可以说,大数据的红利才刚刚开始,未来大数据将不断推进智能化信息社会的发展,更好地为人类服务。

#### 1.1.2.2 数据维度

从数据维度来看,大数据是一种规模极其庞大的数据集合,在数据获取、储存、管理与分析等各个方面,都超出了传统数据处理工具的能力范围。数据类型包括结构化数据、半结构化数据以及非结构化数据,如图1-6所示。结构化数据由二维表结构实现逻辑表达,严格遵循数据格式与长度规范,主要通过关系型数据库进行存储和管理,如企业ERP、财务系统、医疗HIS数据库等。非结构化数据是数据结构不规则或不完整、没有预定义的数据模型,无法用二维表结构表达,如图像、视频、语音、各类办公文档等。半结构化数据则介于这两者之间,数据的结构和内容混在一起,没有明显的区分,如XML、HTML文档等。

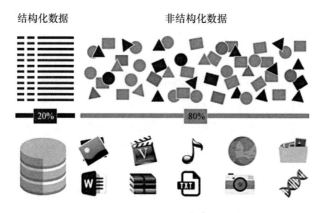

图1-6 大数据时代下的数据类型构成

大数据时代下,非结构化数据成为最主要的数据类型。据统计,现有数据约80%都是非结构化数据,并且以每年60%的速度不断增长。随着大数据技术的不断发展,这类原本很难获取和利用的数据,现在变得容易起来,通过各个领域的研究与创新,正在创造出更多的价值。

需要注意的是,大数据并不是简单的海量数据堆积,仅仅只有数据量大的特点,并不一定能创造出可观的应用价值。由于最终目标是从大数据中获取更多有价值的新信息,因此只有海量数据之间存在一定的相关性,才具有潜在的挖掘应用价值。

日常生活中,大数据无处不在,来源广泛,主要包括:

(1)海量交易数据。利用大数据技术,可以获取海量的交易数据,相比传统的数据获取方法,如今数据的时间跨度更大、来源更加广泛,例如传统的企业ERP应用数据、POS机数据等。此外,随着电子商务的强势崛起,也产生了大量的在线交易数据和行为交易数据,如支付数据、查询行为、购买喜好、物流运输、点击顺序、评价行为等。

(2)海量交互数据。随着社交网络覆盖全球,数以十亿计的互联网用户每时每刻都在创造着海量的社交行为数据,例如在Facebook中上传的图像、微信聊天中的语音、微博中的图文、各种直播平台的视频以及用户往来的电子邮件等。海量的交互数据不断积累,形成了丰富的数据源。

(3)机器与传感器获取数据。随着物联网技术的不断升级,生活中出现了越来越多的智能设备与传感器设备,从这些设备中,可以获取大量与人类生活息息相关的数据。常见的智能设备包括无人机产品、智能家居、电子纹身、可穿戴设备等,这些设备为后续的数据挖掘提供了充足的数据源。此外,其他物联网设备,如RFID标签和读写器、摄像头、红外线、GPS等感知终端,每天也在不断地获取地理定位、卫星图像等数据。

(4)电子地图。百度地图、高德地图、谷歌地图产生了大量的流数据,这些数据不同于传统数据,传统数据通常为一个度量值或者一个属性,而地图所产生的流数据代表着一种行为或是一种习惯,这些流数据经过频率分析以后,可以产生巨大的商业价值。基于地图产生的数据流是大数据时代下的一种新型的数据类型,在过去是不存在的。

大数据时代下,数据的存储载体、产生方式、访问方式、表现形式、来源特点等都与传统数据存在差别,大数据更接近于某一个群体的行为数据。它是真实的、全面的、有价值的数据,与我们的生活息息相关。

#### 1.1.2.3 技术维度

大数据的来源广泛,类型繁杂,对数据获取、存储与分析处理等技术要求较高。传统的数据处理技术往往面向数据量较小的数据,且数据的来源较为单一,往往使用简单的关系型数据库和数据仓库即可处理,而且往往以处理器为核心。然而,在大数据时代,考虑到数据量的巨大与数据来源的广泛,需要以数据为处理中心,以此来减少数据移动所需要的开销。在此背景下,传统的数据处理技术已经满足不了大数据处理的要求,需要发展适用于大数据相关的技术。通常,大数据技术覆盖了数据的采集、预处理、储存、分析与挖掘以及可视化等各个环节。

在数据采集环节,需要针对移动互联网、智能设备、传感器设备、社交网络等数据源,研究不同的数据采集技术。例如,对于移动互联网,要研究发展高效的、分布式的、高可靠的数据采集技术;对于智能设备,要研究从设备中快速准确解析数据,并进行转换与装载等大数据整合技术。此外,对于采集到的大数据,还需要精心设计数据质量评价等技术。

在数据预处理环节,需要对采集到的大数据进行清洗、整合与抽取等操作。采集到的大数据往往结构不同,类型多样,质量参差不齐,并不都是有价值的数据,其中可能会存在一些多余、缺失或者错误的干扰数据。因此,要对大数据进行预处理,去除干扰项,将复杂的数据按照一定的规则进行整合抽取,处理成为符合一定格式和规则的数据,为后续的数据分析与挖掘奠定基础。

在数据储存环节,旨在将海量的大数据储存起来,以便进行高效的数据管理与调用。该环节涉及的主要技术包括:设计稳定的分布式文件系统及高效低成本的大数据存储技术;建立高效的大数据索引技术;突破分布式非关系型大数据管理与处理技术;开发高效可靠的大数据移动、复制技术,以及大数据安全等技术。此外,随着数据量的快速增长,对存储的硬件设备也提出了越来越高的要求。

在数据分析与挖掘环节,对海量、有噪声的数据进行处理分析,从而挖掘出隐藏在数据中的、有价值的规律或者信息。大数据的分析与挖掘技术是大数据技术的核心,通常包括定义问题、建立数据库、分析数据、准备数据、建立挖掘模型、评价模型和实施等步骤。在各个步骤中,需要针对大数据的特点,对已有的数据挖掘技术进行改进升级,着重开发新型的数据挖掘技术,例如图数据挖掘分析、网络数据挖掘分析等。

在数据可视化环节,用图像的形式,让用户直观地感受到结果。可视化技术是大数据技术的"最后一公里"。大数据时代下,催生了许多新的可视化形式,扩展了传统的统计图表类型,如树形图、网络图、主题河流图等;也诞生了新的可视化方法,如标签云、视频条形码等。同时,针对大数据的多维度特性,多视图、分层、分块等可视化显示技术得以发展。不同的视图可以展示数据不同的属性,通过控制显示角度,为用户提供最感兴趣内容的详细信息。

#### 1.1.2.4 应用维度

应用是大数据的最终价值体现。利用大数据技术,可以提取出日常生活所产生的海量数据中隐含的知识与规律,为人们在经济、政治、文化等各个领域的生产活动提供依据,从而提升整个社会的智能化程度。如今,大数据已经广泛应用于商业智能、公共服务以及互联网政务等各个领域。

大数据具有很高的商业价值,随着互联网的飞速发展,大数据在商业智能领域发挥着不可替代的作用,包括搜索引擎、精准营销、个性化推荐、精准广告投放、电子商务等。在数据化的趋势下,大数据已经成为搜索引擎、电子商务等互联网企业的核心资源。搜索引擎是一种最经典的大数据应用,将文档等非结构化海量数据,通过建立索引将数据聚合,并提供给用户。此外,利用搜索引擎还可以实现趋势预测。例如,谷歌利用多年积累的搜索大数据,结合全球超过30亿条搜索指令和4.5亿个不同的数学模型,提前一周实现了对甲型H1N1流感的预测,为世界各地预防流感提供支持。此外,利用大数据进行用户个性化推荐和营销,也是近年来大数据在商业领域的成功应用。以互联网上形形色色的头条推荐为例,通过对大量用户的个人信息、浏览记录和搜索进行分析,在数据平台中为用户打上个性化的标签,从而根据标签实现用户的精准、个性化推荐和营销,最大程度减少了资源浪费,实现商家和用户的最大化收益。

大数据促进了"互联网+政务"的诞生与发展,如图1-7所示。大数据在政府领域的应用主要是以政府为主体进行数据挖掘,以便于将分散在政府部门各个角落的信息资源充分整合并且加以利用,推动政府决策方式的创新,实现"用数据说话"的新型决策方式,更好地根据公民的不同需求来提供相应的公共服务,同时实现对网络舆情等进行实时监管,以达到建设智慧城市,促进社会长治久安、稳定发展的目的。

随着"互联网+政务"为公众提供的自助式服务、一站式服务的政务服务模式逐步推广,通过大数据技术处理政务信息,对公众提交的业务请求进行分析,快速、准确、高效地进行业务处理,有效改善了前期政务信息处理缓慢、流程繁杂的现状,大大提高了工作效率。此外,大数据可以为政府提供辅助决策支持。

传统决策通常凭借经验和直觉,容易由于决策者的主观原因造成失误。而利用大数据技术可以对海量政务数据进行信息研判,真正用数据说话,为政府部门提供有力的决策依据。

图 1-7 "互联网+政务"服务

### 1.1.3 大数据的特点

大数据的特点可以用"4V"来表示,"4V"指的是大量化(Volume)、多样化(Variety)、快速化(Velocity)与价值化(Value),如图 1-8 所示。

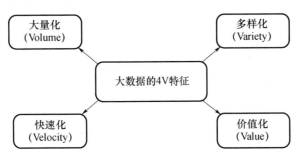

图 1-8 大数据的 4V 特征

**1. 大量化**

大数据的大量化是指在大数据技术的各个环节,数据量都非常庞大,可以达到艾字节(EB)的规模。据统计,2018 年底我国的网民人数达到 8.29 亿,网民普及率高达 59.6%。网民数量众多,使得上网所产生的数据量巨大。如图 1-9 所示,一组名为"互联网上一天"的数据显示:截至 2018 年底,一天之中互联网产生的全部数据可以刻满 1.68 亿张 DVD;Facebook 有 97 万多个账号登录;网络中有 1.8 亿封电子邮件被发送;苹果商店有 37 万多个应用被下载;电子商务平台可以产生 86 万美元的销售额;推特(Twitter)上发布 48 万条新推文;Instagram 上发布 17 万多张新照片;Snaps 上产生 240 万条的信息量;谷歌(Google)上产生 370 多万条新搜索请求;Youtube 上有 430 万个的视频被观看。随着互联网时代的发展,这类数据量还将会不断增长。

图 1-9　互联网中的大数据

根据 Seagate 和 IDC 统计显示,全球的数据量正保持高速增长,数据总量不断刷新,正在从太字节(TB)、拍字节(PB)级别不断扩大到艾字节(EB)、泽字节(ZB)级别。到 2025 年,全球的数据总量将达到 163ZB。数据量的巨大,对大数据技术提出了严峻的挑战,包括数据采集、存储、分析挖掘等各个环节,如果无法有效利用已获取的数据,即使数据量再大,也不能称之为大数据。

**2. 多样化**

多样化主要包含两个方面的含义:①数据来源多样化,数据可以来源于不同的平台、不同的设备,如搜索引擎、社交网络、电子邮件、传感器、通话记录等;②数据格式多样化,包括结构化、半结构化与非结构化数据等。

在日常生活里,相机里的照片、电脑中的文件、微信中的语音以及互联网中的视频等都包含着海量的数据与信息,而且绝大多数都是非结构化的。大数据技术始终致力于快速、方便地处理非结构化数据。互联网巨头谷歌和雅虎,都是大数据技术处理领域的先驱,不仅解决了海量网页的快速访问问题,提供方便快捷的搜索服务,而且开发出了专门用于大数据处理的 Hadoop 框架。近年来,随着各大互联网企业的兴起,促进了大数据时代对各种结构化与非结构化数据的处理,大数据技术正在不断发展升级,使得多样化的大数据(见图1-10)在商业智能、公共管理、安全监控等各个领域都发挥着重要的作用。

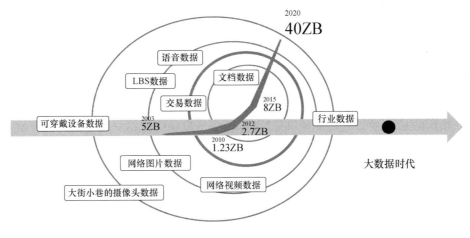

图1-10 大数据的多样化

### 3. 快速化

大数据的快速化包含两个含义:①数据产生和更新的速度快;②大数据处理与分析的速度快。海量数据提高了对大数据技术速度的要求,在保证数据处理质量的基础上,还要提高数据处理的效率。以百度搜索为例,在百度搜索框中输入"大数据"进行查询,将会得到约1亿条搜索结果,而所需时间仅为秒级。在此过程中,涉及的数据量巨大,但是搜索效率并没有因为数据量的巨大而变得缓慢,这在传统的数据处理技术中是无法实现的,也充分体现了大数据技术的优势。

近年来,随着人们消费能力的提升,每年的"双十一"活动都吸引了亿万人民的关注与参与。据统计,在2018年的"双十一"活动当晚,开场仅仅2分5秒,天猫平台的交易总额就突破了100亿元,全国当天的网络零售交易总额更是突破了3000亿元。如此庞大的交易额背后,反映的是用户浏览、下单、交易与支付等一系列海量数据的激增,这对企业的大数据处理技术提出了非常高的要求。数据获取、存储、传输与处理的快速即时化是大数据不同于传统数据处理技术的一个重要特征。在商业智能领域,大数据处理的效率直接影响企业的生命,处理速度往往以"秒"甚至"毫秒"为单位进行评价。

### 4. 价值化

大数据的价值化是指数据中隐含着许多信息,对数据进行挖掘与分析将会得到宝贵的价值。值得说明的是,虽然大数据的价值高,但是价值密度比较低。例如,为了公共安全,如今在许多公共区域都安装了视频监控设备,尤其是在银行等较为敏感的区域,监控设备往往是 24 小时工作的,由此会产生海量的数据。在没有事故发生的情况下,这些数据并没有什么价值。当有事故发生时,对应时刻的监控数据可以为办案人员提供重要的线索,具有很高的参考价值。此外,医疗机构为了实时了解病人的健康状况,可利用便携的可穿戴医疗设备实现对病人体温、脉搏、血压等数据的实时监测,当病人发生紧急情况时,可以根据设备中记录的海量数据辅助救援工作。因此,大数据具有很高的价值,但是数据量大,有价值的数据密度比较低,需要从海量的数据中进行挖掘与分析,才能得到有价值的数据。

**5. 其他特征**

除了以上 4V 特征,近年来大数据也呈现出一些新的特征,主要包括:

(1) 多维度。大数据时代下,可利用的数据维度越来越多。如图 1-11(a) 所示,以盲人摸象来形象比喻,传统条件下通过 20 个盲人去评估一个大象,而大数据时代好比几万人同时摸象,再把反馈集中到一起,维度越多,结论越准确。例如,警察可以根据互联网数据、交通数据、历史档案等各种维度的数据迅速定位和追踪疑犯。

(2) 非结构化。如图 1-11(b) 所示,互联网时代存在大量非结构化的数据,如图像、视频、音频等,且增长量很快,预计占未来 10 年新生数据总量的 90% 以上,需要不同的数据管理策略。

(3) 无尽重复。大数据呈现无尽重复的特点,如图 1-11(c) 所示。例如,谷歌翻译、陌陌人脸识别通过使用比其他团队多达上万倍的数据,让机器不断重复训练学习,可以得到远胜于其他团队的效果。

(a) (b) (c)

图 1-11 大数据的一些新特征

(a) 多维度;(b) 非结构化;(c) 无尽重复。

## 1.2 大数据的技术路线

大数据技术是采集、存储、分析和处理海量数据,进行推理和预测的技术总称,涉及数据采集、清洗、标注、组织关联、挖掘分析以及可视化等技术。这些技术相互配合、相互影响,才能够实现大数据价值最大限度的发挥。

### 1.2.1 数据采集

数据采集是指通过网络爬虫、数据智能感知等技术获取移动互联网、社交媒体、智能设备等各种源头的结构化和非结构化数据的过程。大数据采集是大数据分析的入口和必备条件,只有把数据收集上来,才能对数据进行后续的分析处理。在大数据环境下,数据来源广泛,并且数据类型复杂多样,相比传统的数据采集技术,大数据采集更需要具有全面性、多维性和高效性。对于不同来源的数据,需要针对不同的数据量、数据类型、数据特点以及用户群体等,开发不同的数据采集方式。

常用的数据采集技术主要可以分为以下四类:传感器数据采集;系统日志数据采集;网络爬虫数据采集;其他数据采集。

传感器数据采集主要是以传感器、智能硬件等为数据载体,通过对这些数据载体进行日常的运维,从而实现对数据的采集。这种数据采集方式得到的数据往往包括目标的温度、距离、电流、湿度、声音、重量等,传感器可以将这些数据转化为数字信号,并传送到数据采集点。

系统日志数据采集是指企业利用特定的数据采集工具,从企业的系统日志文件中获取所需的数据。系统日志文件数据通常由数据源系统自动生成,记录着系统执行的各种操作,例如服务器的用户访问行为、网络流量的监控以及金融行业的股票信息等。许多互联网企业都开发出了具有不同特色的系统日志数据采集工具,例如 Facebook 的 Scribe、Cloudera 的 Flume 以及 Hadoop 的 Chukwa 等,这类工具基本都采用分布式的处理架构,可以满足每秒数百兆的日志数据采集和传输需求。

网络爬虫数据采集主要是指通过网站公开接口或者利用爬虫等计算机技术,从网站中获取数据信息。网络爬虫可以获取网页中的许多结构化、非结构化数据,并将其按照一定的规则存储为本地数据文件。网络爬虫支持图像、语音、视频、文本、附件等各类数据的采集,并且附件可以与正文进行自动关联。

除了以上三种常见的数据采集方式，还有一些其他数据的采集方式。例如，对于高校或其他研究机构中具有保密要求的数据，以及企业生产经营中产生的财务数据、客户信息等较为敏感的数据，可以通过与研究机构或者相应企业合作，在征得对方同意的前提下，使用合适的方式对数据进行采集。

随着物联网技术的发展，借助传感器、可穿戴设备、智能感知、视频采集、增强现实等技术可实现实时的数据采集和分析，这些数据能够支撑智慧交通、智慧能源、智慧医疗、智慧环保等智慧城市的建设，这些都将成为大数据采集的数据来源和服务范围。

### 1.2.2　数据清洗

现实生活中采集到的数据往往是不完全的、有噪声的、不一致的，因为这些数据往往是从多个业务系统中抽取而来而且包含历史数据，因此无法避免会存在一些错误数据、冲突数据以及空白数据等，这类数据称为"脏数据"。数据清洗旨在发现并纠正数据中的错误，按照相应规则对"脏数据"进行处理，包括检查数据一致性以及处理数据中的重复值、无效值和缺失值等，以提升数据的质量，为数据的挖掘与分析提供较为可靠的数据支撑。

常用的数据清洗过程一般包括数据统计分析、清洗规则定义、清洗规则执行和清洗结果验证等环节。

数据统计分析往往是数据清洗的第一步。在这个环节，需要根据相关知识，利用统计学等方法，对数据的分布与特点进行统计分析，例如数据的正常值范围、极值范围、平均值，并对数据格式以及数据完整性进行检查，发现数据中的异常值、缺失值等，为定义数据清洗规则奠定基础。数据统计分析可以利用手工测查数据与样本，也可以利用专门的统计分析软件，如 SAS、Stata 以及 SPSS 等。

经过对数据的统计分析后，便可以根据数据的分布与特点，定义并执行数据的清洗规则。常用的清洗规则包括填补缺失值、去除重复值以及处理错误值等。对于缺失值的填补，多数情况下需要由手工填入，也可使用数据的平均值、最大值或者最小值等数值代替。对于重复值的去除，可以对数据之间的属性值进行对比判断，将重复值进行合并或者删除处理。对于错误值的处理，常用统计分析方法进行识别，如偏差分析，也可以用简单规则库进行检查。

最后对清洗结果进行验证，对定义的清洗规则的正确性和效率进行验证和评估。当不满足数据清洗要求时，要对清洗规则或系统参数进行调整和改进。数据清洗过程中往往需要多次迭代分析、设计和验证。

## 1.2.3 数据标注

数据标注是指借助数据标记工具,对大数据进行加工的一种行为,通常包括图像/视频标注、文本标注等。大数据类型多样且存在语义鸿沟,数据标注主要解决采集数据的理解问题,通过数据标注提取数据语义,从而实现降维分析。机器学习中需要有标注的数据作为先验经验,从而实现对模型的训练。通常,根据不同的应用需求而采取不同的数据标注方式,常见的各类型数据标注方法如下:

**1. 图像/视频数据标注**

图像/视频数据标注有许多类型,根据不同任务,主要可以分为分类标注、检测标注、分割标注、实例分割标注等,如图1-12所示。分类标注就是常见的打标签,是从既定的标签中选择数据对应的标签,是封闭集合。检测标注是框选目标对象,常用于目标检测、人脸识别等场景。分割标注是精确到像素级别的标注,相比于检测标注,分割标注更加精确,常用于自动驾驶中的道路识别、图像分割等。实例分割标注则是更为精细的分割标注,分割标注是把同类物体用同种颜色标注,而实例分割标注则是对同类物品的不同个体,用不同的颜色标注,以作区分。此外,随着视觉任务的不断丰富,出现了图像关键点标注、图像语义描述标注等方法。

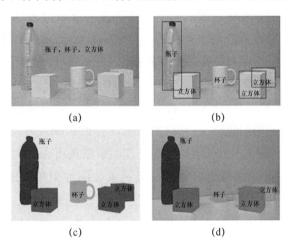

图1-12 图像/视频数据标注示意图
(a)分类标注;(b)检测标注;(c)分割标注;(d)实例分割标注。

图像/视频数据标注工作大多是由人工完成的,尽管标注的准确率较高,但是耗费大量的人力物力与时间,标注成本高。随着人工智能研究的不断深入,出现了基于机器学习和深度学习的机器半自动、自动标注方法,这类标注方法通过计算机自动学习特征,节省了人力与时间,同时随着参考学习的样本数量增多,其标注精度也将越来越高。

**2. 文本数据标注**

自然语言处理的多数任务是监督学习问题,需要大量标注的文本数据。中文分词、命名实体识别等序列标注问题,以及关系识别、情感分析、意图分析等分类问题,均需要标注数据进行模型训练。面对不断增长的非结构化文本数据,采用人工提取信息的方式是不现实的,因此需要考虑自动标注方法实现信息抽取,即:自动地从非结构化文本中识别出具有特定类别的实体,并在知识库的候选实体集中找到所对应的实体,完成实体的歧义消解,进而完成事件要素的提取。大数据文本标注主要包括实体识别、实体链接和事件抽取。

实体识别是指从非结构化的文本中识别出具有特定类别的实体,如人名、地名、组织机构名等。在自然语言处理任务中,实体识别一般被视为序列标注任务。近年来,随着深度学习的飞速发展,循环神经网络被广泛应用在序列问题中,如目前业界比较成熟的 BiLSTM + CRF 模型。

实体链接是解决命名实体歧义问题的一种重要方法。命名实体歧义是指同一个实体指称项在不同上下文环境中对应不同真实世界实体的语言现象。实体歧义问题给信息处理领域的很多任务带来了严重问题,信息检索和抽取、知识工程等任务都需要功能强大的实体消歧系统做支撑。实体链接方法通过将具有歧义的实体指称项链接到给定的知识库中,从而实现实体歧义的消除。

事件抽取是建立事件关键要素(时间、地点、人物、组织、事件触发词等)之间的关系,从而形成一个完整的事件。事件抽取分为元事件抽取和主题事件抽取。元事件往往由动词驱动,也可以由表示动作的名词或者其他词性的词(事件、地点、任务等)触发。主题事件是一类核心事件及所有与之相关的事件和活动,可以由元事件片段组成。事件抽取包括事件的检测和类型识别,以及事件元素的抽取(事件分类和打标签,确定角色)。

## 1.2.4 组织关联

数据的组织关联与数据清洗、标注等技术相结合,可以使数据从无序到有序(见图 1-13),是数据集中与标准化的过程。大数据时代,数据组织关联成为数据挖掘亟需攻克的壁垒,让数据正常流动,才能在最大程度上提升数据的价值。随着数据规模不断膨胀,新需求层出不穷,数据的组织关联技术也在不断演进,目前已经由人工管理阶段迈入了知识图谱阶段。

图 1-13 组织关联使数据从无序到有序

以法国航空公司为例，2014 年法国航空公司发生了飞行员为期 10 天以上的大规模罢工事件，期间多次航班取消。如图 1-14 所示，借助知识图谱，建立事件知识图谱、行程知识图谱与航班知识图谱，不仅可以帮助航空公司梳理机场动态，做出合理的决策，也可以帮助旅客实时了解航空公司的航班动态。

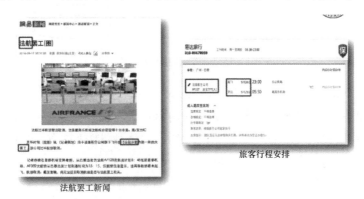

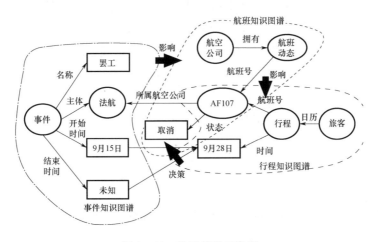

图 1-14 组织关联示意图

大数据组织关联流程通常如图 1-15 所示,首先经过数据清洗与数据标注的数据预处理环节,然后进行数据组织与数据关联,最后以知识图谱的形式实现数据的关联存储,完成价值挖掘。

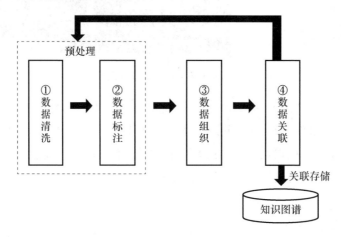

图 1-15 大数据组织关联流程图

数据组织是按照一定的方式和规则对大数据进行归并、存储、处理的过程,随着知识图谱的广泛运用,数据组织的内涵更加丰富。其中,数据归并包括元数据分析、模式/本体构建、模式/本体对齐、实体/属性对齐等。面对大数据存储问题,传统的关系数据库已经满足不了需求,NoSQL 数据库应运而生,并不断变化更新。同时,数据处理方法逐渐衍生出倒排索引、空间索引等,以满足不同类型的大数据处理需要。

数据关联则是基于一定规则或模式,建立不同数据对象之间的关联关系,其规则模式包括时空、属性、事件、频繁模式、相关性和因果性等。如图 1-16 所示,关联关系采用资源描述框架语义关系三元组形式表示。

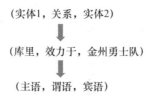

图 1-16 数据三元组关系示意图

通过数据的组织和关联,能够将各类数据搭建数据逻辑和数据结构,并加工成可理解的信息,打破数据壁垒实现数据传播,方便人们加深数据认识的深度和广度,最后,可以通过知识图谱的形式实现数据的关联存储。如图 1 – 17 所示,知识图谱以图的形式对相关的实体与要素之间的语义关系进行组织与展现,是一种结构化的语义知识库。它将不同种类的信息连接在一起从而形成一个巨大的关系网络,通过分布式集群和 NoSQL 数据库进行数据组织,通过基于图的数据结构建立数据关联,从而提供了从"关系"的角度去分析问题的能力。

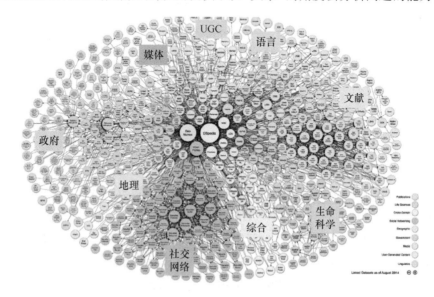

图 1 – 17　知识图谱示意图

知识图谱中的实体具有丰富的实体属性和语义关系,可以将互联网中大量有关联的数据有效组织起来,从而可以方便、快捷地进行数据管理与调用。知识图谱属于人工智能的符号主义流派,可用于语义数据集成、互联网语义搜索、问答系统和基于知识的行业数据分析。因此,数据组织关联可看作基于多源、异构的数据,构建多类别、动态、个性化的知识图谱的过程。如今,知识图谱已经广泛应用到多个领域,例如智能数据检索、智能问答、用户个性化推荐、知识工程等。

## 1.2.5　数据挖掘

数据挖掘(Data Mining)是大数据技术中的核心所在,其目的是对海量、有噪声的数据进行处理分析,从而挖掘出隐藏在数据中的、有价值的规律或者信息。如图 1 – 18 所示,数据挖掘是一个交叉学科领域,涉及多个不同学科的知识,例如统计学、数据库、信号处理、高等数学、机器学习等。大数据时代下,数据库中存储的数据量急剧膨胀,但是数据中含有的知识贫乏,若是没有好的策略,数据库将成为数据的"坟墓"。数据挖掘是从巨大的"数据沙漠"中掘金的过程,可以实现从海量无序数据到商业价值信息的转化。

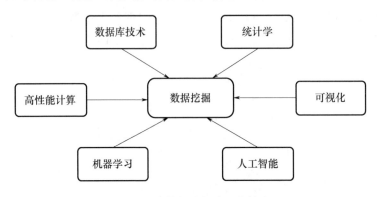

图 1-18  数据挖掘涉及的技术

数据挖掘过程通常包括定义问题、建立数据挖掘库、分析数据、准备数据、建立模型、评价模型和实施。在进行数据挖掘之前,首先要定义问题,对挖掘目标有清晰明确的定义,即决定到底想挖掘什么内容。然后,针对定义的问题,建立数据挖掘库,进而分析数据和准备数据。这个过程包括数据收集、存储、清洗、合并与质量评估等,可以统称为数据预处理过程,工作量可能会占到总过程的60%。准备好数据之后,便可以对数据建模,值得注意的是,建模通常是个迭代的过程,需要仔细对比分析不同的模型,并使用合理的评价方式对模型进行评价,从而判断模型的优劣。最后,在模型建立并经验证之后,便可对模型实施使用。

从方法上来说,数据挖掘方法主要可以分为四大类:分类、聚类、预测和关联。

**1. 分类**

分类是找出描述和区分数据类或概念的模型,从而能够对类别未知的对象进行类别预测。首先从已有数据中挑选出类别已知的数据,当作训练集;然后利用数据挖掘技术,建立合适的分类模型;接着使用训练集对建立的分类模型进行训练,以得到具有一定分类能力的模型;最后可以将训练好的分类模型,应用于类别未知对象的分类。常用的分类算法包括决策树、逻辑回归、贝叶斯分类、神经网络等。

**2. 聚类**

聚类不同于分类,分类是有监督的过程,而聚类是无监督的过程。聚类不需要提前考虑类别,而是聚焦于数据对象。根据数据对象之间具有最大化的类内相似性和最小化的类间相似性,进行数据的聚类,使得同一类别的数据之间具有较高的相似性,而不同类别的数据之间具有较大的差别。常用的聚类方法包括 K – means、K – methods、CLARANS 等算法。

**3. 预测**

预测是通过分类或估值来进行,通过分类或估值的训练得出一个模型,如果对于检验样本组而言该模型具有较高的准确率,则可将该模型用于对新样本的未知变量进行预测。常用的预测方法包括回归分析(线性回归、多元线性回归、非线性回归)和时间序列分析等。

**4. 关联**

某些数据对象之间存在一定的相关性,关联规则是通过对海量数据的挖掘与分析,发现对象之间的相关关系,从而可用于预测任务。例如,互联网中常用的个性化推荐,就是通过分析用户的浏览记录,从而为用户推荐相关联的信息。此外,数据挖掘的典型应用之一就是许多企业都在做的"用户画像"。商业推荐的核心是将购物流程数据化,而前提是将用户数据化。如何将用户数据化呢?就是用户画像。如图 1 – 19 所示,用户画像是对现实用户建立的数学模型,其核心是了解用户,分析用户特征。它是技术与业务最佳的结合点,也是一个现实跟数据挖掘的最佳实践。

图 1 – 19 用户画像示意图

## 1.2.6 可视化

可视化是指用图像的形式,让用户直观地感受到数据挖掘的结果。如图1-20所示,这个过程将数据转化为可视化的对象,例如图像中的点、线条、图表等,并用不同的颜色表示不同的实体,并配合适当的动态效果进行展示。通过可视化表达,可以增强人们完成某些任务的效率,使人"读图便可知数据"。在大数据技术链中,数据可视化处在链条的末端,直接作用于用户决策的过程。作为一种有效传递信息的手段,数据可视化被广泛应用到很多领域。

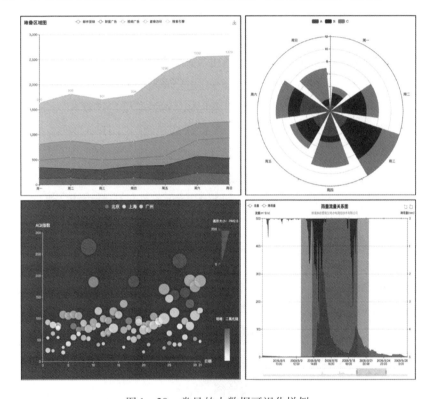

图1-20 常见的大数据可视化样例

可视化环节涉及数据的表示和变换、可视化呈现方式以及与用户的交互方式等技术。数据的表示和变换包括数据的预处理和数据的组织管理,其中:数据预处理涉及数据的清洗与精简、整合与集成;数据的组织管理包括数据库和数据仓库的设计。数据的可视化呈现是整个流程的关键,包括核心布局算法及视觉编码的设计,同时还需要考虑静态、动态以及时间连续性等因素对可视化效果的影响。在整个可视化流程中,最具有挑战的是用户交互部分,需要智能地接受不同的数据类型,同时支持用户分析决策的交互方法。大数据时代下,可视化技术也迎来了新的挑战和机遇。

**1. 新的可视化形式**

为了适应大数据时代各类数据、特征、关系的显示需要,逐渐出现了更多的新的可视化形式,极大扩展了传统的统计图表类型。为了阐述大数据的复杂性,树形图可以表达层次关系,网络图可以表现关联关系,主题河流则可以体现数据的演化关系。同时,也出现了一些新的布局方法,例如径向图可以节省更多的布局空间,平行坐标可以在多维度上展示数据,故事线能够展示包含时间的数据。针对大数据时代的新数据内容,也诞生了新的可视化方法,例如标签云、视频条形码等。

**2. 大数据显示**

海量数据使得控制场景的复杂度大大增加,因此多视图、分层、分块等可视化显示技术得以发展。不同的视图可以展示数据不同的属性,通过控制显示角度,为用户提供最感兴趣内容的详细信息。通过在不同视图内展现数据不同维度,可以对高维数据有更深刻的认识。基于分层的显示方法主要控制显示的细节,通过提供人眼分辨率能够识别的信息,从而对数据建立多尺度和多层次的可视化展示形式。而基于分块的显示方法主要控制显示的范围,给用户提供当前关注区域和附近的信息,主要应用在和地理信息相关的数据上。

**3. 可视分析**

近年来,可视分析技术快速发展,根据不同的应用场景,可视分析可以划分为时空数据可视分析、轨迹可视分析、文本可视分析、网络可视分析、深度学习可视分析以及多元数据可视分析等。例如,在深度学习可视分析中,通过分解卷积神经网络技术,将模型习得的特征反投影到像素空间中去,洞察深度网络的特定层习得了哪种类型的特征,为人类理解和改进深度学习模型提供手段,进而提高模型的性能。

总之,可视化以其独特的魅力在大数据技术中起着不可或缺的重要作用。未来高分辨率高清晰度大屏幕拼接可视化技术将发挥更大的作用,实现数据实时可视化、场景化以及实时交互,让用户更加直观、方便地理解数据中的信息,可用于股票走势实时展现、指挥监控、商业交易实时展现等多个领域。

## 1.3 大数据的典型应用

随着大数据技术的蓬勃发展,一个大规模生产、分享和应用数据的时代正在开启,大数据应用已经渗透到社会和生活的方方面面,应用于各行各业。大数据的典型应用主要体现在三方面:关联分析、推荐系统以及趋势预测。

### 1.3.1 关联分析

关联分析是指挖掘关联现象,从大量数据中发现事物、特征或者数据之间频繁出现的相互依赖关系和关联关系。这类关系包括时间序列上的相关性、因果上的相关性等,需要通过对数据进行挖掘分析才可以获取,并且往往对商业决策具有重要的价值,常用于实体商店或电子商务的跨品类推荐、购物车联合营销、货架布局陈列、联合促销、市场营销等,以此来达到关联项销量提升与共赢,提升用户体验,减少上货员与用户投入时间,寻找高价值的潜在用户。

著名的例子是沃尔玛超市,它通过对海量消费者的购物数据进行挖掘分析,发现经常与尿布一起购买的商品竟然是啤酒。后续调查发现,妻子们经常会嘱咐丈夫下班后为孩子购买尿布,而很多丈夫在买完尿布之后会顺便购买自己喜爱的啤酒。基于这一发现,超市调整了货架的位置,把尿布和啤酒摆放在一起销售,大大提高了啤酒和尿布的销售额。若没有经过大数据的关联分析,只凭日常生活经验很难把啤酒和尿布联系在一起进行销售。

微信作为当今互联网活跃人数第一的智能手机应用,用户量高达10亿,覆盖了各个年龄段的人群,每时每刻都在产生语音、聊天记录、图像、视频等数据。2018年,腾讯通过对微信大数据进行分析,发布了《2018年度微信年度数据报告》,如图1-21所示。报告中对用户年龄与用户行为进行关联分析,得出许多有趣的结论。例如,在表情包使用方面,00后最爱"捂脸哭",90后最爱"破涕而笑",80后最爱"龇牙笑",55岁以上人群则最爱"大拇指点赞";在微信公众号文章阅读方面,用户感兴趣的阅读内容也随着年龄的不同而表现出明显的差异。这些通过关联分析得出的结论,可以帮助微信针对不同的用户群体,改善功能,开发新产品,在提升企业竞争力的同时,最大化优化用户体验。

图 1-21  2018 年度微信年度数据报告

## 1.3.2 推荐系统

如图 1-22 所示,在互联网浏览信息时,无论是在电子商务平台购物,或是在视频网站观看视频,亦或是阅读新闻等,页面中很多内容正是你感兴趣的内容,这就是互联网常用的推荐系统,而在互联网推荐的背后,大数据技术功不可没。利用大数据技术,可以实现精准的个性化推荐和营销,最大程度减少信息资源浪费,实现商家和用户的最大化收益。

图 1-22  大数据应用于互联网中的个性化推荐

如今,在电子商务领域,个性化推荐和导购服务随处可见。商家通过对消费者的性别、职业、年龄、购买记录、浏览历史、查询记录、购买的商品种类、商品特点等数据进行挖掘分析,可以获知消费者的消费爱好、消费习惯等,从而针对不同的消费者,提供个性化的推荐和导购服务。例如,当你在淘宝网购买了一件卫衣后,页面下面的"猜你喜欢"模块会推送一些与订单风格类似的服饰或是常用搭配;当你在当当网买了一本书以后,页面下面会提示"购买此商品的顾客也同时购买"的书籍。这些推荐商品往往是消费者感兴趣的商品,在节省顾客挑选时间的同时,也为商家带来了可观的收益。

除了个性化推荐,热门推荐也是互联网产品中最常见的功能之一,比如"大家都在看""今日热卖榜"这些在各大网站上都随处可见,堪称标配。热门推荐的背后,也是大数据技术在支撑。如图1-23所示,企业中常用的"热度算法",通过大数据监控时事热点,分析海量用户在某时间段对不同内容的浏览量、转发或评论等,判断热点信息,将热点内容优先推荐给用户。

图1-23　大数据应用于热点推荐

### 1.3.3　趋势预测

除了关联分析和推荐系统,大数据的另外一个应用领域是趋势预测。大数据的核心是预测,即把计算运用到海量数据上预测事情发生的可能性。

如图1-24(a)所示,谷歌曾利用大数据分析,提前一周实现了对甲型H1N1流感的预测。通常,当人们患上流感时,会上网搜索跟流感相关的信息,谷歌通过观察人们的搜索记录来完成这个预测。谷歌每天在全球范围内收到的搜索指令超过30亿条,并且谷歌会将这些搜索记录保存下来,构成一个庞大的数据库系统,足以支撑谷歌完成这项工作。谷歌将美国公民最频繁搜索的词条与美国疾控中心在2003年至2008年间季节性流感传播时期的数据进行了比较,提前一周预测哪些地区将爆发流感,为世界各地预防流感提供支持。

2016年,AlphaGo横空出世,接连打败围棋顶级选手李世石和柯洁,实现对职业高手的60连胜,在围棋界和人工智能界引起了轩然大波,如图1-24(b)所示。而支撑AlphaGo取得如此辉煌战绩的背后,大数据技术功不可没。将3000万盘人类顶级围棋选手之间的对弈记录输入AlphaGo的"大脑"中进行训练,可以改善其决策网络。此外,通过另一个价值网络对整个围棋局面进行分析判断,并预测棋局走向,最后决定落子位置。

图1-24 大数据用于趋势预测
(a)谷歌预测甲型H1N1流感;(b)AlphaGo分析并预测棋局。

除了上述例子,大数据还在智慧交通、智慧医疗、智慧农业、公共安全、智慧教育等领域发挥着重要的作用。近年来,大数据已经与机器学习、人工智能等前沿技术紧密结合,各大商业巨头与创业者都开始自发转型,开始对人工智能、大数据统计、运筹优化等知识前所未有的重视。传统上学界掌控科技前沿状况,逐步演变成为学界和业界互相促进,甚至业界领先学界的趋势。

## 1.4 地理空间大数据的概念内涵

地理信息作为与人类生产生活息息相关的研究领域,每天都会产生大量的数据。在大数据技术对地理信息系统(Geographic Information System,GIS)的影响下,通过地理信息采集的大数据,实现了大数据技术与传统地理信息技术的有效融合,从空间数据库到大数据,从辅助型地理信息系统到知识发掘型地理信息系统,逐步演变为广泛意义上的地理空间大数据,如图1-25所示。本节从认知、特点、技术与应用四个维度,对地理空间大数据进行介绍。

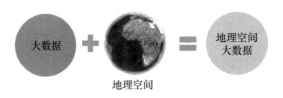

图1-25 地理空间大数据

## 1.4.1 地理空间大数据的认知

地理空间中的万事万物,每时每刻都在产生着海量的空间信息。空间信息描述了地理空间中各个实体的空间分布特征,例如地理位置、空间关系以及区域结构等。通过对空间信息进行定性、定量化的描述,形成计算机可以处理的数据,即空间数据。而地理空间大数据是空间数据的一种特殊类型,是指来源于经济、环境、地理、资源和社会等多个领域的一切具有地理坐标信息的数据,是地理实体的空间特征和属性特征的数字描述。如图1-26所示,常见的地理空间数据包括电子信号、基础专题、遥感图像、电子地图、三维图像、矢量数据以及重力磁力等。

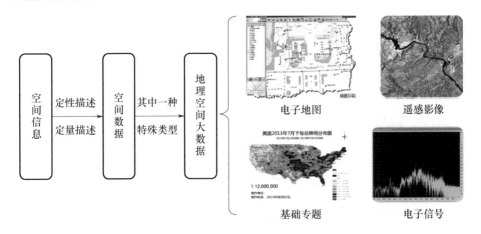

图1-26 空间信息、空间数据与地理空间大数据的关系

地理空间大数据作为一门前沿学科,受到了许多院士专家的关注,如图1-27所示。2008年,我国遥感领域泰斗陈述彭院士提出了地图整合理念,亲笔题词了"大地图",对地图行业的未来发展发表重要见解。随后,我国著名遥感学家、地理学家李小文院士强调大地图可以向综合性更强的方向发展,提出了"大数据时代的大地图:遥感可以先行"的重要观点。

第 1 章 地理空间大数据概念内涵

"大地图",由各行业的专题数据专业化整合而成。
——陈述彭院士

大数据时代的大地图,是智管地图。
——李小文院士

图 1-27 知名专家关于地理空间大数据的理解

大地图是指面向特定的分析应用需求,以时空多维空间地理信息数据资源整合为基础,组织起来的一个超大、难以用现有常规的数据库管理技术和工具处理的数据集,具有时间、空间和属性三个维度,主要产品体系包括基础要素图层产品、行业应用专题图和智能云地图信息处理软件等。陈述彭院士曾说:"大地图,由各行业的专题数据专业化整合而成。"李小文院士曾说:"大数据时代的大地图,是智管地图。"两位院士都指出了地图的发展与行业应用融合的重要性。

实际上,大地图的概念与地理空间大数据一脉相承,是具有空间位置和动态演变的地理信息行业大数据。具体来说,地理空间大数据可以分为基础大数据和承载大数据两类,如图 1-28 所示。基础大数据主要是指利用对地观测手段获取和处理的各种数据和数据产品的集合,例如合成孔径雷达(Synthetic Aperture Radar, SAR)、光学、红外、多光谱等各类遥感图像及其相应产品,以及基础图像解译得到目标实体的位置、形状、分布等基础信息数据。承载大数据是指需要经过多种手段(如载体关联、时空关联、业务关联等)对其进行挖掘与分析的各类数据和产品集合,包括各类电子信号、图像、文本、音频、视频等。一般来说,基础大数据用于构建统一时空框架,承载大数据用于支持各类泛在应用。

随着大数据技术的不断更新与提升,地理空间大数据正在通过更加安全、规范的方式得到、搜集、应用和推广。在新旧技术的结合下,通过探测和遥感所产生的新数据与历史数据,经过数据整合和处理,实现了大量数据的指数级增长,产生了源源不断的数据流,形成了有重要应用价值的地理空间大数据池。此外,地理空间大数据的获取方式越来越多,除了卫星、无人机、移动测量车这些传统测绘技术带来的海量基础测绘数据外,很多传感器的实时监测数据、移动终端数据以及各种用户生成内容数据都构成了地理空间大数据。

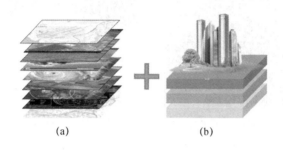

图1-28 地理空间大数据

(a)基础大数据;(b)承载大数据。

## 1.4.2 地理空间大数据的特点

地理空间大数据是大数据的一种特殊类型,既符合大数据的特征,又具有自身特质。随着计算机技术的突飞猛进与对地观测体系的持续建设,积累了丰富的地理空间大数据,呈现出数据量大、快速化、隐含信息大、多尺度与多模态等特点。

**1. 数据量大**

随着航空航天多个遥感平台上多种传感器的发展,以及地理空间数据获取方式的不断改进,地理空间大数据的数据量呈指数级增长,目前,每天获取的数据量可以达到吉字节级、太字节级乃至拍字节级。

对于基础大数据,各类遥感卫星每日的观测区域覆盖数千平方公里,空间分辨率分布从米到亚米,光谱分辨率已经提升至上百波段,由此产生的数据量可以达到太字节级,如图1-29所示。例如,中国遥感卫星地面站现存的对地观测卫星数据资料有260TB,并以每年15TB的数据量增长;2011年退役的Landsat5卫星在轨工作的29年时间里,平均每年获取8.6万幅遥感图像,每天获取67 GB的观测数据;2012年发射的资源三号卫星,日观测数据获取量可以达到10TB以上;哥白尼计划"哨兵"系列卫星,每天预计产生10TB的免费公开数据;NASA地球观测数据与信息系统每天接收到的数据量以4TB的速度增长。

图1-29 每天获取的遥感数据量可达太字节级

对于承载大数据,每日人类的行为产生与空间关联的信息巨大,可以拍字节级计算。由于空间、时间、人物、事件间的复杂关联关系,使得数据量呈指数爆炸增长。几年前可能2000万条地理空间记录就可以称为海量,如今,以1秒为单位仅追踪10个传感器(如汽车、智能手表等),每年产生的数据记录可以轻松超过3亿条。

**2. 快速化**

地理空间大数据的快速化包含两方面内容:①数据产生和更新的速度快;②对地理空间数据处理和分析的速度快。

对于基础大数据,在丰富的观测手段下,动态数据的更新周期不断缩短、实时性不断提高,相比于传统的数据更新周期以"月"为单位,如今已经提升至以"周"甚至以"天"为更新周期。如图1-30所示,2017年美国Planet Labs公司实现第一次同时把88颗"鸽子"卫星发送到近地轨道上,每颗卫星仅重5kg,小而精细、低能耗、低成本,可以做到每天对整个地球表面扫描一遍,并形成高清晰度的图像实时传输回地面。经过地面快速准确的数据处理与分析,可以将更智能、更及时的地球变化信息与自动导航、天气、农业监测等应用进行无缝对接,为各项监测和行业应用带来巨大便利。

图1-30 Planet Labs的"鸽子"卫星及其拍摄的地球图像

对于承载大数据,随着智能终端、移动互联网应用的迅速普及以及地图导航软件的广泛应用,互联网地图、消费电子导航以及基于个人地理位置的创意服务等技术快速发展,人们每时每刻都可以通过微信、微博、Facebook 等应用实时更新自己的地理位置、状态与心情等,例如在某个位置通过社交软件在街旁进行签到,就可以享受到大众点评、美团等应用根据地理位置定位推荐的服务,如图 1-31 所示。这就需要响应不断产生的以时、分、秒甚至毫秒计的流数据,并能对数据进行实时处理,进而实时反馈到各个应用。

图 1-31　基于个人地理位置的推荐服务

现阶段,地理空间大数据的处理速度远远赶不上获取速度,造成了大量数据的浪费。此外,一些特定的应用领域,如应急救灾、反恐维稳等,对数据处理的时效性要求较高,以利于指导行动。海量地理空间大数据的处理时效性仍是一大挑战。

**3. 隐含信息大**

地理空间大数据记录了各种地物的不同属性,隐含着大量信息,如图 1-32 所示。对这些数据进行挖掘,可以提取出感兴趣的目标信息、城市要素信息、周边环境信息、地理信息、水文信息、气象信息、交通信息等,这些信息不仅与人类的日常生活息息相关,而且可以服务于科学研究工作,具有非常重要的价值。

对于基础大数据,人们重点关注的目标或热点信息往往湮没在背景和噪声间。此外,基础大数据在采集的过程中,容易受到多个因素的影响,例如成像平台的抖动、传感器的性质、大气云层的遮挡以及复杂的地物干扰等。因此,采集的数据往往存在缺失、模糊、地理信息偏离、不一致等情况,需要经过专业数据预处理与解译,从背景和噪声中提取出有价值的信息。例如,在高光谱遥感图像解译中,往往需要从上百个谱段中挖掘出最有效的图像特性。对于承载大数据,不同事物之间丰富的关联关系往往隐藏在海量用户行为的碎片化数据中,需要有效的数据存储、挖掘与分析的理论与算法工具进行处理。

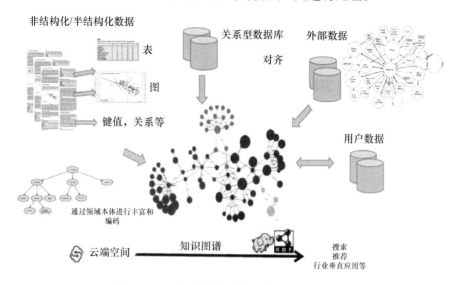

图 1-32　地理空间大数据中隐含着大量信息

**4. 多尺度与多模态**

在地理空间大数据的获取过程中,往往包括多个对地观测的子系统,而不同的子系统往往具有不同的时间尺度和空间尺度,使得获取到的地理空间大数据通常具有时间和空间多尺度的特征。此外,随着地理信息技术的不断发展与成熟,数据的来源与类型都变得更加丰富,多传感器、多测度、多平台等数据采集设备被广泛使用,数据呈现出多模态化的特点,例如文本、图像、音频、地图等。

对于基础大数据,数据获取方式包括各种宏观或者微观的传感器或者设备,例如卫星、望远镜、监控摄像头、电子显微镜、雷达、相机、红外光谱仪等。此外,也可能来自于野外实地测量、数字地球、自然资源普查、导航地图、人口普查等形式。对于常见的遥感数据,其传感器来源多种多样,包括 SAR、激光雷达、全色、红外、高光谱等,这些数据来源不同,使得数据的格式不同,处理方法千差万别,加剧了遥感数据处理的复杂性。

对于承载大数据,随着个人使用的各种传感器与具备定位功能的电子设备的广泛普及,日常生活中产生了大量具有位置信息的数据,数据来源包括各类温度传感器、智能设备、测距仪器、重力感应器、智能手机、平板电脑、可穿戴设备等。此外,随着志愿者地理信息的出现,普通民众也加入了提供数据的行列。

### 1.4.3 地理空间大数据的技术

地理空间大数据的主要技术路线如图 1-33 所示,包括数据采集、数据清洗标注、数据组织关联、数据挖掘与可视化等。相比大数据技术,地理空间大数据的获取链路长、处理环节多、关键技术复杂。本节对地理空间大数据技术的各个环节进行具体介绍。

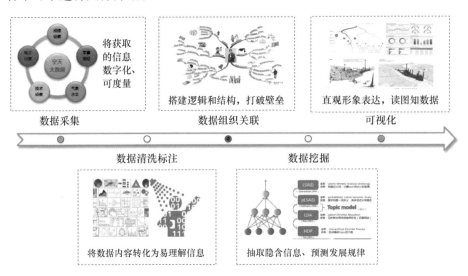

图 1-33 地理空间大数据的主要技术路线

**1. 数据采集**

与普通互联网大数据相比,地理空间大数据的来源和数据采集技术都有一定区别。空-天-地立体观测与移动互联网技术的蓬勃发展,使得地理空间大数据的获取周期越来越短,精度越来越高,手段越来越丰富。

基础大数据的数据来源主要以各类传感器为主,如地面观测、卫星、雷达等,常见数据类型包括基础图像、地图、数字高程模型(Digital Elevation Model, DEM)、各类地名等。承载大数据主要来自于实际应用中产生的交易数据和交互数据,以及部分传感器定位获取数据,例如结构化的业务数据、非结构化的图像、文本、音频、视频、动态点位、轨迹数据等。地理空间大数据的采集技术和大数据相似,但是获取的数据量大幅增加,并兼具动态和静态数据。

地理空间大数据的采集方式需要结合数据的特点进行。如图 1-34 所示,按照数据类型来划分,地理空间数据主要可以分为遥感图像数据、瓦片数据和流式数据等。遥感图像数据具有单个图像存储量大、图像数量大、时空相关性强、低延迟、持续读写、并发读、一次写入、多次读取等特点。瓦片数据具有单个瓦片存储量小、瓦片数量大、时序属性、空间相关性强、并发读取访问、定期更新、少量文件会被修改等特点。流式数据具有单条数据存储量小、数据总量巨大、数据涌入不均匀、实时运算处理、实时多列检索、处理时效性要求高、兼顾实时处理与后期分析等特点。

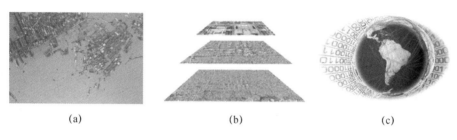

图1-34 地理空间数据
(a)图像数据;(b)瓦片数据;(c)流式数据。

**2. 清洗标注**

通过各类传感器获取的地理空间大数据具有多源、异构、数据量大、数据类型不一致等特点,并且会被多种成像因素所影响,导致获取的数据质量参差不齐,给后续数据的表示、分析、处理与应用带来诸多困难。因此,在获取地理空间大数据以后,首先要做的就是数据的清洗标注工作。

地理空间大数据的清洗标注,旨在将分散的海量多源异构数据进行数据一体化处理,如图1-35所示。例如,将采集到的气象数据、航天数据、地理测绘数据、导航数据、网格数据、DEM数据等多源异构数据,经过清洗标注,对数据的属性、内容、关系等关键要素进行抽取,并整理成便于后续应用的数据格式。在此过程中,重点需要解决数据全要素自动标注的问题,补全多源、碎片化数据的时空属性和要素内容。

补全多源、碎片化数据的时空属性,是指对于给定的遥感图像、轨迹数据与文本信息,需要标注出数据中所反映事件的时间戳与空间戳。例如,对于文本信息"2016年1月1日,海洋航行号游轮位于东经117°,北纬32°区域",其时间戳为"2016年1月1日",空间戳为"东经117°,北纬32°"。补全数据的要素内容则主要包括"5W1H",即何人(Who)、何时(When)、何地(Where)、何因(Why)、何事(What)、如何(How)。

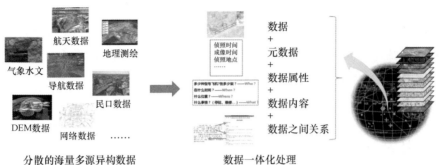

图1-35 地理空间大数据清洗标注

地理空间大数据的清洗标注存在三大难点：①对于非需求数据与逻辑错误数据，补全属性难；②对于有缺失值数据、噪声数据，数据筛选难；③对于坐标不一致数据，数据对齐难。传统的依靠纯人工清洗标注的方式费时费力，且容易受到人主观意识的影响。为了解决上述难点，目前主流的解决方案是采用基于机器学习的图像自动解译等方法，给数据打上语义标签。考虑到单一模型的处理能力有限，也出现了将多种智能方法结合，建立混合智能的数据清洗标注系统。在此过程中，技术难点主要在于：如何实现多任务、多目标并行学习；如何建立样本数据采集积累机制；如何设计适应不同类型、尺度目标的模型。

### 3. 组织关联

地理空间大数据的组织关联是指将碎片化的地理空间标注实体，按照一定的方式和规则进行归并、存储和处理，并基于一定规则或模式，建立不同数据对象之间的关联关系，包括时空、属性、事件、频繁模式、相关性和因果性等，如图1-36所示。相比于大数据的组织关联，地理空间大数据的组织关联重在解决可自主学习、动态关联网络构建的问题，实现实体关系的智能构建、更新与优化。

图1-36 地理空间大数据组织关联

海量多源异构的地理空间数据能够提供详细的地物信息,对地理空间数据的解译与应用具有重要的辅助作用。但是,这些信息往往类型多样、结构不一、内容繁杂,为数据的组织关联带来难题。来源广泛的地理空间数据往往具有不同的坐标系统与投影方式,如何消除海量异构数据间的差异,在同一框架下对数据进行处理,成为地理空间大数据组织关联的核心问题。通常,需要将不同的数据转换到统一的时空坐标系,建立统一的时空位置映射和距离度量,如图1-37所示。

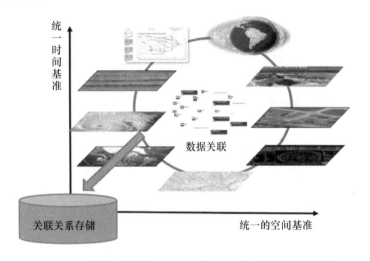

图1-37 在统一的时空基准下对地理空间大数据组织关联

在地理空间大数据的组织关联过程中,存在三大难点:①地理空间数据的目标实体往往形态与数量非常大,实体关联难度较大;②随着时间的推移,目标实体会持续生成并累积,网络构建难度较大;③目标实体关联繁杂,并且动态变化,实体之间的关系更新难度较大。针对这些问题,仅仅使用传统的结构化与非结构化结合的组织关联模式已经不能满足要求,需要基于知识图谱,研究多对多关系网络的问题,建立地理空间大数据的关联模型。在此过程中,技术难点主要在于:如何实现不同形态实体的正确关联;如何构建适应多对多关系的关联网络;如何设计可动态更新、调整优化的关系模型。

**4. 数据挖掘**

地理空间大数据的数据挖掘,是指从海量地理空间数据中抽取隐含的时间、空间和知识关系,发现并预测其中的演化规律、行为模式等时空信息,面向海量信息与用户需求,实现语义理解与答案的主动推送,如图1-38所示。

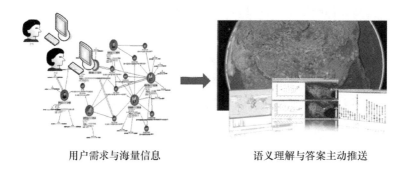

用户需求与海量信息　　　　语义理解与答案主动推送

图 1-38　地理空间大数据的数据挖掘

根据不同的挖掘目标,可分为空间分析、时空模式挖掘、时空聚类/分类以及时空异常检测等。空间分析是通过联合分析空间数据与模型,挖掘目标信息,包括目标的地理位置、空间距离、周边环境、分布与空间拓扑关系等。时空模式挖掘是对地理空间大数据目标实体之间的频繁模式、周期模式、关联模式等进行分析,从中发现一些相关关系。时空聚类/分类是基于目标实体的时间与空间相似度,预测类别未知目标的具体类别与地理位置。时空异常检测是从海量的时空数据中,检测出不符合正常模式的目标,帮助发现群体中的异常事件。

不同的时空属性加剧了地理空间大数据挖掘的复杂程度。针对地理空间大数据的挖掘,不仅需要综合运用多种数据挖掘方法,如决策树、分类、聚类、回归等,而且需要考虑多源数据的融合,综合利用多源数据中包含的时空信息,辅助数据挖掘。

地理空间大数据挖掘的核心问题是解决需求多元化、个性化,以及机器理解语义难的问题,实现从人工推送到机器自动推荐模式的变革。在此过程中,主要存在三大难点:①地理空间数据往往来源广泛,形式不一,且数据源头往往涉及多个部门,因此数据的高效检测难度较大;②挖掘过程中存在信息过载、用户意图多样,需要经历重重过滤筛选,要想实现自动问答难度较大;③考虑到用户需求因人而异,存在多元化、个性化的特点,精准推荐难度较大。针对这些问题,传统的人工推荐模式已经不能满足要求,需要面向富数据集,研究基于用户行为的个性化推荐方法,主要技术难点在于:如何实现海量空天数据的高效检索;如何根据用户问题快速直接返回答案;如何构建精准画像,基于用户行为智能推荐。

## 5. 可视化

地理空间大数据的可视化是指将多源异构的地理空间数据(见图1-39),在统一的时空框架下进行全面浏览与用户交互。其中,基础大数据的可视化旨在利用全球范围内的高精度数据,投影到统一时空框架,重点在于高效准确,如图1-40所示;承载大数据的可视化旨在将全样本基于时空关联,在统一时空框架下进行可视化,重点在于直观形象,如图1-41所示。

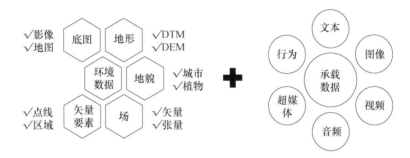

图1-39 多源异构地理空间数据

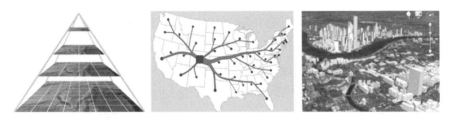

图1-40 基础大数据可视化示例

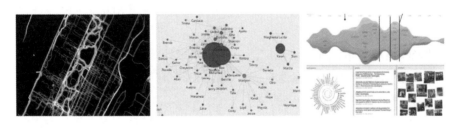

图1-41 承载大数据可视化示例

地理空间大数据的可视化过程中存在诸多难题,例如地理信息丢失、图像变化、视觉噪声、高性能计算等。针对以上问题,需要结合使用多种可视化技术,并根据需求开发新的可视化技术,以解决数据形式各异、基准不一、可视效率低的问题,包括图/文/电/场/体等数据的无缝融合、流畅显示等。

可视化过程中主要存在三个难点：①地理空间数据的形式各异，甚至存在某些数据无法直接展现，可视化显示的效率较低；②地理空间数据的时空标准不统一，无法直接简单叠加，可视化融合显示难度较大；③地理空间数据的可视化结果往往是静态且彼此独立的，交互分析难度较大。针对这些问题，传统的视觉和图形可视化方法已经无法满足要求，需要构建多维数据的可视化模型，技术难点主要在于：如何提升多维关联数据的显示能力和精度；如何控制大规模大体量数据的显示复杂度；如何构建自主可控的空天大数据可视化引擎。

总体而言，地理空间大数据获取链路长、处理环节多、关键技术复杂，数据获取和处理的过程实质上也是信息获取的过程。数据采集环节将获取的地理空间信息数字化，使得数据可度量；清洗标注环节将数据内容转化为容易理解的信息；组织关联环节打破多源异构数据之间的壁垒，搭建起数据间的逻辑与结构；数据挖掘环节抽取海量数据中隐含的信息，预测发展规律；可视化环节将数据结果直观形象地表达，使用户读图即可知数据。

### 1.4.4　地理空间大数据的应用

地理空间大数据伴随应用而生，使之前一些不可能的任务成为可能。加入地理空间大数据的时间、空间属性，结合数据的可视化技术，人类可以从这些数据中分析挖掘出有价值的信息和规律，从而为各个行业的应用辅助决策，甚至预测未来。传统的应用运作模式以人工解译为主，计算机只是起到一定的辅助作用，人占主导地位，受个体影响大。未来地理空间大数据时代的应用运作模式将是机器指挥机器，机器协同机器，全自动运行，无须人工干预，机器可以产生信息，机器甚至可以代替人类做出决策，并且具有可信度高、稳定性高的特点。

如今，地理空间大数据已经广泛应用于国民经济的各个领域，例如探测全球原油储备、探测重要的目标设施、预测预防犯罪、自动驾驶、建设智慧城市等。

**1. 探测全球原油储备**

世界上没有人真正知道各国的原油库存量，所以原油市场的供给方有很多的不确定性，这就需要利用地理空间大数据技术去预测和估计全球的原油储备量。如图1-42所示，美国地理空间分析公司Orbital Insight使用卷积神经网络，分析遥感图像并识别和量化原油储备容器的大小，还使用阴影探测法技术计算出油罐中存放的石油量，以此来确定全球储油分布和储油量，制定全球经济策略。

图 1-42 探测全球原油储备

2016年,Orbital Insight公司利用卫星探测地表阴影的深度,并对遥感图像中的储油罐进行检测,以此计算出我国的原油储备约为6亿桶。通过能源咨询公司公布的数据,可以辅助大宗商品交易员更加全面地了解全球原油的供需状况,帮助其在交易时做出合理的判断。同年,中国创纪录的原油进口量,帮助油价在供应过剩的困境中有效上涨。这也证明了大数据和机器学习有利于统计第二大经济体的原油数据,在一定程度上可以弥补官方数据的缺失。

**2. 探测重要目标设施**

对于数据分析专家来说,他们获取的海量数据通常远远超出能正确分析数据的能力。中科院团队利用智能的目标检测算法,从我国苏州全境 $8488km^2$ 面积范围的遥感图像中检测定位出138个污水处理厂,花费时间仅为5h(基于单个英伟达1080型GPU)。若是使用人力实地走访调查的方式统计污水处理厂的情况,可能需要历时数月。基于地理空间大数据衍生出来的智能技术,可以帮助专家从大规模的卫星图像中像大海捞针一样找到所需的目标。

如图1-43所示,利用地理空间大数据还可以帮助检测识别遥感数据中的许多典型的地物目标,例如飞机、车辆、污水处理厂、道路、水体等。如今,将深度学习等智能技术应用于地理空间大数据,可以帮助建立智能目标检测系统,相比于传统机器学习目标检测算法,在检测精度及检测速率上均有大幅提高,为不同行业的应用提供数据与技术支撑。

**3. 预测预防犯罪**

公安行业中有着丰富的地理空间大数据,包括地理信息数据、交通数据、居民基本信息以及公安专题数据,如警车、警员、摄像头、公安机构、重点区域、布控点等实时数据。在公安业务中,经常需要对基于位置的移动目标进行实时监测。在数据接收过程中,还要实现实时位置计算功能。海量动态数据的存档、计算和可视化等都需要使用大数据进行分析。

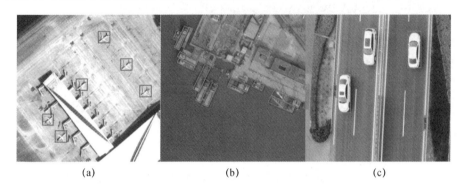

图1-43 地物目标探测
(a)飞机检测;(b)船舶检测;(c)车辆检测。

利用地理空间大数据,可以帮助公安行业预测预防犯罪行为,甚至可以精确到预测犯罪时间、地理位置以及可能卷入的群体,从而帮助警方提前部署行动,加以阻止。在全美各地的近60座城市中,成千上万的警员要在开始执勤前列队点名,而且每天要进行好几次。他们会拿到一份带有标记的地图,并被告知:在执勤期间,到那些小红框区域巡逻,每个红框划定的区域大概占到一个城市街区一半的面积。这些地图并非由警局的犯罪分析专家绘制,而是出自PredPol公司之手。PredPol公司开发了一款预测预防犯罪的软件,通过对海量历史犯罪数据的挖掘分析,推算出10~20个高风险犯罪区域,为警察的日常巡逻提供了强有力的依据。PredPol公司表示,只要巡逻警察把执勤时间的5%~15%花在那些红框区域,他们就能够比仅仅依靠自身经验阻止更多犯罪活动。

**4. 自动驾驶**

随着互联网与物联网的同步发展,如今,车联网成为现实。城市中各个路段的实时交通路况、红绿灯信息、电子路牌、周边交通环境等都聚集于电子地图中,是一种典型的地理空间大数据。利用该数据,可以为自动驾驶提供数据与技术支撑。

自动驾驶发展的难度很大程度上来源于数据问题,例如高级驾驶辅助系统(Advanced Driving Assistance System,ADAS)中的车道偏离和障碍物警告。对人来说,这是个很简单的事情,何时停止、减速、改变车道或避开物体都是相对比较容易确定的。但是在自动驾驶中这将变得极其复杂,数据的特征提取往往会变得很难,实际上的工作量大且复杂——更重要的是不仅要收集大量的数据,还需实时将数据传输到电子控制单元中。另一个核心问题就是汽车需要连接到云端——将各部分的数据进行提取,并传送到云端,增加了汽车中的数据流。地理空间大数据技术有效支撑了实时道路数据的获取、存储与处理,将会对自动驾驶技术的发展起到不可或缺的重要作用。

**5. 建设智慧城市**

地理空间大数据与人类的生活息息相关,利用地理空间大数据可以辅助实现智慧城市的建设,包括智慧交通、智慧农业、智慧医疗、智慧教育等。例如,在建设智慧交通方面,实时挖掘城市中各个道路的交通路况,并将路况情况实时反馈给路上的司机,以便司机根据路况对路线做出调整,可以有效缓解交通拥堵,也为治安管理者及时响应突发状况提供依据。此外,通过对交通数据、气象数据、土地数据、人口数据等多个行业数据进行整合,可以构建智慧交通大数据平台,对交通路况进行判别及预测,辅助交通信号灯的控制,提供智慧出行服务。

又如,在建设智慧农业方面,通过汇聚与农业相关的信息数据,并结合使用大数据处理技术,可以帮助农业劳动者及时、全面地掌握农业的发展动态,甚至预测未来的发展趋势。通过综合分析近几年全国各地的气温、降水、土壤状况和历年农作物产量,可以预测农产品的生产趋势,指导政府制定相应的农业服务政策、激励措施等。

## 1.5 小结

本章首先对大数据的概念、相关技术与应用进行了介绍,并由此引出对地理空间大数据的理解。大数据技术作为新一轮工业革命中最为活跃的新兴技术,正在深刻改变着经济社会的发展形态。随着地理信息与互联网、车联网、物联网和云计算等领域加速融合,传统的地理空间信息正在通过更加安全、规范的方式得到应用和推广。地理空间大数据作为新兴的研究领域,其深入开发和利用,对于更好地服务科学决策、重大工程建设和民生工程等工作,具有重要的保障作用。

如今,随着移动智能端技术的不断升级变革,可随时随地获取各种实体的位置信息,极大丰富了地理空间大数据库。在未来,如何将地理空间大数据与位置信息进行融合处理,从而更好地服务于地图导航、自动驾驶、周边餐厅推荐等各类实际应用,是值得研究与期待的重要方向。

# 第 2 章
# 地理空间大数据基础设施

地理空间大数据具有数据量大、高速变化、隐含信息多等特点,处理数据时链路长、处理环节多、关键技术复杂。面对海量的地理空间数据,想要及时提取并判读有用信息,需要强大的基础设施支撑其开发。

地理空间大数据的基础设施以通用计算机领域的解决方案为基础,涉及处理过程中的存储、计算和网络传输等环节。存储解决海量数据存放的问题,计算解决海量数据处理的问题,网络传输解决消息传递效率的问题。同时,这三个环节也具有自身的特色:地理空间数据单幅影像大、瓦片量大,需要特定的存储方式,提供有效的机制处理数据存储;空间数据包含丰富的信息,具有较多冗余内容,需要强大的算力支撑以快速提取有效信息;各类数据量大,数据种类繁多,需要有效的网络设施加快文件传输。

本章主要介绍地理空间大数据的基础设施,首先从计算设备、存储设备和网络设施等角度阐述大数据分析的硬件支撑,然后从操作系统、文件系统和数据库等角度介绍大数据分析的相关软件支撑,接着介绍虚拟化、容器和微服务等搭建地理空间大数据平台使用的新概念和新技术,最后介绍地理空间大数据设施框架,并对框架内每个部分进行详细介绍。

## 2.1 IT 基础设施

地理空间大数据基础设施是指用于驱动业务应用的一系列通用软、硬件资源的集合,主要包括计算设备、存储设备、网络设备、操作系统、文件系统和数据库等。本质上,地理空间大数据基础设施是为业务应用构建一个更方便的、不需要与硬件直接打交道的基础环境。

## 2.1.1 计算设备

计算设备代表一种计算能力,这里是指提供这种计算能力的实体——计算机。它是一种能够按照程序处理数据、进行数值和逻辑运算、具有存储记忆功能的电子设备。计算机系统是一个硬件和软件的综合体,可以把它看成按功能划分的多级层次结构。如图 2-1 所示,计算机硬件、操作系统和相应的应用软件构成计算机系统。

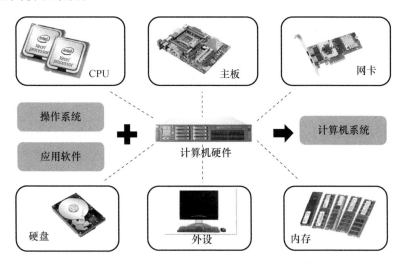

图 2-1　计算机设备组成图

### 1. 计算机硬件

硬件通常是指一切看得见、摸得到的设备实体。原始的冯·诺依曼(Von Neumann)计算机在结构上是以运算器为中心的,而发展到现在,已转向以存储器为中心。计算机硬件包括计算机的主机和外部设备,由控制器、运算器、存储器、输入设备和输出设备这五大功能部件组成。这五大部分协同工作,相互配合。其基本工作原理为:①输入设备负责接收外界信息,获得的数据通过控制器发出指令被送入存储器中,向内存储器发出取指令命令;②程序指令在取指令命令下被逐条送入控制器;③控制器对程序指令进行译码,根据操作要求向存储器发出存数、取数命令,并向运算器发出运算命令,经过运算器计算并将计算结果存在存储器中;④通过控制器发出取数和输出操作命令,输出设备最终输出计算结果。图 2-2 所示为计算机最基本的组成框图。

(1) 控制器是分析和执行指令的部件,也是统一指挥并控制计算机各部件协调工作的中心部件,所依据的是机器指令。控制器的组成包括:①程序计数器(Program Counter,PC),用于存储下一条要执行指令的地址;②指令寄存器(Instruction Register,IR),用于存储即将执行的指令;③指令译码器(Instruction Decoder,ID),用于对指令中的操作码字段进行分析解释;④时序部件(Sequential Elements,SE),用于提供时序控制信号。

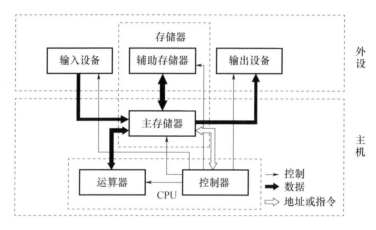

图2-2 计算机最基本的组成框图

(2)运算器主要负责在控制器的指令下完成各种算术和逻辑运算,因而又称为算术逻辑单元(Arithmeticand Logic Unit,ALU)。运算器的组成包括:①算术逻辑单元(ALU),用于数据的算术运算和逻辑运算;②累加寄存器(Acumulator,AC),即通用寄存器,为ALU提供一个工作区,用于暂存数据;③数据缓冲寄存器(Data Register,DR),用于在写内存时暂存指令或数据;④状态条件寄存器(Program Status Word,PSW),用于存储状态标志与控制标志(存在争议点,也有将其归为控制器的)。

(3)主存储器也称为内存储器(通常简称为"内存"或"主存"),用于存储现场操作的信息与中间结果,包括机器指令和数据。

(4)辅助存储器也称为外存储器,通常简称为外存或辅存,用来存储需要长期保存的各种信息。

(5)输入设备负责把人们编好的程序和原始数据送到计算机中去,并且将它们转换成计算机内部所能识别和接受的信息。按照输入信息的形态,可分为字符(包括汉字)输入、图形输入、图像输入及语音输入等。目前,常见的输入设备有键盘、鼠标和扫描仪等。

(6)输出设备负责将计算机的处理结果以人或其他设备所能接受的形式

送出计算机。目前,最常用的输出设备是打印机和显示器。有些设备既可以是输入设备,同时也可以是输出设备,例如辅助存储器、自动控制和检测系统中使用的数模转换装置等。

中央处理器(Central Processing Unit,CPU)是一块由运算器和控制器组成的超大规模的集成电路,是计算机的运算核心和控制单元,是解释计算机指令、处理数据和实现计算能力的基本单元。为提高 CPU 数据输入输出的速率,突破所谓的"冯·诺依曼瓶颈",即 CPU 与存储系统间数据传送带宽限制,通常在 CPU 和内存之间设置小容量的高速缓冲存储器(Cache)。Cache 容量小但速度快,内存速度较低但容量大,通过优化调度算法,系统的性能会大大改善,仿佛其存储系统容量与内存相当而访问速度近似 Cache。

除 CPU 外,其他具备计算能力的设备,如 GPU、单片机、DSP 和 FPGA 等,在很多应用场景下会与 CPU 搭配使用,可最大限度地发挥各自的性能优势。

**2. 计算机演变**

计算机的发展经历了电子管、晶体管时代和集成电路时代(中小规模、大规模、超大规模、甚大规模和极大规模)。当下,世界最高水平的单片集成电路芯片上可以容纳 80 多亿个元器件。

第一代计算机(1946—1957):电子管计算机,采用电子管元件作基本器件,通常使用机器语言或者汇编语言来编写应用程序。第一代计算机共用了 1500 个继电器以及 18000 个电子管,每小时耗电 140kW,每秒钟可进行 5000 次运算。它可是一个庞然大物,一共占地 170$m^2$,重达 30t。尽管它的功能远不如今天的手机,但代表第一代的计算机诞生了。第一代计算机特征如下:

(1)采用电子管作基础元件,体积大、耗电高;

(2)可靠性差,计算速度慢;

(3)无操作系统,使用机器语言;

(4)存储空间有限,储存器为磁鼓、小磁芯;

(5)采用穿孔纸带作为输入/输出设备;

(6)应用领域仅局限于科学计算。

第二代计算机(1958—1964):晶体管计算机,由晶体管代替电子管作为计算机的基础器件,用磁芯或磁鼓作存储器。计算机软件有了较大发展,程序语言也出现了 Fortran、Cobol 等计算机高级语言,采用了监控程序,这是操作系统的雏形。第二代计算机特征如下:

(1)体积小,可靠性增强,寿命延长;

（2）运算速度快；

（3）提高了操作系统适应性；

（4）容量提高；

（5）应用领域扩大。

第三代计算机(1965—1971)：中小规模集成电路计算机。集成电路可将十几个甚至上百个电子元件集成在几平方毫米的单晶硅片上。中小规模集成电路计算机比上一代更小，耗电更少，功能更强，寿命更长，领域扩大，性能比上一代有很大提高，而且采用高级语言编程。第三代计算机特征如下：

（1）体积更小，寿命更长；

（2）运行计算速度更快；

（3）外围设备出现多样化；

（4）高级语言进一步发展；

（5）应用范围扩大到企业管理和辅助设计等领域。

第四代计算机(1971—至今)：超大规模集成电路计算机，应用大规模集成电路，操作系统、数据库、应用软件不断完善，计算机的运算速度、存储量以及可靠性都得到了质的飞跃，同时体积、重量、功耗则进一步减少。第四代计算机特征如下：

（1）逻辑元件采用了大规模和超大规模集成电路，体积小，使用方便，可靠性也更高；

（2）运算速度每秒可达一亿到几十亿次；

（3）系统软件配置丰富，可以自动化设计部分程序；

（4）产品更新速度加快；

（5）应用领域从科学计算走向数据库管理、专家系统、图像识别和语义识别等领域，并逐步走向家庭。

第五代计算机：具有人工智能的新一代计算机，具有推理、联想、判断、决策、学习的能力。目前智能计算机系统主要利用人工智能的方式对信息进行采集、存储、处理以及通信，它可以帮助人们获取新的知识，并对未知领域进行开拓。

**3. 计算模式演变**

计算模式的演变与半导体技术、网络技术和软件技术的发展紧密相关，经历了单机计算、分布式计算和云计算等多个阶段。纵观整个计算机的发展史，每一种计算模式都会带动相应计算机科学技术的发展。

早期的计算性能主要依赖于半导体技术和大规模集成电路的发展,单位面积晶体管的数量决定了计算性能。受限于摩尔定律和散热条件,单颗芯片中所能集成的晶体管有限,多核心的 CPU 应运而生,计算模式从单核单线程计算向多核多线程计算发展,在一定程度上突破了大规模集成电路技术的限制,并行计算模式得以广泛应用。近些年来,图形处理器(Graphics Processing Unit, GPU)针对诸如图像等并行度高的特质计算任务,设计的高并发高性能计算(High Performance Compuing,HPC)处理器在深度学习中得以广泛应用。

分布式计算为用户提供了一种有效的资源共享方式,能突破计算机的计算性能。分布式计算是将计算工作分摊到各个计算机中,从而降低了单机运算负载以及存在的风险。分布式计算概念中涉及了两种分布,分别是数据分布和计算分布。其中,数据分布是指数据可分散存储在网络上的不同计算机中;而计算分布则是把操作计算分散给不同的计算机进行计算处理。

在互联网环境中,硬件平台、操作系统、信息数据和软件系统等更是多种多样、纷繁复杂。要适应互联网的复杂环境,这对新的计算模式——分布式计算模式,提出了更高的要求:

(1) 跨平台和开发语言的要求。分布式计算模式必须可以适应不同的硬件平台,也必须适应不同的操作系统。有一些人认为,计算机发展到一定程度就会消亡,但其实是变得无处不在。就好像在汽车里,发动机的使用非常普遍,但用户在使用汽车时却一个也见不到。

(2) 可伸缩性的要求。可伸缩性是通过增加系统的资源而使服务的容量产生线性(理想情况下)增长的能力。当公司的业务蒸蒸日上,规模逐渐变大时,系统中需要增加的只是一些额外的资源,而不需要对应用程序本身进行较大的修改。

(3) 应用程序快速开发和部署的要求。市场的竞争加剧要求公司的反应速度越来越快,怎样提高软件生产的效率是许多人所关心的问题。软件开发人员希望编写软件就像硬件工程师一样,将购买的硬件芯片等元器件搭建一下就可以形成一个新的产品(当然要了解这些硬件芯片等元器件的特性,并将其有机地搭建在一起,也不是一件容易的事情)。这正是开发和使用组件的思想:编写具有一定独立功能的组件,并将这些组件作为软件系统中的独立部分进行使用。

(4) 安全性的要求。安全性是指对系统资源的访问控制,如硬件、数据和应用程序等。为了实现安全性的要求,就需要进行身份验证、授权、数据保护和审核等方面的工作。

相比单机计算模式,分布式计算模式具有三个突出的优点:①共享稀有资源;②可以将计算工作分摊到各个计算机,平衡计算负载;③可以将程序放在最适合运行的计算机上。其中,计算机分布式计算的核心思想之一是共享稀有资源和平衡负载。

云计算也是分布式计算的一种,其工作原理是通过网络将巨大的数据计算处理程序分解成无数个小程序,利用分布式计算的思想对多部服务器组成的系统进行处理和分析,并将处理得到的结果返回给用户。目前云服务很火热,它不仅是一种分布式计算,更是分布式计算、并行计算、效用计算、网络存储、虚拟化、负载均衡和热备份冗余等技术发展融合的产物,更多的是一种按量付费的计算服务模式。

**4. 计算机分类**

按照计算能力和用途,可以将计算机分为超级计算机、服务器、工作站/个人计算机、工业控制计算机和嵌入式计算机。相对于以上的电子计算机而言,还有量子计算机、光子计算机以及生物计算机等。

(1)超级计算机是所有计算机中运算速度最快、存储容量最大以及功能最强的一类计算机,是国家科技发展水平和综合国力的重要标志,主要用于科学计算,如气象、航天、勘探等领域。主要特点表现为超强运算能力、高速度和大容量,其运算度量单位是每秒浮点运算次数(Flops),现有超算机器大都可以达到每秒万亿次以上。与个人PC一样,超级计算机硬件部分也是由CPU、存储器以及输入输出设备等核心要素组成的。

2016年排名前5的超级计算机包括:中国国家并行计算机工程和技术研究中心(NRCPC)的"神威·太湖之光"计算机、中国国防科技大学的"天河"系列超级计算机、美国橡树岭国家实验室的"泰坦"(Titan)、美国劳伦斯·利弗莫尔国家实验室的"红杉"(Sequoia)和美国国家能源研究科学计算中心(NERSC)的"科里"(Cori)。

2015年,"天河"系列超级计算机在Top500排名中,获得6连冠,运算能力达到了33.9PFlops(千万亿次浮点计算能力),超出第二位近1倍。2016年,"神威·太湖之光"计算机获得冠军,达到93PFlops(1分钟相当于72亿人算32年),包括处理器在内的所有核心部件全部为国产。其中,"神威·太湖之光"超级计算机是由国家并行计算机工程技术研究中心研制、安装在国家超级计算无锡中心的超级计算机。

"神威·太湖之光"超级计算机安装了40960个中国自主研发的"申威26010"众核处理器,该众核处理器采用64bit自主申威指令系统,峰值性能为125PFlops,持续性能为93PFlops。

2016年6月20日,在法兰克福世界超算大会上,国际TOP500组织发布的榜单显示,"神威·太湖之光"超级计算机系统登顶榜单之首,不仅速度比第二名"天河二号"快出近两倍,其效率也提高3倍;11月14日,在美国盐湖城公布的新一期TOP500榜单中,"神威·太湖之光"以较大的运算速度优势轻松蝉联冠军;11月18日,我国科研人员依托"神威·太湖之光"超级计算机的应用成果首次荣获"戈登·贝尔"奖,实现了我国高性能计算应用成果在该奖项上零的突破。

2017年5月,中华人民共和国科学技术部高技术中心在无锡组织了对"神威·太湖之光"计算机系统课题的现场验收。专家组经过认真考察和审核,一致同意其通过技术验收;11月13日,全球超级计算机500强榜单公布,"神威·太湖之光"以93PFlops速度第四次夺冠。

(2) 服务器是专指某些计算机,对外提供稳定、可靠的服务。相对于普通电脑来说,服务器的稳定性、可靠性、安全性、性能都要强大很多,因此CPU、芯片组、内存、磁盘系统、网络等硬件和普通电脑有所不同。

(3) 工作站/个人计算机广泛应用于社会生活,是发展最快、应用最为普及的计算机。台式计算机、笔记本和掌上电脑等都是个人计算机,工作站则是一般面向特定领域的性能较高的PC,如图形工作站和无盘工作站等。

(4) 工业控制计算机是一种采用总线结构,对生产过程及其机电设备、工艺装备进行检测与控制的计算机系统总称,简称为工控机。它由计算机和过程输入输出(Input/Output,I/O)两大部分组成。

(5) 嵌入式计算机几乎包括了生活中的所有电器设备,如电视机顶盒、手机、数字电视、电梯、工业自动化仪表与医疗仪器等。

## 2.1.2 存储设备

计算机中的存储是指通过一些有效安全的方式,将数据保存到一些介质上,并能进行有效的访问。换句话讲,存储是数据临时或长期驻留的物理媒介,同时它也是保证数据完整安全存放的方式或行为。

**1. 存储器系统**

计算机中,根据存储器读取速度依次分为通用寄存器堆、指令和数据缓冲栈、高速缓冲存储器、动态随机存储器、联机外部存储器和脱机外部存储器等。其体系架构如图 2–3 所示。

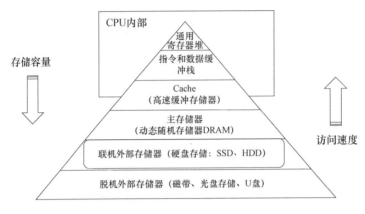

图 2–3　存储设备体系架构图

计算机中的存储系统是由管理信息调度的设备（硬件）和算法（软件）、存放程序和数据的各种存储设备以及控制部件组成。由于计算机的主存储器不能同时满足存取速度快、存储容量大和成本低的要求，因而速度由慢到快、容量由大到小的多级存储器体系在计算机中就显得十分重要了。

存储系统的性能在计算机中的地位日趋重要，主要原因在于：①"冯·诺伊曼"体系结构访存操作约占 CPU 时间的 70%；②整机效率受存储管理与组织的影响；③知识库、语音识别、图像处理、数据库以及多媒体等现代信息处理技术对存储系统的要求较高。

传统的存储器系统一般分为高速缓冲存储器、主存储器、辅助存储器三级。主存储器可由 CPU 直接访问，存取速度快，但容量较小，一般用来存放当前正在执行的程序和数据。辅助存储器设置在主机外部，它的存储容量大，价格较低，但存取速度较慢，一般用来存放暂时不参与运行的程序和数据，CPU 不可以直接访问辅助存储器，辅助存储器中的程序和数据在需要时才传送到主存储器，因此它是主存储器的补充和后援。当 CPU 速度很高时，为了使访问存储器的速度能与 CPU 的速度相匹配，又在主存储器和 CPU 间增设了一级 Cache。Cache 的存取速度比主存储器更快，但容量较小，用来存放当前最急需处理的程序和数据，以便快速地向 CPU 提供指令和数据。因此，计算机采用多级存储器体系，确保能够获得尽可能高的存取速率，同时保持较低的成本。

外部存储设备是进行数据持久化存储的主要设备，目前常用的外部存储设备有机械磁介质硬盘(Hard Disk Drive,HDD)和固态硬盘(Solid State Drive,SSD)。机械磁介质硬盘拥有容量大、成本低等优点,但读写需要进行寻址,读写效率低,且噪音较大。固态硬盘不需要机械装置,具有读写速率快、噪音小、稳定性好、抗震、质量轻和功耗低等优点,但价格昂贵。

**2. 存储体系架构**

计算机存储体系结构是以存储为中心的存储技术,由直接附加存储(Direct Attached Storage,DAS)为代表的总线存储阶段逐渐向网络存储阶段、虚拟存储阶段发展,存储向着网络化、分布式和虚拟化前进,如图2-4所示。

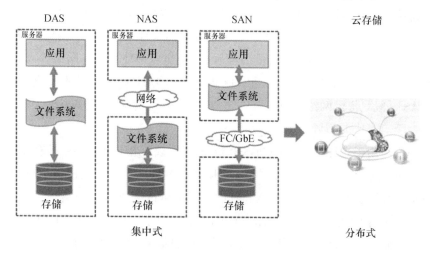

图2-4 存储体系变迁图

DAS是对小型计算机系统接口(Small Computer System Interface,SCSI)总线的进一步发展。一方面,它对内利用SCSI总线通道或FC通道、IDE接口连接多个磁盘,利用RAID技术,很好地解决了大存储空间和数据容错的问题。另一方面,它对外利用SCSI总线通道和多个主机连接,从而解决了SCSI卡只能连接到一个主机上的问题。

DAS是以服务器为中心的存储体系结构,难以满足现代存储应用高可靠、高可用、大容量、易维护以及动态可拓展等多方面的需求。将访问模式从以服务器为中心转化为以数据和网络为中心,实现多个主机数据的共享,是解决上述问题的关键。正因如此,推动了网络存储的发展。

以存储网络为中心的存储,简称为网络存储,是一种全新的存储体系结构。目前常见的网络存储体系包括网络附加存储(Network Attached Storage,NAS)和存储区域网(Storage Area Network,SAN)。网络存储包括了网络和I/O的精华,将I/O能力扩展到网络上,通过采用面向网络的存储体系结构,使数据处理和数据存储分离;通过网络连接服务器和存储资源,消除了不同存储设备和服务器之间的连接障碍,从而进一步提高了数据的共享性、可用性和可扩展性、管理性。

WAS继续使用了传统以太网和IP协议,当进行文件共享时,则利用网络附属存储(Network Attached Storage, NAS)和通用网络文件系统(Common Internet File System, CIFS)协议以沟通NT和Unix系统。NAS最大的特点是进行小文件级的共享存储,同时它具有一些明显的优缺点。优点主要体现在:①NAS部署方式简单;②成本较低,NAS的投资仅限于一台NAS服务器,而NAS服务器的价格往往是针对中小企业定位的;③NAS服务器管理维护简单,支持Web的客户端管理。缺点则在于:①从性能方面看,由于与应用使用同一网络,NAS性能严重受制于网络传输数据能力,同时也会增加网络拥塞;②从数据安全性方面看,NAS一般只提供两级用户安全机制,数据安全性能较差,还需要增加额外的安全手段。

SAN使用了光纤通道交换机和光纤通道协议。相比NAS,它具有很多优势。首先,在一些关键应用中,例如多个服务器共同向大型存储设备进行读取,传输块级数据要求必须使用SAN。其次,SAN可以通过城域网实现远程灾难恢复。在使用E3信道的情况下,SAN可以将部件间的距离增加至150km,同时保证了性能。再次,SAN在管理方式上是集中且高效的。用户可以在线动态调整存储网络、添加/删除设备以及将异构设备统一成存储池等,这样的管理方式既集中又高效。根据网络传输协议不同,分为IP SAN和FC SAN,前者用传输控制协议/网际协议(Transmission Control Protocol/Internet Protocol, TCP/IP)协议,后者用Fibre Channel协议。

在云计算概念上延伸和发展出来的云存储是一种新兴的网络存储技术。云存储将网络中各种类型的存储设备通过集群应用集成工作,从而对用户提供数据存储和业务访问等功能。云存储不仅是硬件,更是一个由网络设备、服务器、存储设备、公用访问接口、接入网、应用软件和客户端程序等组成的复杂系统。应用方向包括:

(1)企业级弹性存储服务(块存储、对象存储),如AWS的S3、阿里的块存储BS和对象存储OSS、百度的对象存储BOS和云磁盘CDS等;

(2)个人存储类产品(网盘、云盘),如DropBox、Amazon CloudDrive、坚果云、百度云盘等。

## 2.1.3 网络设施

计算机网络是指在网络管理软件、网络操作系统以及网络通信协议的共同管理和协调下,通过通信线路将不同地理位置的、具有独立功能的多台计算机及其外部设备连接起来,从而实现资源共享和信息传递的计算机系统。

计算机之间要交换数据,就必须遵守一些事先约定好的规则,用于如何发送和接收信息以及规范信息的格式等。通常网络设计者会将一个庞大而复杂的通信问题转化为若干个小通信问题,然后为每个小问题设计一个单独的协议,其目的是减少网络协议设计的复杂性。

计算机网络采用分层设计的理念思想,将网络的整体功能按照信息的传输过程分解为一个个功能层。不同机器上的同等功能层之间采用相同的协议,同一机器上的相邻功能层之间可以通过接口进行信息传递。

**1. OSI/RM 七层网络模型**

1977 年,国际标准化组织为适应网络标准化发展的需求,制定了开放系统互联参考模型(Open System Interconnection/Reference Model,OSI/RM),从而形成了网络架构的国际标准。OSI/RM 构造了由下到上的七层模型,分别是物理层、数据链路层、网络层、传输层、会话层、表示层和应用层。

在数据传输过程中,每一层都承担不同的功能和任务,以实现对数据传输过程中的各个阶段的控制。

(1)物理层。物理层的主要功能是透明地完成相邻节点之间原始比特流的传输。其中,"透明"是指物理层并不需要关心比特代表的具体含义,而要考虑的是如何发送"0"和"1",以及接收端如何识别。物理层在传输介质基础上作为系统和通信介质的接口,为数据链路层提供服务。

(2)数据链路层。数据链路层的主要功能是在两个相邻节点之间的线路上无差错地传送以帧为单位的数据。由于数据链路层中流量控制和差错控制的存在,原始不可靠的物理层连接将变成无差错的数据通道,从而解决多用户竞争问题,使之对网络层显现一条可靠的链路。

(3)网络层。网络层是通信子网的最高层,其主要任务是在数据链路层服务的基础上,实现整个通信子网内的连接,并通过网络连接交换网络服务数据单元(packet)。它主要解决数据传输单元分组在通信子网中的路由选择、拥塞控制和多个网络互联的问题,建立网络连接为传输层提供服务。

(4)传输层。传输层既是负责数据通信的最高层,又是面向网络通信的低三层(物理层、数据链路层和网络层)和面向信息处理的高三层(会话层、表示层和应用层)之间的中间层,是资源子网和通信子网的桥梁,其主要任务是为两台计算机的通信提供可靠的端到端的数据传输服务。传输层反映并扩展了网络层子系统的服务功能,并通过传输层地址为高层提供传输数据的通信端口,使系统之间高层资源的共享不必考虑数据通信方面的问题。

(5)会话层。会话层利用传输层提供的端到端数据传输服务,具体实施服务请求者与服务提供者之间的通信、组织和同步它们的会话活动,并管理它们的数据交换过程。会话层提供服务,通常需要经过建立连接、数据传输和释放连接三个阶段。会话层是最薄的一层,常被省略。

(6)表示层。表示层处理的是用户信息的表示问题。端用户(应用进程)之间传送的数据包含语义和语法两个方面。语义是数据的内容及其含义,它由应用层负责处理;语法是与数据表示形式有关的方面,例如数据的格式、编码和压缩等。表示层主要用于处理应用实体面向交换的信息的表示方法,包括用户数据的结构和在传输时的比特流(或字节流)的表示。这样,即使每个应用系统有各自的信息表示法,但被交换的信息类型和数值仍能用一种共同的方法来描述。

(7)应用层。应用层是直接面向用户的一层,是计算机网络与最终用户之间的界面。在实际应用中,通常把会话层和表示层归入应用层,使 OSI/RM 成为一个简化的五层模型。

**2. TCP/IP 结构模型**

虽然 OSI/RM 已成为计算机网络架构的标准模型,但因为 OSI/RM 的结构过于复杂,实际系统中采用 OSI/RM 的并不多。目前,使用最广泛的可互操作的网络架构是传输控制协议/网际协议(Transmission Control Protocol/ Internet Protocol,TCP/IP)结构模型。与 OSI/RM 结构不同,不存在一个正式的 TCP/IP 结构模型,但可根据已开发的协议标准和通信任务将其大致分成 4 个比较独立的层次,分别是网络接口层、互联层、传输层和应用层。

(1)网络接口层(Network Access Layer)大致对应于 OSI/RM 的数据链路层和物理层。TCP/IP 协议不包含具体的物理层和数据链路层,只定义了网络接口层作为物理层的接口规范。网络接口层处在 TCP/IP 结构模型的最底层,主要负责管理为物理网络准备数据所需的全部服务程序和功能。

(2)互联层(Internet Layer)是整个体系结构的关键部分,其功能是使主机可以把分组发往任何网络,并使分组独立地传向目标。这些分组可能经由不同的网络,到达的顺序和发送的顺序也可能不同。高层如果需要顺序收发,那么就必须自行处理对分组的排序。互联层使用网际互联协议(Internet Protocol,IP)。TCP/IP 结构模型的互联网层和 OSI/RM 模型的网络层在功能上非常相似。

（3）传输层(Transport Layer,TL)使源端和目的端机器上的对等实体可以进行会话,相当于 OSI/RM 中的传输层。在这一层定义了两个端到端的协议:传输控制协议(Transmission Control Protocol,TCP)和用户数据报协议(User Datagram Protocol,UDP)。TCP 是面向连接的协议,它提供可靠的报文传输和对上层应用的连接服务。为此,除了基本的数据传输外,它还有可靠性保证、流量控制、多路复用、优先权和安全性控制等功能。UDP 是面向无连接的不可靠传输的协议,主要用于不需要 TCP 的排序和流量控制等功能的应用程序。

（4）应用层(Application Layer)包含所有的高层协议,如虚拟终端协议(TELecommunications NETwork,TELNET)、文件传输协议(File Transfer Protocol,FTP)、电子邮件传输协议(Simple Mail Transfer Protocol,SMTP)、域名服务(Domain Name Service,DNS)、网上新闻传输协议(Net News Transfer Protocol,NNTP)和超文本传送协议(HyperText Transfer Protocol,HTTP)等。TELNET 允许一台机器上的用户登录到远程机器上,并进行工作;FTP 提供有效地将文件从一台机器上移到另一台机器上的方法;SMTP 用于电子邮件的收发;DNS 用于把主机名映射到网络地址;NNTP 用于新闻的发布、检索和获取;HTTP 用于在 WWW 上获取主页。

与 OSI 的七层参考模型有所不同,TCP/IP 协议采用了 4 层的层级结构,每一层都呼叫它的下一层所提供的网络来完成自己的需求。实际上,TCP/IP 协议可以通过网络接口层连接到任何网络上,例如 IEEE802 局域网或 X.25 交换网。可以说,局域网传输进入 100Gb/s 时期,为大数据基础设施提供高速网络,TCP/IP 协议起到了关键性和基础性的作用。

## 2.1.4　操作系统

计算机系统由硬件和软件两部分组成。操作系统(Operating System,OS)是计算机系统中最基本的系统软件,它既负责计算机系统的软、硬件资源的管理,又控制程序的执行。操作系统随着计算机研究和应用的发展逐步形成并日趋成熟,它为用户使用计算机提供了一个良好的环境,从而使用户能充分利用计算机资源,提高系统的效率。操作系统的基本类型有批处理操作系统、分时操作系统和实时操作系统。从资源管理的角度看,操作系统主要是对处理器、存储器、文件、设备和作业进行管理。

操作系统是计算机系统中的核心系统软件,负责对计算机系统中的硬件和软件资源进行管理和控制,并有效地利用资源和合理地组织计算机工作流程,在计算机与用户之间起接口的作用。操作系统为用户提供的接口表现形式一般包括命令、菜单和窗口等,而操作系统为应用程序提供的接口为 API(Application Programming Interface)。

计算机的操作系统对于计算机来说是十分重要的。首先,从使用者角度来说,操作系统可以对计算机系统的各项资源板块开展调度工作,其中包括软硬件设备、数据信息等,可以减少人工资源分配的工作强度,使用者对于计算的操作干预程度减少,计算机的智能化工作效率可以得到很大的提升。其次,在资源管理方面,如果由多个用户共同来管理一个计算机系统,那么两个使用者的信息共享可能就会有冲突。为了更加合理地分配计算机的各个资源板块,协调计算机系统的各个组成部分,就需要充分发挥计算机操作系统的职能,对各个资源板块的使用效率和使用程度进行一个最优的调整,使得各个用户的需求都能够得到满足。再次,在使用难度方面,操作系统在计算机程序的辅助下,可以抽象处理计算系统资源提供的各项基础职能,以可视化的手段来向使用者展示操作系统功能,降低计算机的使用难度。

UNIX 是一个强大的多用户、多任务操作系统,支持多种处理器架构,按照操作系统的分类,属于分时操作系统。UNIX 于 1969 年在美国 AT&T 的贝尔实验室开发,并逐渐发展为支持各种处理器架构(SPARC、Power、MIPS、PA – RISC、IA64 – Itanium、Alpha)的操作系统(Solaris [SUN]、AIX [IBM]、IRIX [SGI]、HP – UX[HP])。

Linux 最初是由芬兰赫尔辛基大学计算机系学生 Linus Torvalds 在基于 UNIX 的基础上开发的一个操作系统内核程序,后来发展为一个基于 POSIX 和 UNIX 的多用户、多任务、支持多线程和多 CPU 的操作系统。普遍使用的版本包括 Fedora、SuSE、Ubuntu、CentOS、RedHat 等。

Windows 系列操作系统是在 MS – DOS 的基础上设计的图形操作系统,问世于 1985 年。随着电脑硬件和软件的不断升级,Windows 也在不断升级,从架构的 16bit、32bit 到 64bit,系统版本从最初的 Windows 1.0 起步,目前已发展为企业版最高版本 Windows Server 2012 和个人版最高版本 Windows 10。

iOS 和 Android 是目前流行的手机操作系统。iOS 是苹果公司开发的手持设备操作系统,属于类 UNIX 的商业操作系统。而 android 则是一种以 Linux 为基础的开放源代码操作系统。

目前,Linux 占据服务器的绝大部分市场,Windows 依然是桌面的霸主,Android 和 iOS 在手机终端上分庭抗礼。

随着云计算的发展,Google、VMware、阿里、百度、腾讯、浪潮也都提出了自己的云操作系统产品。云操作系统更多的是对云平台上各类管理工具的集成,是一种概念。

## 2.1.5 文件系统

文件系统是一种在存储设备上组织文件的方法,是操作系统用于存储设备或分区上存储文件的方法和数据结构。文件系统主要由三部分组成:①文件系统的接口;②操纵和管理对象的软件集合;③对象及属性。文件系统可分为单机文件系统、网络文件系统、集群文件系统以及分布式文件系统等。文件系统指定命名文件的规则。这些规则包括文件名的字符数最大量,可以使用的字符,以及某些系统中文件名的后缀长度。文件系统还包括通过目录结构找到文件指定路径的格式。文件系统是软件系统的一部分,它的存在使得应用可以方便地使用抽象命名的数据对象和大小可变的空间。

**1. 单机文件系统**

单机文件系统位于一个磁盘或一个磁盘分区上,只能被唯一的主机访问,不能被多个主机共享。例如 Windows 中常见的 FAT、FAT32 和 NTFS 等,以及 Linux 中常用的 EXT2、EXT3 和 EXT4 等。一些常见的文件系统介绍如下:

1) EXT4 文件系统

第 4 代扩展文件系统(Fourth Extended Filesystem,EXT4)的特点是随机读写快、稳定性强,但是检索慢、顺序读写慢,适用于随机 IO 高、稳定性要求高的场景。EXT4 修改了第 3 代扩展文件系统(Third Extended Filesystem,EXT3)中部分重要的数据结构,是 EXT3 的改进版,提供了更为丰富的功能。

(1) 与 EXT3 兼容:无须重新格式化磁盘或重新安装系统,通过执行若干条命令,就能从 EXT3 在线迁移到 EXT4。迁移之后,EXT4 作用于新数据,同时会保留原有 EXT3 数据结构。

(2) 更大的文件系统和更大的文件:EXT4 可以支持 1EB(1EB = 1024PB,1PB = 1024TB)的文件系统和 16TB 的文件。

（3）无限数量的子目录：相比于 EXT3 只支持 32000 个子目录，EXT4 支持无限数量的子目录。

（4）扩展区：为了提高效率，EXT4 引入了现代文件系统中流行的扩展区概念，即每个扩展区为一组连续的数据块。而 EXT3 采用间接块映射，当操作大文件时，效率极其低下。

（5）多块分配：EXT4 的多块分配器支持一次调用分配多个数据块，比每次只能分配一个 4KB 块的 EXT3 数据块高效很多。

（6）延迟分配：为了优化整个文件的数据块分配，EXT4 和其他现代文件操作系统的分配策略是尽可能地延迟分配。换句话说，当整个文件在 Cache 中写完才开始分配数据块并写入磁盘中。

（7）快速 fsck：不需要检查所有的 inode，EXT4 给每个组的 inode 表中都添加了一份未使用 inode 的列表，因而 fsck EXT4 文件系统可以跳过它们而只检查那些在用的 inode。

（8）日志校验：为了提高安全性能，EXT4 的日志校验功能将 EXT3 的两阶段日志机制合并成一个阶段，可以很方便地判断日志数据是否损坏。

（9）"无日志"（No Journaling）模式：为了节省开销，EXT4 允许关闭日志。

（10）在线碎片整理：EXT4 支持在线碎片整理，并将提供 e4defrag 工具进行个别文件或整个文件系统的碎片整理。

（11）inode 相关特性：EXT4 支持快速扩展属性（Fast Extended Attributes）和 inode 保留（Inodes Reservation）。较之 EXT3 默认的 128B 大小的 inode，EXT4 支持更大的 inode，其中默认 inode 大小为 256B。

（12）持久预分配（Persistent Preallocation）：为了保证下载文件有足够的空间存放，EXT4 在文件系统层面实现了持久预分配并提供相应的 API，比应用软件自己实现更有效率。

（13）默认启用 barrier：EXT4 默认启用 barrier，只有当 barrier 之前的数据全部写入磁盘，才能写 barrier 之后的数据。

2）XFS 文件系统

高性能的日志文件系统 XFS 是由 SGI 公司为 IRIX 操作系统开发的文件系统，特点是检索速度快、随机读写性能差、稳定性差，适用于海量小文件或超大规模文件的场景。其主要特性包括以下几点。

（1）快速恢复磁盘文件：当意想不到的宕机发生后，由于文件系统开启了日志功能，因此磁盘上的文件不会因意外宕机而遭到破坏。不论目前文件系统上存储的文件与数据有多少,文件系统都可以根据所记录的日志在很短的时间内迅速恢复磁盘文件内容。

(2)采用优化算法:日志记录对整体文件操作影响非常小,XFS 查询与分配存储空间非常快。XFS 文件系统能连续提供快速的反应时间。

(3)支持大容量存储空间:XFS 是一个全 64bit 的文件系统,对特大文件及小尺寸文件的支持都表现出众,支持特大数量的目录。XFS 使用的表结构(B+树),保证了文件系统可以快速搜索与快速空间分配。XFS 能够持续提供高速操作,文件系统的性能不受目录中目录及文件数量的限制。

(4)以接近裸设备 I/O 的性能存储数据:在单个文件系统的测试中,XFS 吞吐量最高可达 7GB/s,对单个文件的读写操作,其吞吐量可达 4GB/s。

3) ZFS 文件系统

动态文件系统(Zettabyte File System,ZFS)是 SUN 公司为 Solaris 操作系统开发的文件系统,特点是容量大、块尺寸可变、内存消耗大、IO 效率低、稳定性一般,适用于存储空间大,且稳定性要求不高的场景。

ZFS 是一个便捷的存储池管理系统,它具有高存储容量、文件系统与卷管理概念整合,以及崭新的磁盘逻辑结构。ZFS 文件系统是一个革命性的全新的文件系统,它从根本上改变了文件系统的管理方式,ZFS 设计强大、可升级并易于管理。

ZFS 用"存储池"的概念来管理物理存储空间。过去,文件系统都是构建在物理设备之上的。为了管理这些物理设备,并为数据提供冗余,"卷管理"的概念提供了一个单设备的映像。但是这种设计增加了复杂性,同时根本没法使文件系统向更高层次发展,因为文件系统不能跨越数据的物理位置。ZFS 是将所有设备集中到一个存储池中来进行管理,不再创建虚拟的卷。"存储池"可以为文件系统创建专门的存储空间,它描述了存储的物理特征(数据的冗余,设备的布局等)。不仅仅再局限于单独的物理设备,文件系统同时允许物理设备把其自带的那些文件系统共享到这个"池"中。当增加新的存储介质时,所有"池"中的所有文件系统不需要额外的操作,就能立即使用新增的空间。因而在很多情况下,存储池也扮演了一个虚拟内存的角色。

ZFS 使用一种写时拷贝事务模型技术。所有文件系统中的块指针都包括 256bit 的能在读时被重新校验的关于目标块的校验和。为了减少该过程的开销,多次读写更新被归纳为一个事件组,并且在必要的时候使用日志来同步写操作。利用写时拷贝使 ZFS 的快照和事务功能的实现变得更简单和自然,快照功能更灵活。

### 4）NTFS 文件系统

新技术文件系统(New Technology File System, NTFS)是一个可恢复的文件系统,容量大,可达到2TB。NTFS 使用标准的事务处理日志和恢复技术来保证分区的一致性,因而 NTFS 分区上用户很少需要运行磁盘修复程序。

NTFS 支持对分区、文件夹和文件的压缩,当基于 Windows 的应用程序对文件进行读取时,文件将自动进行解压缩;文件关闭或保存时会自动对文件进行压缩。任何基于 Windows 的应用程序对 NTFS 分区上的压缩文件进行读写时不需要事先由其他程序进行解压缩。

NTFS 可以为共享资源、文件夹以及文件设置访问许可权限。许可的设置包括两方面的内容:①允许访问文件夹、文件和共享资源的组或用户;②获得访问许可的组或用户可以访问的级别。与 FAT32 文件系统下对文件夹或文件进行访问相比,NTFS 的安全性要高得多。

### 2. 网络文件系统

网络文件系统允许远程客户端以与本地文件系统类似的方式,来通过网络进行访问。它利用标准远程访问接口,实现不同主机之间传统文件系统的数据共享。典型代表有网络文件系统(Network File System, NFS)和 CIFS。其中,NFS 允许网络中的计算机之间通过 TCP/IP 网络共享资源,因而它具有以下优点:①可以提供透明文件访问以及文件传输;②高性能,可灵活配置;③不需要改变现有的工作环境,易扩充新软件资源。

### 3. 集群文件系统

集群文件系统是指多台计算机之间通过某种方式相互通信从而将集群内所有存储空间资源进行整合及虚拟化,并对外提供文件访问服务的文件系统。NTFS、EXT 等本地文件系统是为了扩展性,而集群文件系统则是为了纯粹管理块和文件之间的映射以及文件属性。按照对存储空间的访问方式,集群文件系统可分为共享存储型集群文件系统和分布式集群文件系统。其中共享存储型集群文件系统,称为共享文件系统是多台计算机识别到同样的存储空间,并相互协调共同管理;分布式集群文件系统则是每台计算机各自提供自己的存储空间,并各自协调管理所有计算机节点中的文件。典型代表有 StorNext、蓝鲸。

### 4. 分布式文件系统

分布式文件系统(Distributed File System, DFS)是多台计算机各自提供自己的存储空间,并各自协调管理所有主机节点上的文件。分布式文件系统将固定于某个地点的某个文件系统,扩展到任意多个地点/多个文件系统。不同的节点可以通过网络进行节点之间的通信和数据传输。因而人们在使用分布式文件系统时,只需像使用本地文件系统一样存储和管理文件系统中的数据,无需关心数据的存储节点。更进一步讲,分布式文件系统管理的物理存储资源不一定直接连接在本地节点上,它只需要通过计算机网络与节点相连即可,广义上包含之前的网络文件系统、集群文件系统。典型代表有 GFS、HDFS、Lustre、Gluster、Ceph 和 Swift 等。

谷歌文件系统(Google File System,GFS)是一个基于 Linux 的专有分布式文件系统。一个 GFS 集群中包含了一个 master 和大量的 Chunkserver,并被许多客户(Client)访问。Master 维护文件系统所有的元数据(Metadata),包括访问控制信息、名字空间、从文件到块的映射以及块的当前位置。而 chunkserver 将块当作 Linux 文件存储在本地磁盘并可以读和写由 chunk – handle 和位区间指定的数据。默认情况下,保存 3 个副本。

Hadoop 分布式文件系统(Hadoop Distributed File System,HDFS)是 Hadoop 项目基于 GFS 的开源实现,是一个适合部署在廉价机器上的高度容错性的系统。如图 2 – 5 所示,主要特点是提供高吞吐量的数据访问,因而非常适合大规模数据集上的应用。HDFS 通常被设计成适合运行在通用硬件(Commodity Hardware)上的分布式文件系统。它和现有的分布式文件系统有很多共同点,也有很明显的区别。HDFS 放宽了一部分 POSIX 约束,可以实现流式读取文件系统数据。HDFS 起初是作为 Apache Nutch 搜索引擎项目的基础架构而开发的,同时也是 Apache Hadoop Core 项目的一部分。

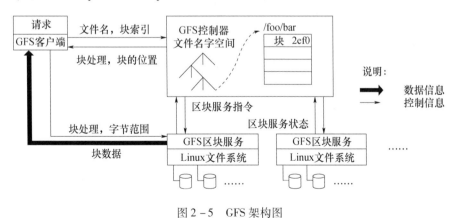

图 2 – 5　GFS 架构图

Lustre 是 SUN 公司开发的一种大规模的、安全可靠的,具备高可用性的平行分布式文件系统。Lustre 是源自 Linux 和 Cluster 的混成词,通常用于大型计算机集群和超级电脑。与之前的文件系统不同,Lustre 可以支持 1000 个客户端节点的 I/O 请求,并且具有两个 MDS 采用共享存储设备的 Active – Standby 方式的容错机制,其存储设备是基于对象的智能存储设备,与普通的基于块的 IDE 存储设备不同。

### 2.1.6 数据库

数据库(Database)是按照数据结构来组织、存储和管理数据的仓库。按照关系类型,一般将数据库分为关系型数据库和非关系型数据库。数据管理技术的发展经历了从人工到文件管理,再到数据库管理的三大阶段。前面两个阶段容易理解,数据库管理本身也发生着巨大的变化。20 世纪 70 年代,出现了关系型数据库和结构化查询语言 SQL,广泛应用了近 40 年。随着大数据时代的到来,近些年在高并发、大数据量、分布式及实时性的要求下,出现了 NoSQL 数据库族群,还出现了介于这两者之间的 NewSQL 数据库,新型的非关系型数据库取代了传统的关系型数据库。新的可扩展/高性能数据库可以简称为 NewSQL,这类数据库不仅保持了传统数据库支持 ACID 和 SQL 等特性,还具有 NoSQL 对海量数据的存储管理能力。数据库发展史如图 2 – 6 所示。图 2 – 7 为数据库的知识图谱。

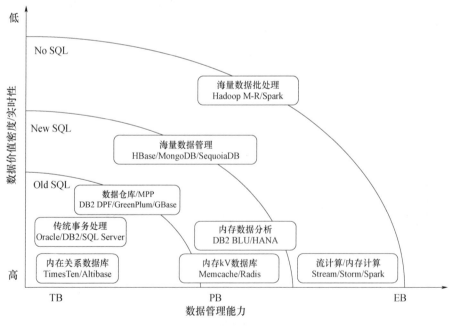

图 2 – 6 数据库发展史

第 2 章 地理空间大数据基础设施

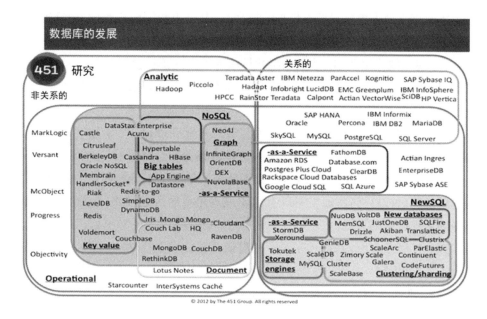

图 2-7 数据库知识图谱

**1. 关系型数据库**

关系型数据库和常见的表格比较相似,其中表与表之间有很多复杂的关系,其存储格式可以直观反映实体之间的关系。在轻量或者小型的应用中,使用不同的关系型数据库对系统的性能影响不大,但是在构建大型应用时,则需要根据应用的业务需求和性能需求,选择合适的关系型数据库。当前主流的关系型数据库有 Oracle、DB2、Microsoft SQL Server、Microsoft Access、MySQL 等。以 MySQL 为例,MySQL 体系结构由连接池组件、管理服务和工具组件、SQL 接口组件、查询分析器组件、优化器组件、缓冲组件、插件式存储引擎和物理文件等组成。

SQL(Structured Query Language)是最重要的关系数据库操作语言,遵循 ISO 颁布的 SQL 92 标准,各厂商在此标准上扩展,形成各自产品的 SQL,如 ORACLE 的 PL/SQL、微软的 T-SQL 等。

关系型数据库的优势体现在两方面:一是事务支持可以实现对于安全性能很高的数据访问要求;二是可以用 SQL 语句方便地在一个表以及多个表之间做非常复杂的数据查询。

**2. 非关系型数据库**

非关系型数据库 NoSQL 泛指非关系型的数据库。非关系型的目的是解决大规模数据集合多重数据种类带来的挑战,尤其是大数据应用难题,包括键值、列存储(Hbase)、文档型数据库(Mongodb)和图数据库(Neo4j)等。

和关系型数据库相比,非关系型数据库的优点在于:

(1)成本方面,NoSQL 数据库简单易部署,基本都是开源软件,相比关系型数据库价格便宜;

(2)查询速度方面,关系型数据库将数据存储在硬盘中,而 NoSQL 数据库将数据存储于缓存之中,自然 NoSQL 数据库查询速度会很快;

(3)存储数据格式方面,NoSQL 的存储格式是 Key – value 形式、文档形式、图片形式等,可以存储基础类型以及对象或者是集合等各种格式,而关系型数据库则只支持基础类型;

(4)扩展性方面,关系型数据库有类似 Join 这样的多表查询机制的限制,导致扩展很艰难。

当然,非关系型数据库也有缺点,主要在于:

(1)维护的工具和资料有限,因为 NoSQL 属于新的技术,不能和关系型数据库技术同日而语;

(2)不提供对 SQL 的支持,如果不支持 SQL 这样的工业标准,将产生一定用户的学习和使用成本;

(3)不提供关系型数据库对事物的处理。

**3. 关系型数据库和非关系型数据库的区别**

(1)存储方式。与传统的关系型数据库采用表格的储存方式不同,非关系型数据库通常以数据集的方式,大量的数据集中存储在一起,类似于图结构或者文档。

(2)存储结构。关系型数据库按照结构化的方法存储数据,数据表各个字段都必须定义好(也就是先定义好表的结构),再根据表的结构存入数据。这样的方式有利也有弊。优点就是整个数据表的可靠性和稳定性都比较高,但也会带来问题:一旦存入数据后,如果需要修改数据表的结构就会十分困难。然而 NoSQL 数据库采用的是动态结构,对于大量非结构化的数据类型和结构的改变非常适应,可以根据数据存储的需要灵活地改变数据库的结构。

(3)存储规范。为了避免重复、规范化数据以及充分利用好存储空间,关系型数据库把数据按照最小关系表的形式进行存储,这样数据管理就可以变得清晰、一目了然,当然这主要是一张数据表的情况。对于多张表情况,由于数据表之间存在着复杂的关系,随着数据表数量的增加,数据管理会越来越复杂。

而 NoSQL 数据库的数据存储方式是用平面数据集的方式集中存放,虽然会存在数据被重复存储,从而造成存储空间被浪费的问题(从当前的计算机硬件的发展来看,存储空间浪费的问题微不足道),但是由于数据库基本上都是采用单独存放的形式,很少采用分割存放的方式,所以数据往往能存成一个整体,这给数据的读写提供了极大的方便。

(4)扩展方式。关系型数据库只具备纵向扩展能力,因为关系型数据库将数据存储在数据表中,数据操作的瓶颈出现在多张数据表的操作中,而且数据表越多这个问题越严重,如果要缓解这个问题,只能提高处理能力,也就是选择速度更快、性能更高的计算机,这样的方法虽然一定程度上可以拓展空间,但这样的拓展空间一定是非常有限的。而 NoSQL 数据库可以采用横向的方式来扩展数据库,也就是可以添加更多数据库服务器到资源池,因为它使用的是数据集的分布式存储方式,然后由这些增加的服务器来负担数据量增加的开销。

(5)查询方式。关系型数据库采用结构化查询语言 SQL 来对数据库进行查询,SQL 可以采用类似索引的方法来加快查询操作,它能够支持数据库的 CRUD(增加,查询,更新,删除)操作,具有非常强大的功能。而 NoSQL 数据库由于没有一个统一的标准,因而使用的是非结构化查询语言 NoSQL,它以数据集(像文档)为单位来管理和操作数据。NoSQL 中的文档 Id 与关系型表中主键的概念类似,NoSQL 数据库采用的数据访问模式相对 SQL 更简单而精确。

(6)规范化。在数据库的设计开发过程中,开发人员通常会面对同时需要对一个或者多个数据实体(包括数组、列表和嵌套数据)进行操作。在关系型数据库中,一个数据实体一般首先要分割成多个部分,然后对分割的部分进行规范化,最后分别存入多张关系型数据表中,这是一个复杂的过程。随着软件技术的发展,相当多的软件开发平台都提供一些简单的解决方法。例如,可以利用 ORM 层(也就是对象关系映射)将数据库中对象模型映射到基于 SQL 的关系型数据库中,以及进行不同类型系统的数据之间的转换。对于 NoSQL 数据库则没有这方面的问题,它不需要规范化数据,通常是在一个单独的存储单元中存入一个复杂的数据实体。

(7)事务性。关系型数据库强调 ACID 规则,即原子性(Atomicity)、一致性(Consistency)、隔离性(Isolation)、持久性(Durability),可以满足对事务性要求较高或者需要进行复杂数据查询的数据操作。同时,关系型数据库十分强调数据的强一致性,对于事务的操作有很好的支持。NoSQL 数据库是一种基于节点的分布式数据库,对于事务操作不能很好地支持,所以 NoSQL 数据库的性能和优点更多体现在大数据的处理和数据库的扩展方面。

（8）读写性能。关系型数据库存储和处理数据具有很高的可靠性,十分强调数据的一致性,但海量数据处理效率很差,特别是遇到高并发读写的时候其性能就会急剧下降。而 NoSQL 数据库是按 key – value 类型进行存储的,以数据集的方式存储,因此无论是扩展还是读写都非常容易。此外,NoSQL 数据库不需要关系型数据库烦琐的解析,所以 NoSQL 数据库大数据管理、检索、读写、分析以及可视化方面具有关系型数据库不可比拟的优势。

（9）授权方式。关系型数据库常见的有 Oracle、SQLServer、DB2 和 Mysql,大多数关系型数据库都需要支付一笔价格高昂的费用,即使是免费的 Mysql 性能也受到了诸多限制。而对于 NoSQL 数据库,比较主流的有 redis、HBase、MongoDb、memcache 等产品,通常都采用开源的方式,不需要像关系型数据库那样需要一笔高昂的花费。

## 2.1.7　信息安全

随着信息技术的快速发展和广泛应用,人类社会进入了信息化时代,人们生活和工作在物理世界、人类社会和信息空间(Cyberspace)组成的三元世界中。为了描述人们生活和工作的信息空间,人们创造了 Cyberspace 一词,目前在国内有多种翻译,如信息空间、网络空间、数字世界等,有的甚至直接音译为赛博空间。

Cyberspace 是信息时代人类赖以生存的信息环境,是所有信息系统的集合。它以计算机和网络系统实现的信息化为特征。因此有人把 Cyberspace 翻译成信息空间或网络空间。其中,信息空间突出了信息化的核心是信息,而网络空间突出了网络互联的特征。

Cyberspace 是所有信息系统的集合,是一种复杂巨系统,存在更加严峻的信息安全问题。信息不能脱离它的载体而孤立存在,因此人们不能脱离信息系统而孤立地谈论信息安全,而应当从信息系统安全的视角来审视和处理信息安全问题。

因此,从纵向来看,信息系统安全可以划分为以下四个层次:设备安全、数据安全、内容安全和行为安全。

**1. 设备安全**

设备安全是信息系统安全的首要问题,设备得不到保障,其他层次的安全也就无从谈起。这里设备安全主要包括设备的稳定性、可靠性和可用性。设备的稳定性是指设备在一定时间内不出故障的概率;设备的可靠性是指设备能在一定时间内正常执行任务的概率;设备的可用性是指设备随时可以正常使用的概率。

信息系统的设备安全是信息系统安全的物质基础,对信息设备的任何损坏都将危害信息系统的安全。例如,人为破坏、火灾、水灾、雷击等都可能导致信息系统设备的损坏。设备安全除了保证硬件设备,也要确保软件设备的安全。

### 2. 数据安全

数据安全,即传统的信息安全,用来强调信息(数据)本身的安全属性。这里数据安全主要包含信息的秘密性、正确性和可用性。信息的秘密性是指信息不被未授权者知晓的属性;信息的完整性是指信息是正确的、真实的、未被篡改的、完整无缺的属性;信息的可用性是指信息可以随时正常使用的属性。

仅仅有信息系统的设备安全是远远不够的。通常情况下,危害数据安全的行为是不会留下明显痕迹的,因而用户不能及时察觉数据已经被泄露或者篡改。因此,在确保信息系统设备安全的基础上,进一步确保数据安全很有必要。

### 3. 内容安全

内容安全是信息安全在政治、法律、道德层次对内容的要求,即:信息内容在政治上是健康的;信息内容遵守国家的法律法规;信息内容符合中华民族优良的道德规范。除此之外,广义的内容安全还包括信息内容保密、知识产权保护、信息隐藏和隐私保护等诸多方面。

数据是用来表达某种意思的,因此只确保数据不泄密和不被篡改还是远远不够的,还要确保数据所表达的内容是健康的、合法的、道德的。如果数据中充斥着不健康的、违法的、违背道德的内容,即使它是保密的、未被篡改的,也不能说信息是安全的,因为这会危害国家安全、危害社会稳定、危害精神文明。因此,必须在确保信息系统设备安全和数据安全的基础上,进一步确保信息内容的安全。

### 4. 行为安全

数据安全可以说是一种静态的安全,而行为安全则是一种动态安全,包括行为的秘密性、完整性和可控性。行为的秘密性是指行为的过程和结果不能危害数据的秘密性。必要时,行为的过程和结果也应是秘密的。行为的完整性是指行为的过程和结果不能危害数据的完整性,行为的过程和结果是预期的。行为的可控性是指当行为的过程出现偏离预期时,能够发现、控制或纠正。

信息系统的服务功能,最终是通过系统行为提供给用户的。因此,只有确保信息系统的行为安全,才能最终确保系统的信息安全。行为体现在过程和结果之中,因此行为安全是一种动态安全。在信息系统中除了硬件之外,还有软件和数据。软件在静态存储时也是一种数据,而软件在运行时表现为程序的执行序列。程序的执行序列和相应的硬件动作构成了系统的行为。数据可以影响程序的执行走向,从而可以影响系统的行为。因此,信息系统的行为由硬件、软件和数据共同确定。所以,必须从硬件、软件和数据三方面来确保系统的行为安全。

确保信息安全是一个系统工程,因为一个系统包含了多个子系统,只有所有子系统都安全时才是安全的。特别强调的是,绝不能忽视法律、教育、管理措施,为了追求某一个子系统的安全而忽略了整个系统的安危。

**5. 信息安全与信息对抗**

确保信息安全的技术措施包括信息系统的硬件系统安全技术、操作系统安全技术、数据库安全技术、软件安全技术、网络安全技术、密码技术、恶意软件防治技术、信息隐藏技术、信息设备可靠性技术等。在这些众多的技术措施中,信息系统的硬件系统安全和操作系统安全是信息系统安全的基础,密码和网络安全等技术是关键技术。而且,只有从信息系统的硬件和软件的底层做起,从整体上综合采取措施,才能比较有效地确保信息系统的安全。

这里重点说明一下网络安全技术。网络安全的基本思想是在网络的各个层次和范围内采取防护措施,以便能检测和发现网络安全的各种威胁,并采取相应的响应措施,确保网络系统的信息安全。其中,防护、检测和响应都需要基于一定的安全策略和安全机制,其主要研究内容有网络安全威胁、通信安全、协议安全、网络防护、入侵检测、入侵响应和可信网络等。

随着计算机网络的迅速发展和广泛应用,信息领域的对抗已从早期的电子对抗发展到今天的信息对抗。信息对抗是为了削弱、破坏对方电子信息设备和信息的使用效能,保障己方电子信息设备和信息正常发挥效能而采取的综合技术措施,其实质是斗争双方利用电磁波和信息的作用来争夺电磁频谱和信息的有效使用和控制权。其主要的研究内容有通信对抗、光电对抗和计算机网络对抗等。

## 2.2 大数据基础设施

传统的基础设施基本计算单元常常是普通的 x86 服务器和 MySQL x86 的分布式架构,它们组成了一个大的云,而大数据基础设施有独立的存储单元、计算单元和协调单元,通过一个个小的单元进而形成大的存储中心、计算中心和调度中心,总体的效率会更高。

大数据解决方案离不开基础设施的支撑,规模化、自动化、资源配置和自愈性都是底层技术的原则。也可以说,大数据基础设施与云计算基础架构一致,拥有海量存储、计算虚拟化、网络虚拟化等,它们就像支撑大数据的"钢筋水泥"。只有好的架构支持,大数据才能立得起来、站得更高。海量的数据需要足够的存储来容纳它,快速、低廉的价格,绿色的数据中心部署成为关键。Google、Facebook 和 Rackspace 等公司都纷纷建设新一代数据中心,大部分都采用更高效、节能和定制化的云服务器,用于大数据存储、挖掘、计算业务。

随着大数据技术逐渐兴起,各大研究机构和 IT 公司均加大了在该方向的研究力度,这在促进大数据技术不断发展的同时,也促进了大数据技术在其他学科领域的应用。目前,研究大数据的 IT 企业众多,如国内的百度、阿里巴巴、盛大、华为、新浪、腾讯和苏宁等,国外的 Amazon、Google、Microsoft 和 IBM 等。当前较为成熟的大数据处理技术有 Microsoft 的 Windows Azure、Amazon 的 AWS、Google 的云计算平台、阿里巴巴的"飞天"和开源社区的 Apache Hadoop 等。

## 2.2.1 虚拟化

虚拟化(Virtualization)是一种用于资源管理的新兴技术,其核心思想是将服务器、存储、网络和内存等抽象化后展现。由于实体结构的各种阻碍被切割打破,用户可以更好、更方便地使用这些不受物理组态或架构方式限制的资源。

一般来说,所谓虚拟化就是将物理组态或架构方式的壁垒打破,将物理资源抽象为逻辑上的可用资源。这样在将来的物理平台上,通过利用虚拟化技术,所有的资源都将以逻辑的方式透明地运行,并被自动化分配。虚拟化技术最强大之处在于终端用户在使用过程中,并不会因物理设备不同或物理距离与物理数量的不同而感到差异,进行资源调度交互的感觉与以往正常操作一样。

在虚拟化技术的发展中主要分为 5 个主流方向:CPU 虚拟化、网络虚拟化、服务器虚拟化、存储虚拟化和应用虚拟化。

**1. CPU 虚拟化**

在计算机方面,虚拟化计算元件并非在真实基础上运行,而是在虚拟基础上运行。通过增大硬件容量,虚拟化技术可以将软件重新配置过程简化。详细来说,针对 CPU 的虚拟化是将一块 CPU 模拟成多块 CPU 并行处理,从而实现在一个物理平台上存在多个操作系统运行,不同程序可以运行在互相隔离的独立空间,从而不会相互产生影响,这一特点将使计算机的工作效率大大提升。

如果使用纯软件的虚拟化方案,仍然会存在很多问题限制。一般情况下,都是使用虚拟监视机(Virtual Machine Monitor,VMM)来联系客户子操作系统与物理硬件的通信,决定系统上各个虚拟机的访问事务。但在传统操作系统上来说,VMM 的位置在软件中是非常茫然的,如处理器、存储、内存、网卡、声卡等用接口模拟硬件环境,这会大幅增加系统的复杂性。

在硬件解决方案中,CPU 虚拟化技术有着明显的优点。CPU 在带有虚拟化支持的技术上都会带有经优化后的指令集,利用这些优化后的指令集来控制虚拟过程,将极大地提高 VMM 的性能,这将比软件的虚拟方式在性能上有更明显的提升。通过虚拟化技术中的基于芯片功能结合 VMM 兼容,可以解决纯软件虚拟化所带来的一系列问题。在虚拟化硬件的新架构之上,操作系统无须进行二进制转换,这让 VMM 的设计可以得到极大的简化,这就使得操作人员可以按照通用标准编写 VMM 来获得更强大的性能。除此之外,随着 64bit 操作系统的不断普及,CPU 虚拟化不仅支持传统操作系统,也同时支持 64bit 操作系统,这也解决了目前纯软件 VMM 无法支持 64bit 操作系统的问题。

完整的虚拟化技术是一套需要 CPU、主板、BIOS 及软件支持(例如 VMM 或操作系统)的解决方案。但若仅仅采用 CPU 虚拟化技术配合 VMM,也比不使用虚拟化技术的系统在性能上表现得更强。

Intel 和 AMD 作为 CPU 界的两大巨头,率先在虚拟化领域中开展研究。自 2005 年开始,Intel 就开始将 Intel VT 虚拟化技术应用在其 CPU 处理器产品线上。到目前为止,Intel 已经拥有了 Pentium 6X2 系列、Pentium D 9X0 系列、Pentium EE 9XX 系列、Core Duo/Solo 系列、服务器/工作站端的 Xeon LV/5000/5100/MP 7000 系列及 Itanium 2 9000 系列。除此之外,在 Intel 绝大多数的新一代处理器产品中,如 Conroe 桌面处理器、Merom 移动处理器、Woodcrest 服务器处理器及 Itanium 2 高端服务器处理器,都将对 IntelVT 技术进行支持。

AMD 公司方面也发布了一系列支持其 AMDVT 虚拟化技术的处理器产品,例如 Turion 64 X2 系列、Athlon 64 X2/FX 系列等。与 Intel 相同,AMD 的绝大多数新一代主流处理器产品也都将支持 AMD VT 技术,例如 Opteron。

**2. 网络虚拟化**

在虚拟化领域中,最具争议的一个概念就是网络虚拟化技术。业界巨头微软(Microsoft)将虚拟专用网络(Virtual Private Network,VPN)定义为网络虚拟化。VPN 是抽象化网络连接概念,允许用户像物理上连接至该网络那般远程访问内部网络。网络虚拟化的优点在于保护网络环境,阻挡网络威胁,保证用户能在网络访问程序数据时快速且安全。

网络领域的巨头思科(Cisco)公司对于未来的考虑更加偏向于以网络为核心。思科认为,网络虚拟化技术应当能将任何客户端/服务器搬到网络上。这就意味着在网络虚拟化技术中,路由器/交换机等产品将承担更大的责任,这对于思科的核心业务发展将会带来极大的份额增加。思科认为,网络虚拟化的三个核心组成部分是访问控制、路径获取与服务优势。在思科的产品规划中,思科旗下的路由器/交换机将拥有存储、移动、安全、VoIP 等功能。从用户的角度,他们的网络设备的价值将被提升;从公司角度,他们的销售份额将被扩大。

网络领域的另一巨头公司 3Com 在网络虚拟化技术领域推行的动作更大。3Com 公司在他们的路由器中插入一张与路由器中枢相连并搭载全功能 Linux 服务器的工作卡,VoIP、sniffer 及安全应用都可以在这台服务器上安装。为了让用户能运行 Windows,3Com 公司进一步计划在服务器上运行 VMware。

**3. 服务器虚拟化**

服务器虚拟化是虚拟化技术中最早被详细划分出来的子领域。2006 年,Forrester Research 进行的一项调研显示,全球超过 33% 的企业都已经开始部署或正在使用服务器虚拟化技术,而全球所有企业对服务器虚拟化技术的认知率甚至已经达到了 75%。虚拟服务器技术最早产生于 20 世纪 60 年代,经过了长时间的发展,已经得到了非常广泛的应用,甚至很多人直接将服务器虚拟化认作虚拟化技术。

各个厂商对于服务器虚拟化的定义都有所不同,但核心思想是大致相同的。服务器虚拟化是将服务器资源按照需求来分配给需要的工作负载,这种按资源需求优点分配的方法不仅可以在简化管理的同时提高效率,而且可以极大减少各个工作负载为了峰值而准备的储备资源。

与大部分颠覆性技术类似,服务器虚拟化技术在悄然出现后得到了迅猛的发展,最终由于其节省资源的优势得到了业界的广泛使用。当前,大量公司都在使用服务器虚拟化技术来进行诸如灾难恢复、硬件利用率提高等来提升办公水平。

在虚拟化技术的帮助下,用户可以启动能让操作系统误以为就是实际硬件的虚拟服务器(虚拟机)。在面对数据中心变化的不同需求下,多个虚拟服务器的实施能将物理服务器硬件的潜能充分发挥。

虚拟化技术并非是近期才提出的新概念。早在 20 世纪 70 年代,在大型计算机领域中就存在多操作系统同时彼此独立运行的情况。当时由于软件硬件两方面的不足,使得虚拟化技术无法大众化普及,直到近期各项技术的进步才使得基于行业标准的虚拟化技术出现。

在2004年,微软公布了其 Vitual Server 2005 计划。这项计划与其他的服务器虚拟化类似,让用户拥有将服务器分区的权力,使得多个操作系统和应用能运行在这些服务器之上。Vitual Server 是建立在 Connectix 技术的基础上,使得该软件可以运行在 Windows、Mac OS 及 Linux 三个系统之上。

微软随后发布的服务器操作系统 Windows Server 2008 拥有在服务器上虚拟化 Windows、Linux 等多种操作系统的功能。这种内置的虚拟化技术在简单性与灵活性上更有优势,大大降低了成本。用户可以通过 Terminal Services Gateway 及 Terminal Services RemoteApp 轻松地针对本地应用进行远程访问与集成,即使在无 VPN 的情况下也能轻松部署应用。

除此之外,HP、IBM 等服务器厂商也在服务器虚拟化技术上走在前列。他们在新推出的操作系统及最新的 RISC 架构服务器中,都植入了虚拟化技术。

IBM 在 AIX 5L 操作系统和 p690 服务器公布时就宣布,在利用动态逻辑分区技术(Logic Partition,LPAR)的帮助下,实现了一个系统内运行多个独立分区、每个分区又能独立运行操作系统的技术。而在 p5 服务器发布时正是 IBM 虚拟化技术声势浩大之时。与以往相比,IBM 利用虚拟化技术打破了 CPU 粒度划分的限制,将单个 CPU 划分为 10 个分区,创建了远超以往物理服务器分区的数量。IBM 的 AIX 5.3 操作系统将全面支持 1/10 CPU 粒度的分区能力。

随后 IBM 进一步发展其服务器虚拟化技术,后续推出操作系统、系统技术及系统服务三者结合的服务器虚拟引擎。其中,操作系统涉及在一台服务器内运行多个操作系统的能力,在异构的架构中实现资源共享与管理,设计 AIX、OS 及 Linux;系统技术主要包括虚拟局域网(Virtual Local Area Network,VLAN)、虚拟 I/O、微分区和虚拟机监视器(hypervisor)等;系统服务包括服务器系统服务与存储系统服务两部分,服务器系统服务涉及 VE console 虚拟引擎控制台,利用 Launchpad 及 Health Center 进行资源监控、状态监控、问题诊断、系统管理等,同时利用 IBM Direction Multiplatform 来整合系统管理。

在此基础上,IBM 还推出了由应用监督模块和企业负载管理器(Enterprise Work Load Manager,EWLM)组成的应用虚拟工具套件,实现了异构环境下分布式企业级系统的自动管理,并根据实际业务优先级将 IT 服务进行分类,设立相应的性能指标,然后根据这些性能指标,进行端到端的性能分析,根据性能分析结果自动按照应用拓扑调整网络路由。另外,通过应用管理模块 Tivoli Provisioning Manager(TPM)与 EWLM 配合使用,可以进一步实现系统部署和配置步骤的自动化,从而为 IT 系统的自动部署、资源分配和启用提供一站式解决方案。

HP 则提供部件虚拟化、集成虚拟化和完全虚拟化等三个层次的虚拟化解决方案。其中,部件虚拟化实现存储、网络资源和服务器等类型 IT 基础设施的虚拟化应用,包括分区管理、集群管理、负载管理和应用虚拟化等;集成虚拟化则可以实现将多种不同虚拟化方式联合使用,统一进行资源调度;而完全虚拟化可以同时虚拟化所有异构资源,使资源供应能够实时满足业务需求。

HP 提供的分区连续技术能够将服务器划分为多个物理或逻辑独立的组成,从而为优化服务器资源配置、提高资源利用率提供坚实的基础。

(1) 硬件分区。根据不同服务器类型,可以实现最多 16 个硬件分区,并通过硬件和软件技术实现完全地隔离,在不同的分区上可以同时运行多个操作系统实例。

(2) 虚拟分区。HP 虚拟分区在不同硬件分区内单独地运行操作系统实例,这些操作系统需要一定量的内存、CPU 池以及服务器内一个或多个 I/O 卡等资源来保证系统的运行。而在 HP 虚拟分区内,这些资源的分配全都可以通过软件命令来实现,从而保证每个系统都能够在操作系统需求得到满足且资源利用率最高的环境中运行。

(3) 资源分区。进程资源管理软件能够根据客户需求将系统资源(CPU、内存等)动态分配给客户使用,其主要分配方式包括按百分比分配、按份额分配和按处理器组(pSets)分配等。其中,pSets 方法在硬件服务器上创建处理器组,用户的应用被分配到合适的处理器组上运行。

**4. 存储虚拟化**

随着大数据及信息业务的发展,存储系统网络平台的价值已经愈加凸显,通过对用户上传或生成的大量高价值数据进行持久化,使其能够为更多应用需求提供底层服务支持,同时围绕这些数据的应用对于存储系统的要求也越来越高。这些需求不仅体现在存储容量上,还包括数据访问效率、数据传输速度、数据管理能力以及存储平台自身扩展能力等诸多方面。可以说,存储网络平台直接影响了整个系统的综合性能。基于这些因素,虚拟存储技术也应运而生。

虚拟化技术并不是一项全新的技术,它的发展是伴随着计算机技术的发展而同步发展起来的。早在 20 世纪 70 年代,由于当时的存储能力特别是内存容量的限制,使得大型程序无法运行。为了克服这样的限制,人们提出了虚拟存储技术,其中最典型的应用就是虚拟内存技术。

所谓虚拟存储,就是将多个存储介质(如硬盘、RAID)通过一定软硬件方案组织管理起来,这里的管理系统称为存储池(Storage Pool)。这样,从主机或工作站的角度看到的就不再是一个个硬盘设备,而是一个个分区、卷,这就相当于将多个小容量硬盘组合成一个超大规模的硬盘,从而实现多种不同类型、不同容量的设备统一管理使用,并为用户提供大容量、高速率的存储系统。

随着计算机技术以及人工智能相关产业的不断发展,人们对存储的需求越来越大。这些需求促使人们探索各种新技术,如磁盘读写性能越来越好、容量越来越大。但是,即便如此,单个磁盘还是无法满足大中型信息系统对于存储的需求。因此,存储虚拟化技术便随之发展起来了。在其发展过程中,有几个重要阶段和应用:①磁盘条带集(RAID,可带容错)技术,这种技术通过将多个物理磁盘通过一定的逻辑关系组织关联起来,从而组成一个大容量虚拟磁盘;②存储区域网络(SAN)技术,SAN旨在将存储系统实现作为一种公共服务资源,任何组织、研究人员随时随地都能访问所需的数据。目前,虽然还有一些标准规范没有最终确定,但是存储资源公共化、存储网络广域化将是一个必然的趋势。

**5. 应用虚拟化**

前面提到的虚拟化技术,主要还是针对硬件层面的虚拟化,但是随着IT应用的日益广泛,应用虚拟化将发挥越来越重要的作用。2006年7月,由Forrester公司对美国IT行业高层管理人员所做的一项研究显示,当今的软件行业已经将应用虚拟化作为业务发展过程中的必经之路。据统计,全世界目前至少有超过18万个机构在研究和使用应用虚拟化技术进行应用层管理。

尽管虚拟技术在过去10年有了迅速发展,但是人们在使用应用系统的时候还是不可避免地局限在眼前的硬件设备。例如从鼠标、键盘或麦克风等获得输入,将扬声器、屏幕、喇叭等作为输出响应设备。然而,随着"应用虚拟化"概念的发展,人们终将迎来观念的改变。

简单来讲,应用虚拟化技术能够帮助机构花费更少的钱干更多的事情。这样,企业决策者能够在应用服务开销与业务需求之间达成很好的平衡,并将节约的经费使用到更多有利于企业发展的业务当中。

从技术角度来讲,可以将应用虚拟化简单地描述为:以服务平台为核心,允许用户在平台上以统一的方式进行应用和数据的管理和使用,最终让用户拥有与访问本地应用相同的体验和计算结果。

应用虚拟化可以帮助企业解决安全性、性能和成本三个方面的问题。从安全角度来讲,应用虚拟化从其设计上来看就是安全的。传统的服务器－客户端模式的应用,数据随时面临着安全挑战。IT 从业人员不仅需要考虑不同环境下数据的操作方式,还要考虑数据在网络内及网络外如何迁移,并保证数据不会泄露,也不会因为病毒而丢失或被潜入。启用虚拟化之后,整个公司的数据被整合到一起,从而避免了数据频繁迁移的问题,对单个系统的防护也比多个系统要方便。性能改善是另一个吸引人的因素。传统的服务器－客户端模式依赖网络带宽实现数据和应用服务传递,从而带来带宽不足的问题,进一步影响了系统的整体性能。而虚拟化技术通过将应用统一管理,网络只需要传输虚拟界面,因此用户可以在极低的带宽条件下实现对系统的访问。因此,企业在业务扩展或合并的时候能够在数分钟内实现用户对系统的连接和使用,而不像过去的数个星期甚至数个月。所以,应用虚拟化成为越来越多的业务流程外包公司所欢迎的方式。

个人计算设备的多样性,使得基于服务器－客户端方式开发的应用对不同系统进行适配的过程非常耗时耗力。采用应用虚拟化之后,用户不需要在本地安装和部署多个客户端系统,所有的客户端运算操作都将在远程的一个专用计算服务器上进行。客户也不需要向每个用户发送真实的数据,而只需发送远程"客户端"显示界面(如鼠标移动、图像更新等)到用户电脑上进行显示。对于用户来说,他们能看到处理过程中不同阶段的显示界面,这一切就像发生在自己的设备上一样。

采用服务器－客户端方式的应用需要在每个用户的设备上安装客户端软件,从而会导致高额的成本,特别是在分布式系统中管理这些软件的安装、升级和补丁等时。这个问题随着用户登录到不同的新应用会变得愈加严重,因为 IT 部门需要为每个用户桌面部署单独的客户端设备。因此,即使在讲究战术的接入服务场景下,应用虚拟化也能带来极大的收益。通过应用虚拟化对 IT 系统进行集中管理,企业能实现带宽成本节约、IT 效率提高和员工生产效率提高等各种不同的实际效益。

目前,用户实际体验到的应用虚拟化服务最重要的是远程应用交付。从全球看,走在应用虚拟化领域最前沿的厂商是 Citrix(思杰),其推出的应用虚拟化平台 Citrix 正在逐步进行中国全面本地化的进程。国内最具影响力的厂商是极通科技,其在 2008 年 7 月向全球推出极通 EWEBS 2008 应用虚拟化系统,该系统采用了极通科技独创的应用集成(Application Integration Protocol, AIP)技术,

地理空间大数据分析方法与应用

通过将用户的输入输出逻辑与计算指令逻辑隔离开来,实现应用虚拟化的操作。具体来说,用户在访问 EWEBS 服务器发布的应用时,系统会为该用户开通一个单独的会话,此用户的所有输入输出和计算操作存在于此会话当中;当用户通过键盘、鼠标及其他外设向系统发出指令时,系统只需将指令通过网络传输到计算服务器,服务器根据指令在远程进行操作,将结果发回到用户端,并在用户端的界面进行中间过程及结果的显示,用户在使用时的感受和本地应用程序一样,最终实现用户端使用人员不受设备计算能力与带宽的限制,随时随地都能高效、安全地访问 EWEBS 服务器发布的应用。

### 2.2.2　容器

容器是通过虚拟化操作系统的方式来管理代码和应用程序。容器的虚拟化技术为工作效率的提升带来了极大的便利,在业界内已经有相当多的公司采用容器虚拟化技术,这种广泛的关注充分说明了使用容器技术能极大地提升工作效率。

**1. 容器与其他虚拟化技术的比较**

在当今社会,虚拟化技术按需构建操作系统的灵活性优点,使虚拟化技术成为系统管理员特别认可的一种在服务器端的资源共享手段。而新出现的容器(Container)新兴虚拟化技术,解决了以往的 Hypervisor 虚拟化技术存在的性能与资源使用效率的缺陷,成为现在主流采用的虚拟化技术。

Hypervisor 的最大特色就是其具有强大的广泛支持性,这样只要虚拟机支持,就可运行所有的操作系统。这就是 Hypervisor 一直以来被大家所认可的灵活性,但广泛支持就需要 Hypervisor 的每个虚拟机都要拥有操作系统的完整副本以及大量配套的应用程序。对于工作人员来说,这将给实际工作带来极大的负载;对于虚拟机的性能及运行效率来说,这也会造成相当大的负面影响。

带来沉重负载的最大原因就是,动态随机存取存储器(Dynamic Random Access Memory,DRAM)技术需要在每种操作系统和应用程序堆栈中使用。如果工作人员需要使用的仅仅是运行简单程序的小型虚拟机,运行过多数量的简单程序,将极大增加系统开销,从而让虚拟机的性能表现大大降低。同时由于 DRAM 技术,堆栈镜像的加载与卸载时间耗费非常大,与容器服务器网络连接数将会被大大增加,在极端情况下甚至会造成"网络风暴"的发生。如果从网络存储中加载镜像需要耗费大量的时间,启动过程会被极大地延长,进而将操作系统的灵活性限制在很低的标准,这与部署虚拟服务器的初衷——快速创建虚拟机实例背道而驰。

由此可知,为了解决在使用多操作系统或者多应用程序堆栈时出现的问题,容器技术被提出到台前。在大规模集群中,容器能够同时在内存中加载操作系统镜像和应用程序,可以解决以往在本地磁盘中存储的操作系统副本更新耗费大量时间的问题。同时,使用容器技术还可以从网络进行加载,可以让大量镜像同时启动,而不会给存储及网络带来极大负载。而之后如果要创建新的镜像,只需要指向通用镜像即可,这样可以极大削减在内存上的开支。

与以往相比,采用容器技术可以减少50%的开支,也就是说在同一台服务器上,采用容器技术就可以部署两倍的虚拟机数量,这将大大降低系统的总投入。但需要注意的是,部署两倍虚拟机的同时,也会给服务器带来两倍的I/O负载。

美国IBM公司针对容器技术与以往虚拟机技术进行了大量权威实验。其实验结果证明了在许多关键指标上,容器技术与以往的Hypervisor技术相比都有了长足的进步。例如,虽然还没有完成网络延迟测试,但容器技术已经拥有了和本地平台近乎相同的运行速度。

容器虚拟化技术在高性能计算社区得到了广泛使用,巴西天主教大学的一项研究表明:"如果可以降低基本的系统开销(如CPU、内存、硬盘和网络),那么HPC无疑会选择使用虚拟化系统,"研究人员进一步表示,"从这个角度来说,可以发现所有基于容器的系统在CPU、内存、硬盘和网络方面都拥有接近于本地操作系统的性能表现。"

另一家虚拟机公司VMware也针对容器技术的性能特点进行了评测研究。虽然VMware并没有像IBM的实验结果报告那样详细,但其研究结果还是证明了容器技术拥有着接近本地系统的高效性能表现。VMware的评测研究没有提到容器技术可能会带来的I/O负载问题,但这项研究还是可能促使VMware针对容器技术做出调整从而降低系统开销。

总的来说,现在所有的虚拟机技术方案都无法回避两个主要的问题。一个问题是虚拟化Hypervisor管理软件本身的资源消耗与磁盘I/O性能降低;另一个问题是虚拟机仍然还是一个独立的操作系统,对很多类型的业务应用来说都显得太重了,导致在处理虚拟机的扩缩容与配置管理工作时效率低下。利用容器技术,物理主机的操作系统可以直接运行业务应用,磁盘可以直接读写,应用之间通过计算、存储和网络资源的命名空间进行隔离,为每个应用形成一个逻辑上独立的"容器操作系统"。除此之外,容器技术还有简化部署、多环境支持、快速启动、服务编排和易于迁移等优点。

**2. 容器技术标准**

当前,Docker 几乎是容器的代名词,很多人以为 Docker 就是容器。其实,这是错误的认识,除了 Docker 还有 Coreos。所以,容器世界里并不是只有 Docker 一家。既然不是一家就很容易出现分歧。任何技术出现都需要一个标准来规范它,否则很容易导致技术实现的碎片化,出现大量的冲突和冗余。因此,在 2015 年,由 Google、Docker、CoreOS、IBM、微软和红帽等厂商联合发起的 OCI (Open Container Initiative)组织成立了,并于 2016 年 4 月推出了第一个开放容器标准。标准主要包括 Runtime 运行时标准和 image 镜像标准。这些标准的推出,有助于给成长中的市场带来稳定性,让企业能放心采用容器技术,用户在打包、部署应用程序后可以自由选择不同的容器 Runtime;同时,镜像打包、建立、认证、部署、命名也都能按照统一的规范来做。

(1)容器运行时标准(Runtime Spec)。

该标准包含配置文件、运行环境、生命周期三部分内容,其中生命周期定义了运行时的相关指令及其行为,具体如下:

① Creating:使用 Create 命令创建容器,这个过程称为创建中。

② Created:容器创建出来,但是还没有运行,表示镜像和配置没有错误,容器能够运行在当前平台。

③ Running:容器的运行状态,里面的进程处于 Up 状态,正在执行用户设定的任务。

④ Stopped:容器运行完成,或者运行出错,或者 Stop 命令之后,容器处于暂停状态。在这个状态,容器还有很多信息保存在平台中,并没有完全被删除。

(2)容器镜像标准(Image Spec)。

该标准对容器镜像格式作了定义,它主要包括以下内容。

① 文件系统:以 Layer 保存的文件系统,每个 Layer 保存了和上层之间变化的部分,Layer 应该保存哪些文件,怎么表示增加、修改和删除的文件等。

② Config 文件:保存了文件系统的层级信息(每个层级的 hash 值,以及历史信息),以及容器运行时需要的一些信息(如环境变量、工作目录、命令参数、Mount 列表),指定了镜像在某个特定平台和系统的配置。比较接近使用 Docker Inspect 看到的内容。

③ Manifest 文件:镜像的 Config 文件索引,有哪些 Layer 以及额外的 Annotation 信息。Manifest 文件中保存了很多和当前平台有关的信息。

④ Index 文件:可选的文件,指向不同平台的 Manifest 文件。这个文件能保证一个镜像可以跨平台使用,每个平台拥有不同的 Manifest 文件,使用 Index 作为索引。

**3. Docker 容器关键技术**

Docker 容器主要基于以下三个关键技术实现:Namespaces、Cgroups 技术、Image 镜像。

命名空间(Namespaces):Namespaces 技术是来自于 Linux 内核所提供的一种资源环境隔离的手段。如果把操作系统比作一个大旅馆的话,住在每个旅馆房间的人都在共享旅馆资源的基础上,彼此之间相互隔离不干扰。而 Namespaces 技术是要实现这种各个资源环境之间彼此隔离状态的技术。

控制群(Cgroups):Cgroups 技术是由 Linux 内核提供的针对操作系统上的进程组所占用的诸如 CPU 计算、内存和 I/O 传输等资源来进行记录、限制与隔离的方法。Cgroups 技术是对系统上的进程进行分组化管理,帮助虚拟化技术进行资源管理的手段。

镜像(Image):镜像即为一个文件系统,当需要启动容器虚拟服务时,则从镜像这个文件系统中抽取所需要的文件或者配置文件。镜像技术相对于容器,如果从软件角度比喻的话,容器是软件,则镜像是这个软件的安装包。

容器系统的核心是容器引擎(Engie),又称容器运行时(Runtime),也是很多人使用"容器"这个词语的指代对象。容器引擎能够创建和运行容器,而容器的定义一般是以文本方式保存的,例如在 Docker 容器引擎中以 Dockerfile 形式保存。Docker Engine 是目前最流行的容器引擎,也是业界的事实标准。Docker 容器引擎技术主要包含以下部分:①Containerd:这是为了支持 OCI 规范,将 Docker 内组件重构的新 Daemon,其主要职责是管理镜像及元信息等,控制容器的执行,向上供应 gRPC 结构,向下通过 Containerd – Shim 结合 RunC,使得引擎可以独立升级。②Docker – Shim:shim 通过调用 Containerd 启动 docker 容器,所以每启动一个容器都会起一个新的 Docker – Shim 进程。Docker – Shim 是通过指定的三个参数:容器 id,boundle 目录和运行时(默认为 RunC)来调用 RunC 的 api 创建一个容器。③RunC:这是 Docker 针对 OCF(开放容器格式标准)的具体指定手段,实现了容器启停、资源隔离等功能,所以可以不用通过 docker 引擎而直接使用 RunC 运行一个容器,也支持通过改变参数配置,选择使用其他的容器运行时实现。RunC 可以说是各大 CaaS 厂商间合纵连横、相互妥协的结果。(注:RunC 在各个 CaaS 厂商的推动下在生产环境得到广泛的应用。)Kubernetes

目前基本只支持 RunC 容器,对于 Docker 超出其容器抽象层之外的功能,一概不支持。同样,Mesos 通过其 Unified Containerizer 只支持 RunC 容器,目前还支持 Docker,但是未来的规划是只支持 Unified Containerizer。CF 通过 Garden 只支持 RunC,不支持 Docker 超出 RunC 之前的功能。

Docker 容器的启动或运行过程中需要一个 Docker – Containerd – Shim 进程,其目的有如下几点:

(1) 它允许容器运行时(即 RunC)在启动容器后退出,简单说就是不必为每个容器一直运行一个容器运行时(RunC)。

(2) 即使在 Containerd 和 Docker 都挂掉的情况下,容器的标准 IO 和其他的文件描述符也都是可用的。

(3) 向 Containerd 报告容器的退出状态。

另一个常见的容器引擎是 Rkt 容器引擎。其是由 CoreOS 团队推出的容器引擎,有着更加简单的架构,一直作为 Docker 的直接竞争对手存在,是 Kubernetes 调度系统支持的容器引擎之一。

Rkt 与 Containerd 主要的不同之处是:Rkt 作为一个无守护进程的工具(Daemonless Tool),可以用来在生产环境中,集成和执行那些特别的有关键用途的容器。举个例子,CoreOS Container Linux 使用 Rkt 来以一个容器镜像的方式执行 Kubernetes 的 Agent,即 Kublet。更多的例子包括在 Kubernetes 生态环境中,使用 Rkt 来用一种容器化的方式挂载 Volume。这也意味着 Rkt 能被集成并和 Linux 的 Init 系统一起使用,因为 Rkt 自己并不是一个 Init 系统。在 Kubernets 中的容器部署方面并非 Docker 一家独大,虽然 Docker 占据着绝对上风,CoreOS 的 Rkt 也占据着一席之地,容器部署中依然存在竞争。

容器是很轻量化的技术,相对于物理机和虚拟机而言,这意味着在等量资源的基础上能创建出更多的容器实例出来。一旦面对着分布在多台主机上且拥有数百套容器的大规模应用程序时,传统的或单机的容器管理解决方案就会变得力不从心。另一方面,由于为微服务提供了越来越完善的原生支持,在一个容器集群中的容器粒度越来越小、数量越来越多。在这种情况下,容器或微服务都需要接受管理并有序接入外部环境,从而实现调度、负载均衡以及分配等任务。简单而高效地管理快速增长的容器实例,自然成了一个容器编排系统的主要任务。

容器集群管理工具能在一组服务器上管理多容器组合成的应用,每个应用集群在容器编排工具看来是一个部署或管理实体,容器集群管理工具全方位为应用集群实现自动化,包括应用实例部署、应用更新、健康检查、弹性伸缩、自动容错等。

那么容器技术主要优点如下：

（1）容器化传统应用容器不仅能提高现有应用的安全性和可移植性，还能节约成本。

（2）持续集成和持续部署通过Docker加速应用管道自动化和应用部署，交付速度提高至少13倍。

现代化开发流程快速、持续且具备自动执行能力，最终目标是开发出更加可靠的软件。通过持续集成和持续部署，每次开发人员签入代码并顺利测试之后，IT团队都能够集成新代码。作为开发运维方法的基础，创造了一种实时反馈回路机制，持续地传输小型迭代更改，从而加速更改，提高质量。环境通常是完全自动化的，通过Git推送命令触发测试，测试成功时自动构建新镜像，然后推送到Docker镜像库。通过后续的自动化和脚本，可以将新镜像的容器部署到预演环境，从而进行进一步测试。

对于公司来说，每个企业的环境中都有一套较旧的应用来服务于客户或自动执行业务流程。即使是大规模的单体应用，通过容器隔离增强安全性以及可移植性特点，也能从Docker中获益，从而降低成本。一旦容器化之后，这些应用可以扩展额外的服务或者转变到微服务架构之上。所以容器技术受到了各界的一致认可，得到了广泛的应用。

（3）微服务加速应用架构现代化进程。

应用架构正在从采用瀑布模型开发法的单体代码库转变为独立开发和部署的松耦合服务，成千上万个这样的服务相互连接就形成了应用。Docker允许开发人员选择最适合于每种服务的工具或技术栈，隔离服务以消除任何潜在的冲突，从而避免"地狱式的矩阵依赖"。这些容器可以独立于应用的其他服务组件，轻松地共享、部署、更新和瞬间扩展。Docker的端到端安全功能让团队能够构建和运行最低权限的微服务模型，服务所需的资源（其他应用、涉密信息、计算资源等）会适时被创建并访问。

（4）IT基础设施优化充分利用基础设施，节省资金。

Docker和容器有助于优化IT基础设施的利用率和成本。优化不仅仅是指削减成本，还能确保在适当的时间有效地使用适当的资源。容器作为一种轻量级地打包和隔离应用工作负载的工具，支持在同一物理或虚拟服务器上毫不冲突地运行多项工作负载。企业可以整合数据中心，将并购而来的IT资源进行整合，从而获得向云端的可迁移性，同时减少操作系统和服务器的维护工作。

### 2.2.3 微服务

微服务不同于普通服务，它不需要完成一组独立的、功能完善的应用服务。微服务需要的是与实际使用中的业务能力相匹配。然而，如果设计时能力模型的设计是错误的，那么在服务使用过程中将会付出很多代价。因此，在将不同的组件结合到一起联合使用时，开发人员需要考虑到各个组件都有可能发生变化，并且应用组件规模也会发生变化。越是粗粒度的服务，就越难以符合要求。服务粒度越细，就越能够降低设计使用过程中的变化所带来的影响。但是在粗细粒度服务之间的利弊权衡是一个非常复杂的过程，为此需要考虑软硬件搭配需求、项目资金模型及基础设施成本等诸多问题。

微服务由于其便捷的云中部署已成为科技领域越来越热议的话题。但大部分话题都集中在容器或其他应用中，能够提供很好的微服务，而红帽则认为API应该是关注的重点。除了微服务的技术开发，微服务的管理治理也极其重要。服务治理和服务管理涉及内容很多，不仅包含服务注册发现、认证、授权、准入、资源隔离、路由、服务映射配置转换、优先级、服务降级和负载、健康检查等，可能还需要统一身份验证、单点登录、弹性缩放、灰度发布、业务流程部署、版本控制、警告警报、日志、监视和通知等。不仅微服务，企业服务总线（Enterprise Service Bus, ESB）服务也面临这样的需求和问题，微服务则更是如此。因此，进行微服务治理和管理是实施微服务的关键部分。如果具有ESB经验，则可以更好地了解、使用和管理微服务。企业和服务提供商都在寻找更好的方法将自己的应用服务部署到云环境当中，微服务以其结构小巧、解耦合、易于集成、开发成本低等诸多优点被认为是未来发展的方向。

微服务的设计原则为：①单一职责。一个微服务的粒度应该是一个子功能，处理一种业务功能，不考虑其他业务功能。②服务自治。一个微服务1~2个人就可以完成从开发、接入、测试、上线、维护整个流程，是一个独立的项目。③接口统一。微服务之间都是通过接口调用来联动的，所以要有明确的接口规范。

微服务的基本思想在于以核心功能组件为支撑来创建应用级服务，这些应用服务可独立开发、升级与管理。这样，不同的应用服务能够存在于自己的进程当中，是一个小而独立的服务单元，在使用轻量级通信机制，能够自动化独立部署，做到最低限度的集中式管理。组件分散化使得微服务云架构、平台、部署、管理和交付等各个功能单元变得更加简单，易于管理。微服务是利用组织平台与应用服务的分解与组合来完成不同处理领域的实际业务需求。微服务的概念出现于 2012 年,软件作者 Martin Fowler 认为虽然这些概念在围绕业务能力及自动化部署等方面确有这些常见的特性,但这些说法并没有精确地定义出这一架构形式。微服务的优势在于:①服务独立性。假设在后端体系上,分为路由转发层—主体业务层—后端调用模块层—数据缓存层—数据储存层。每个后端模块都相当于系统结构当中的基本组件,如果要加一个模块,只需部署一个新的服务即可。②层次清晰。假设还是上面的体系,不同的层次在不同的服务器上。③弹性调整。主体业务层是 Cpu/Mem 密集型,数据缓存层是 mem 密集型,数据储存层是磁盘 IO 密集型,这样就可以有针对性地进行硬件调整。④松耦合。一大堆微服务组成整个分布式架构,微服务之间是彼此调用的关系,微服务可以独立部署、下线、升级等,对其他微服务影响降到最低。⑤轻量级启停。由于彼此之间的相对独立性,可以对一个进程进行启停操作,不用重启整个架构。⑥轻量级通信。微服务都是进程的形式,然后监听 TCP 端口,彼此之间通过套接字连接。

开源工作流平台"Imixs - Workflow"发布了自家设计的微服务架构来进行工作流的管理。Imixs 提供的微服务(Imixs - Microservice)将工作流封装成微服务。这一服务可以独立于其背后的实现技术,使用到任何实际应用中去。这允许业务使用者只需考虑业务逻辑,而不需要改变底层的代码,而这些实际业务目标都可以通过工作流模型进行控制。Imixs 的微服务是基于 Imixs 的工作流引擎(Imixs - Workflow Engine)构建出来的,它能够以多种不同的方法对业务数据进行控制。Imixs 的微服务可以通过日志业务交换、电子邮件等方式进行,同时确保所有类型业务数据的安全。同时,Imixs 的工作流模型还可以为业务流程中的所有状态单独设计一个访问控制列表(Access Control List,ACL)。这为实际业务当中的每个流程实例筑起了一个安全层。

可以通过 Seneca 来设计微服务框架,然后把它们构建到测试和部署的 Devops 工作流中。Seneca 的目的是使程序员可以专注于编写可在生产环境中使用的代码,不用花费精力关心数据库的选择使用,以及组件如何构建或依赖关系如何管理。构建和部署基于服务的应用程序却无法进行维护也是不能容忍的。因此,需要在服务周围实现一些持续交付模型,来对它进行管理和定期发布,这是一个比实现功能更亟待解决的问题。

使用微服务构建现代化应用程序是很有意义的,它同时扩展了横向与纵向扩展架构,还额外提供了稳定的对外 API 的接口,这对于企业级应用的可重复利用有非常重大的意义。同时,由于每一分钟都可能在交付新服务,微服务系统的底层平台也需要不断改进。这种在系统中可被独立部署、相互之间是松耦合的微服务方案是现代化应用程序的发展方向。

## 2.3 地理空间大数据基础设施

### 2.3.1 地理空间大数据基础设施基础框架

面向服务构架（Service – Oriented Architecture，SOA）是一种新型的网络体系软件服务架构，这种架构伴随着越来越广泛的网络应用以及 IT 技术的飞速发展和网络地理信息系统（Geographic Information System，GIS）更深入的应用而产生。根据 SOA 架构所设计的系统性能较为灵活，并且服务内部结构和实现变化或者重构不会对当前的系统有影响，这对于实现一些大型或者异构系统的设计有很大的作用。SOA 架构的服务接口之间使用较为简单但是属于高层的应用级的协议来通信，这种粗粒度的服务接口是其最主要的特点，并且服务接口对于底层编程接口和通信模型是透明的。SOA 架构的实现方式中普遍采用的有 Web Service、CORBA（Common Object Request Broker Architecture）等。虽然采用 SOA 架构方便了系统的设计，但是它也存在着一些不足，其中最大的不足就是采用地理标记语言（Geography Markup Language，GML）作为数据交换格式。GML 体积较为庞大，在编码、传输以及解码过程中会使得空间数据占用比较大的计算资源和网络带宽，从而导致系统效率的显著降低。

在网络 GIS 之后，出现了一种新的体系结构模式，即基于网格的 GIS（简称为网格 GIS）和基于云计算的 GIS。传统的桌面 GIS 和网络 GIS 可以处理和应用集中存储的空间数据，基于 SOA 架构的网络 GIS 也可以解决空间数据异构和分布式的问题，但其软硬件资源利用率不高。网格是 20 世纪 90 年代发展起来的，是高性能计算的一个热点研究对象。网格 GIS 是通过互联网，以地理位置分布和异构的系统结构，综合连接计算资源、存储资源、通信资源、GIS 软件资源、空间信息资源和空间知识资源等各种地理信息相关资源的 GIS 基础平台和技术系统。网格 GIS 的目的是通过互联网将现有的资源整合成一个巨大的 GIS 超级服务器，实现各种空间信息资源的共享，消除信息孤岛，解决广域环境下各种空间信息资源的共享与协同工作问题。网格最重要的特征是它的分布，这是由网格信息的分布所决定的。网格 GIS 不是一个孤立的软件结构，而是一个依托互联网的分布式软件系统，由众多的 GIS 服务节点组成。构成网格 GIS 的节点可以是独立的服务器,也可以是网络 GIS 集群,从宏观上看是独立自主的网格节点。而基于云计算的 GIS 是指将空间数据的存储和处理交给大量的分布式计算机(服务器),通过基础设施即服务(Infrastructure as a Service,IaaS)、平台即服务(Platform as a Service,PaaS)和软件及服务(Software as a Service,SaaS)三种形式为用户提供空间信息服务的地理信息系统。

网络 GIS 集群的逻辑体系结构可以分为物理层、虚拟层、数据层、GIS 服务层、Web 服务层和应用层,如图 2-8 所示。

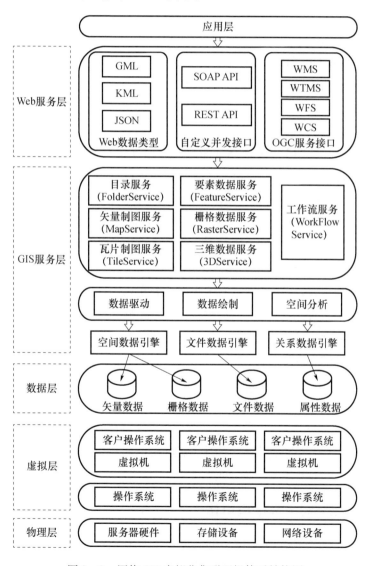

图 2-8 网络 GIS 虚拟化集群逻辑体系结构图

（1）物理层。这一层是集群的最底层，由服务器（普通的个人电脑或刀片服务器）、网络交换设备和存储设备组成。

（2）虚拟层。这一层包括主机操作系统、虚拟机、客户端操作系统和相关的虚拟化软件工具。在这一层，实现了从物理硬件到主操作系统、虚拟机和客户操作系统的映射。最终的结果是，客户端操作系统运行实际的 GIS 业务逻辑，解除与物理硬件的绑定关系，也就是说，硬件实现向下的透明度。这有别于传统的业务操作系统和物理硬件一对一的绑定关系。这是基于服务器虚拟化技术的集群与传统集群的区别之一。

（3）数据层。这一层负责存储空间数据和空间元数据以及相关的业务数据，包括关系数据库和文件数据。从存储虚拟化的角度来看，这一层可以划分为虚拟化层。然而，GIS 数据与传统的关系数据有本质的区别，因此将其描述为一个独立的层。

（4）GIS 服务层。从集群单个节点来看，这一层是支撑 GIS 运行的核心环节，包括数据驱动、GIS 组件、GIS 服务、GIS 工作流等模块。面向数据层，它提供了 GIS 空间数据引擎的分析处理，关系数据引擎的业务逻辑和一些文件数据访问接口；面向 GIS 的核心业务，提供了 GIS 模型建模、逻辑组件 GIS 运行算法、图形和图像处理的逻辑组件、空间数据的输入和输出处理逻辑组件等；面向 GIS 服务，提供了厂商自定义的 GIS 服务，其重要特征是数据输入输出格式与制造商之间的相关性。这一层没有实现地理信息的标准模型和通用模型，而是从整个集群的角度出发，实现了网络 GIS 集群的分布式高性能计算。

（5）Web 服务层。前面的物理体系结构从集群控制的角度描述了这一层在负载平衡调度中的作用。这一层是直接面对用户和开发者门户，为用户提供最具有可视化的空间数据格式和最常见的结构性关系非空间数据格式；对于开发人员来说，有空间信息模型和基于开放地理信息系统协会服务接口定义，以及各种形式的接口，如传统的简单对象访问协议（Simple Object Accrss Protocol，SOAP）。

（6）应用层。这一层是整个结构的顶层，面向特定的 GIS 应用程序和各种客户机，依赖于 Web 服务层提供的接口。

## 2.3.2　地理空间大数据虚拟化

虚拟化技术在提高现有设备的利用率上具有独特的优势，在高性能计算、高可用性以及扩展性方面也具有明显的优势。集群技术是一台大的逻辑服务器中多台物理或者虚拟的服务器的组合,可提高系统性能和可靠性,而虚拟化技术则相反,它将物理上的服务器转换成多个逻辑上的服务器。在物理服务器数量不变的情况下,重新优化组合物理硬件配置,可以提高服务器集群的整体性能。由于网络 GIS 应用对系统稳定性、性能以及成本的要求越来越高,因此当务之急是使用服务器虚拟化集群的方式以提高网络 GIS 性能。网络 GIS 集群定义为一个系统,该系统使用高速网络来连接一组运行及相关服务的计算机,在并行系统软件的组织管理下实现高效处理。从技术上讲,GIS 本身是地理学科和计算机技术相结合的产物,计算机技术的所有进步都将引发技术的跟进和进步,技术跟计算机技术之间存在差距,但随着技术本身的先进程度、成熟度和发展程度的提高,这种差距正在逐渐缩小。在网络发展的过程中,计算机集群技术已逐渐引入该领域。

虚拟化技术是构建地理空间大数据平台的关键技术之一。为了实现基础架构资源共享和更好地利用资源,地理空间大数据平台必须能够以合理的精度对资源进行分段和打包,分配资源并根据用户需求的变化动态调整资源。使用服务器端虚拟化技术来实现此目的。以下主要提供 GIS 服务中常用的三种虚拟技术。

**1. 服务器虚拟化**

虚拟化是云计算的关键技术之一,服务器虚拟化也是虚拟化技术非常重要的组成部分,即通过共享物理 CPU、随机存取存储器(Random Access Memory,RAM)和输入输出(Input /Output, I/O)等资源,最大程度的利用物理资源。虚拟化技术有三种主要的应用形式,即虚拟分拆、虚拟整合和虚拟迁移。虚拟分拆是最常见的虚拟化技术,可将一台物理机分拆为多台虚拟机,从而改善物理资源的使用率;虚拟整合则是将众多性能一般的计算机组合在一起,使其成为一台性能出众的计算机,常见的有高性能计算等;虚拟迁移是指用户像使用本地资源一样使用异地物理资源。

在云计算数据中,虚拟化技术的三种应用模式得到了广泛使用,其中虚拟分拆技术应用最为广泛。在云计算模型中,资源是根据用户请求共享和保留的。需要云计算和虚拟化提供管理解决方案的一个重要问题是如何在保证用户的服务级别协议(Service Level Agreement,SLA)的同时,有效地分配资源。

虚拟化技术为管理云计算模型中的资源提供了有效的解决方案。通过将服务封装在虚拟机中并将其分配给每个物理服务器,虚拟化技术可以根据负载的变化来重塑虚拟机和物理资源,从而动态实现整个系统的负载均衡。虚拟机和物理资源由虚拟机动态迁移技术映射。

服务器虚拟化技术可以剥离诸如物理资源之类的基础架构,使设备之间的差异和兼容性对顶级应用程序透明,从而使云能够统一地管理各种核心资源。服务器虚拟化简化了编写应用程序的工作,因此开发人员可以只需要专注于业务逻辑,而不需要考虑底层资源的供给和调度。服务器虚拟化可以帮助用户节省成本,将服务器封装在不同使用程度的服务器资源中,以达到与不同用户共享资源并节省成本的目的。

服务器默认设置为用户保护系统和关键业务数据。虚拟服务器的虚拟服务器提供了可支持其操作的硬件资源的摘要,包括虚拟BIOS、虚拟处理器、虚拟内存、虚拟机I/O,以实现隔离和良好的安全性,达到保护用户的业务系统和关键数据的目的。

**2. 存储虚拟化**

基于主机服务器上的专用卷管理程序,使用磁盘阵列上的阵列控制器固件或使用存储网络上的专用虚拟驱动器,可以在三个不同的级别上实现存储虚拟化。具体使用方法必须根据实际需要确定。通常,根据网络中的不同位置,虚拟存储技术可分为以下三类实现方法。

(1) 基于主机的虚拟化。这是通过特定程序在主机服务器上完成的,虚拟存储空间可以跨越多个异构磁盘阵列。

(2) 基于存储设备的虚拟化。它可以使用基于阵列控制器的虚拟化,将阵列存储拆分为多个存储空间(LUN),以访问不同的主机系统。

(3) 基于存储网络的虚拟化。通过添加到SAN的专用设备来实现存储网络虚拟化。该特定设备实际上是带有虚拟化管理和应用程序软件的服务器平台。它将服务器与存储设备隔离开来,还可以将其连接到相邻的SAN来管理存储网络。

**3. 网络虚拟化**

网络虚拟化是一种使用基于软件的抽象将网络流量与物理网络元素分离的方法。网络虚拟化总结了交换机、网络端口、路由器和网络中其他物理项目的网络流量。每个物理项目都将替换为网格元素的默认表示。

网络虚拟化技术允许将多个物理网络集成到更大的逻辑网络中,一个物理网络也可以分为多个逻辑网络,或者在虚拟机之间创建纯软件的网络。网络虚拟化技术的采用提供了速度和自动化的实现,为强化网络管理和降低成本提供了新的方法。

**4. 网络集群**

一个典型的网络集群结构如图 2-9 所示。从硬件角度来看,网络集群通常由前端集群入口,内部网络(局域网和高速网络)、后端服务器群和存储服务器群等构成。集群入口通常包含一个外部的虚拟主机地址,该地址可以保护内部结构,并通过该地址统一发送和接收用户请求,是用户访问和使用集群的唯一通道。集群入口的服务器一般可以部署为主辅结构,以一个服务器为主,另外一个作为备份,二者之间一般采用心跳机制或其他通信方法,来保障入口的高可用性。在集群的网络环境方面,考虑到成本因素,通常采用混合网络模式,即通用的以太网设备和高性能网络设备(如光纤)结合。关于网络应用程序功能,在功能强大的服务器端模式(本文中的目标模式)下,服务器前端的数据传输量很小且易于管理,而后端处理系统和数据存储系统的通信量很大,尤其是在执行空间分析运算的时候,通常需要将部分数据从存储侧上传到处理逻辑服务器的内存。在这种情况下,集群前端的网络可以采用以太网设备,后端需要高性能的网络通信设备。服务器群负责完成实际的作业请求处理工作,它由一系列应用服务器机群组成。服务器群内部也在逻辑上划分为表示可作进一步的逻辑划分,可划分为表现层、业务逻辑层、空间数据引擎层,每个物理服务器层都可以单独或组合分配。存储服务器组是一组存储设施和服务器,用于存储和管理地理空间数据,根据应用程序需求和技术水平的不同要求,它们更加多样化,具体包括:

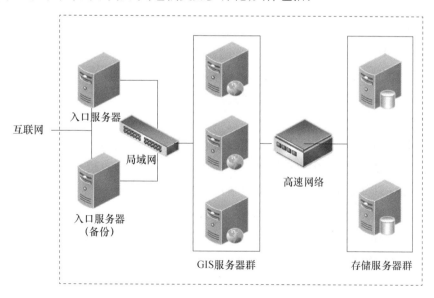

图 2-9 网络 GIS 集群基本架构图

（1）服务器自带存储设备，如磁盘；

（2）分布式文件系统，如 Hadoop 的 HDFS；

（3）逻辑存储设备，如 Oracle、MySQL 等商用数据库；

（4）网络存储设备，如 NAS、SAN。

国内各大平台采用的网络集群有 SuperMap iServer 和 MapGIS IGServer，均具有 ArcGIS Server 类似的体系结构和控制结构。它们具备以下共性：

（1）它们全部采用四层体系结构。服务器之间是独立的，有助于集群的建设；GIS 服务都采用进程提供，并且一个或多个 GIS 服务进程可以部署在一台物理服务器上，集群负载均衡调度都以这些服务进程为单位，而不是物理服务器。这也使得基于单物理服务器的多服务进程组建集群成为可能，在服务器硬件性能快速提升的现实状况下，可以大大提高硬件使用率。

（2）在单独链接到 GIS 服务操作和物理服务器的情况下，可以在服务器单元中采用网络负载均衡设备执行负载均衡平衡计划。在网络 GIS 集群中，GIS 服务器节点承担着主要的计算工作量，这里认为它是集群里的计算节点。在主流网络 GIS 产品中，一种重要的集群调度模式是以 GIS 服务进程为调度对象，在用于多核处理器的 GIS 服务器上，通常采取一种策略，即在一台物理服务器上运行多个 GIS 服务进程的操作，每个 GIS 服务进程都将作为集群构造的一个基本单元，以此来优化多核处理器的使用率。

整个网络 GIS 集群设计围绕以下几个目标展开。

（1）可靠性。在许多应用了 GIS 的行业中，尽管性能通常是用户看到的最重要的因素，但随着硬件性能和计算模式的优化提升，高可靠性的重要性被提升到一个更新的高度。高可靠性设计的目标是使用当前的硬件和软件条件以及特定的策略，以尽可能增加系统的连续使用时间，并尽可能减少服务器宕机的机会。

（2）稳定性。具有一定的规范和标准，GIS 集群的稳定性在很大程度上取决于其结构的优化组合和软件的稳定性。在预设的用户规模和 GIS 数据规模下，采用合理的集群结构设计、控制结构和负载均衡策略，尽量避免服务瓶颈，降低服务等待时间，是稳定性设计的合理需求。

（3）经济性。基于 x86 构架的 PC 服务器、廉价刀片服务器的兴起，以及网络和存储设备成本的持续降低，使得采用上述硬件构建廉价网络 GIS 服务集群成为可能，谷歌的大规模集群是现实生活中一个最好的实例。

（4）适应性。这里的适应性是指集群对于 GIS 特殊功能的适应性。与 MIS

系统不同,将 GIS 应用于网络的算法时空复杂度高,内部 I/O 量非常大,请求和响应极度不平衡,这些必要因素都是设计集群需要考虑的。

从物理工程结构的角度来看,基于虚拟化的网络集群结构图 2-10 所示,其结构自下向上分为数据存储层、GIS 服务器层、Web 服务器层、应用层。

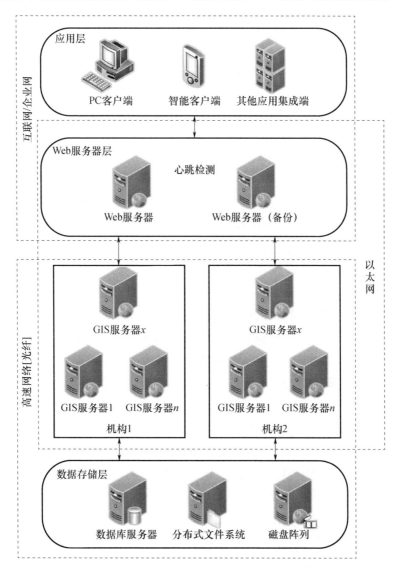

图 2-10　网络 GIS 虚拟化集群物理体系结构图

(1) 根据实际应用程序状态,数据存储层可采用基于关系数据库的空间数据库或分布式文件系统,存储介质采用普通磁盘、磁盘阵列或着昂贵但性能优异的固态硬盘,更高级的可以采用存储虚拟化技术,可用于标准化不同的存储介质。

(2) GIS 服务器层设计需要考虑高可用性,并且在成本允许的范围内,尝试以多机架的方式构建对称式的服务器集群。如图 2-10 所示,两个机架分别部署两个相同集群,集群之间不直接相连,而是分别连接到服务器层,一旦一个集群掉电或由于其他原因失效,不至于整个集群都不可用。集群内的服务器均采用上一节所述的计算节点虚拟化配置结构,共同组成网络 GIS 服务器计算节点集群。

(3) Web 服务器层由一组服务器构成,这些服务器具有对称的主从式结构,在两个服务器之间使用心跳检测机制来实现高可用性,一旦主服务器崩溃,备份服务器立即投入使用。该服务器同时充当集群负载平衡控制器,负责调度 GIS 服务器的直接任务。

(4) 应用层支持普通 PC、智能手机等不同客户端和其他应用进行集成。对于 GIS 应用程序,在此级别上通常还存在对 GIS 互操作性的实际要求。

### 2.3.3 地理空间大数据计算

20 世纪 60 年代,Tomlinson 教授首先提出了地理信息系统。经过半个多世纪的发展,地理信息系统已经深入人心,地理信息系统技术的应用也逐渐普及。早期地理信息系统在单一设备上运行,人们存储和管理地理信息数据文件。随着时代的发展和数据库的引入,地理数据逐渐从文件模式进入数据库管理模式。近 20 年来,随着计算机技术的飞速发展,互联网已经成为地理信息系统的一个新兴应用环境,地理信息系统的研究已经转向服务和应用领域,并逐渐加入了信息技术发展的浪潮。当前大多数地理信息系统采取相对封闭和独立的平台开发,与地理数据组织是不同的,垄断和较高的维护成本阻碍地理信息系统的发展。到 20 世纪 90 年代,由于开放思想,开源地理信息系统的概念已逐渐进入地理信息系统的研究。2006 年成立国际开源基础地理空间,也大大促进了开源地理信息系统的发展。经过多年的发展有很多开源地理空间项目,从最初的 8 个基金会项目,到如今的符合要求的浏览器和服务器架构的前端、地理空间中间件、企业地理空间计算功能等。

随着社会的发展,人类已经步入了信息时代,最明显的标志就是信息的群体性。面对海量的信息,传统的单机设备已经不能满足海量数据计算的需要,并行计算的方式应运而生。由于并行计算具有多个处理单元,每个处理单元协同工作,与传统计算方法相比,其效率有了很大的提高,更适合大规模计算任务,满足信息时代对海量信息的处理要求。并行计算与串行计算的最大区别在于,并行计算可以同时利用多种计算资源来提高系统的计算效率。同时,并行计算可以使用多个低成本的普通电脑取代高成本的大型计算设备,这不仅能提高效率,还能降低处理信息的成本。此外,因为使用多台计算机,并行计算还从另一方面突破了单一计算机的存储限制。由于上述优点,并行计算显示出良好的发展趋势。自20世纪90年代以来,并行计算领域取得了很大的进展。

随着并行计算的深入研究,云计算技术逐渐进入人们的视野。云的概念提出后,引起了国内外学术界和业界的高度关注。这里的云是指互联网,而云计算的具体含义还没有统一,但其最初的含义是把计算能力放在互联网的语境中。在产业界,谷歌、IBM和Microsoft等公司都建立了自己的云计算平台,包括可扩展的分布式文件系统GFS、分布式编程模块Mapreduce、用于并行数据处理的BigTable数据库等、由IBM公司提出的"Blue Cloud"计划、由微软公司发布的基于互联网云服务平台的Microsoft Azure等。

地理信息系统(GIS),顾名思义,是一种收集、处理、存储、管理、分析和输出地理空间信息和属性信息的计算机信息系统。地理信息系统诞生于20世纪60年代,由于其本身具有巨大的潜力,开始快速发展,在信息全球化的当今社会,地理空间信息资源已成为现代社会的重要资源之一,地理信息系统产业已成为现代经济不可或缺的一部分。地理信息系统作为一门交叉学科,随着计算机技术的不断深入研究而逐步发展。随着软件开源思想的日益深入,开源地理信息系统也应运而生。2006年2月,国际地理开放源码基金会成立,以支持开放源码地理信息软件的开发,出现了许多优秀的开源GIS软件,如桌面应用软件GRASS、OGIS(an acronym for Oral Glucose Insulin Sensitivity)、uDig、MapWindows等,空间数据引擎PostGIS、MySQLSpatial等,Web地理信息系统软件如GeoServe、MapServe、MapGuide等。开源世界地理信息系统尽管得到了蓬勃发展,但其影响仍然较小,不过可以预见的是,地理信息系统是开放共享的发展趋势,包括系统结构的开放共享、数据模型的开放共享,以及一个共享的开发。开发者将地理信息系统开源作为地理信息系统的研究热点,未来是无限的。将地理空间计算与云计算结合形成云地理信息系统,具有以下特点:

(1) 资源使用的低成本。云地理信息系统使用户能够访问传统的垄断资源,利用共享资源,可以有效提高资源的利用率,降低单个用户对资源的访问成本。

（2）业务的连续性。云地理信息系统为用户提供的地理信息系统服务种类繁多，可以随客户需求快速变化，实时扩展资源，有效地消除业务连续性。

（3）业务的灵活性。云地理信息系统将初始的固定成本转化为可变成本，提高了资金运作的灵活性，提高了用户的业务灵活性。

（4）业务的创新能力。云地理信息系统将用户从琐碎和复杂的资源管理中解放出来，使他们能够更专注于自己的业务创新。

（5）良好的用户体验。云地理信息系统使得用户更容易使用地理信息资源。用户只需根据自己的需要选择合适的客户端地理信息系统服务进行访问。这里的资源不仅包括地图数据、地理信息系统功能、地理信息系统服务，还包括传统 IT 基础设施、服务器、网络、存储和其他硬件类别以及操作系统、数据库和中间软件的构建。

综上所述，地理信息系统结合云计算海量数据存储、大规模计算、深度学习等方面更强大的作用，如数据挖掘、云计算技术和地理信息系统技术，实现云计算环境中使用地理信息系统模型、服务系统、存储技术等，都是非常现实的迫切需要。因此，构建云地理信息系统模型，实现云存储系统与空间数据的分布式并行统计计算与分析具有重要的现实意义。

### 2.3.4 地理空间数据存储

地理空间数据是与地球某个位置直接或间接相关的数据，它是一个文件，可表示各种因素，例如地理空间位置、地理实体的自然现象以及社会现象等。在数据分类上，它可以包括自然地理数据和社会现象数据，如地貌数据、土地覆盖类型数据、植被数据、土壤数据、水文数据、河流数据、居民地数据、地区人口数据、行政境界及社会经济方面的数据等。

从总体角度来看，地理空间数据共有三个特点。

（1）空间特征：空间特征是地理信息系统所独有的，表示某个地理实体或地理现象的空间位置或现在所处的地理位置以及该位置所在的参考坐标系统，同样也可以表示几何等特征，如形状及大小等。通过地理坐标可以描述空间位置，空间坐标可以表示 GIS 中任何一个地理实体或地理现象的形状和大小。对于 GIS 的坐标系统，它的定义十分严格，如经纬度地理坐标系，一些标准的地图投影坐标系或任意的直角坐标系等。

（2）属性特征：用来表示该地理实体或地理现象的专题属性（名称、种类、数量、性质和计量属性等）。

（3）时间特征：用来记录该地理实体或地理现象随时间的变化情况。

从数据结构的角度来分，地理空间数据可分为矢量数据和栅格数据。地理实体都可以采用两种数据结构来表示，各自有着不同的优缺点。

矢量数据(VectorData)是一种数据，是指在直角坐标系或地理坐标系中用 $X$、$Y$ 坐标表示地理实体或地理现象位置和属性。从图形层面上来说，矢量数据在确定参考系的基础上，通过坐标定位并表示地理实体的空间信息，并且即使比例尺在变化，矢量数据也不会随之变化，从而保证了数据的高准确性；从信息层面上来说，它记录了各地理实体的信息，它所采用的形式是关系数据表。矢量数据具有结构紧凑、低重复性、高精度和高输出质量的特点。矢量数据包含有关地理实体对象的空间信息，定义单个地理实体对象很容易，而且这对网络分析很有用。

栅格数据是根据一定的大小将地理实体或地理现象划分为相同大小的网格，每个网格称为一个栅格单元，为每个栅格单元分配一个对应的属性值，表示地理实体或地理现象的数据形式。在某个坐标系下，每个栅格单元(像素)的坐标由其行和列号确定，并且所表示的物理空间位置隐式地位于栅格的行和列位置。栅格数据结构是类似网格的数据，具有相对简单的结构特征和清晰的结构特征。它为缓冲区分析和叠加分析提供了良好的结构基础，且输出速度快、成本低，但存在一定程度的失真。缺点是数据冗余大，导致数据量大，投影时间长和其他缺陷。

当前，市场上有许多类型的 GIS 软件，并且它们产生的矢量空间数据格式也各不相同，最常见的有 Map Info 软件产生的 Mif Tab 格式，Map GIS 软件生产的 Wt、Wat 格式，ESRI 公司软件产生的 Coverage、Shapefile、Geodatabase 格式，开放式地理信息系统协会(Open GIS Consortium, OGC)提出的 GML 标记语言等。

Shapefile 文件由美国环境系统研究所(ESRI)开发，用来存储矢量数据。Shapefile 文件中只包含几何和属性特征的空间数据，而不包含对拓扑数据结构的描述。一个 Shapefile 文件至少包括 .shp、.shx 和 .dbf 三个文件。.shp 文件存储空间对象的几何特征；.shx 文件存储 .shp 文件中几何特征的索引；.dbf 文件存储空间对象的属性信息。除此之外还包括一些可选文件，例如：.prj 文件存储该 Shapefile 文件所使用的坐标系；.xml 文件存储 Shapefile 文件的元数据信息；.atx 文件存储 .dbf 文件的属性索引等。

栅格图片是基于图 2-11 所示的栅格模型的数据，由像素组成，并以二维矩阵的形式将时空分割成有规则的网络。每个矩阵单位表示为一个栅格单元，且每个栅格单元都包含各种属性的信息值。栅格数据主要有正射航空影像、正射卫星影像和正射扫描地图三种数据。栅格数据适合表示随地理位置变化而发生变化的数据,如高程、降雨量和温度等,因此栅格数据常用来表示地理信息系统的表面底图或者主题地图。卫星图像中的每个像素都是由色光三原色红、绿、蓝混合而成。

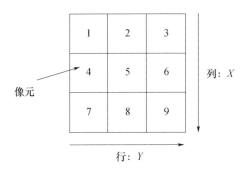

图 2-11　栅格数据模型

栅格瓦片是一种多分辨率层次模型,类似金字塔,如图 2-12 所示。瓦片金字塔自顶向下,分辨率越来越高,但相对应的地理范围却保持不变。在最高级(Zoom=0)时,信息量变少,只需一张 256×256 像素的瓦片;第二级别(Zoom=1)时,信息量增多,需一张 512×512 像素的瓦片,对于每张该尺寸的瓦片,都可以分为 4 张 256×256 像素的瓦片;依此类推,下一级瓦片的像素数量是上一级的 4 倍,瓦片的分辨率也越来越高,最终形成一套瓦片金字塔体系。在使用 Web 地图时,通常效果图都是一张铺满整个浏览器界面的地图图片,实际上是由多个尺寸相同(一般是 256×256 像素)的瓦片无缝拼接而成。图 2-13 所示为瓦片金字塔组织结构,按照由级别、行、列号的排列规则,确定每一个位置上的瓦片。在地图平移和缩放操作时,瓦片渲染工具会根据这个规则,从瓦片服务器或者本地文件夹获取并拼接所需的瓦片。瓦片的特点是所有的瓦片都

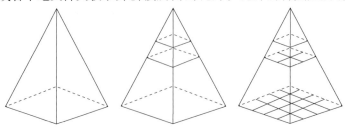

图 2-12　金字塔模型

是静态图片,可预先在服务器渲染生成,通过缓存技术为浏览器提供高效的瓦片读取服务,且浏览器加载图片的优势在于可以并行获取和生成地图同一级别的多张瓦片,这比渲染一张大的遥感地图要高效很多,可以有效提高用户体验。

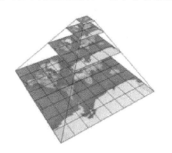
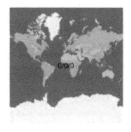
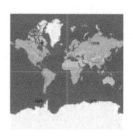

图2-13 瓦片金字塔组织结构

#### 2.3.4.1 地理空间大数据分布式存储

地理空间数据的存储管理方式的发展大概分为四个阶段。

(1) 文件-关系型数据库混合管理(File-RDBMS):在对地理数据中的关系型数据进行管理时,面临着很多问题,如大量的冗余数据、数据互通性较差和数据统一性差等。考虑到空间数据都是结构化数据格式的事实,为了满足该数据格式的存储需求,GIS人员将关系型数据库与文件集成在一起以表示空间数据。对于图形数据,如Point、Polyline及Polygon等,它们是以文件的形式进行存储的,则使用关系型数据库来管理地理实体的属性数据,例如Arcinfo软件。但是这种方式不能满足GIS从业人员同时访问数据带来的数据完整性和安全性的需求,并且随着地理空间数据量的增大,空间数据的存储与并发访问管理难度会继续增加。

(2) 全关系型数据库(RDBMS):在数据管理过程中,不再对图形数据和属性数据进行单独管理,解决了地理空间数据的一致性和完整性问题。对于Point、Polyline及Polygon等图形数据,长度不等的数据将转换为二进制的Blocks数据块并存储在磁盘上。或者,将这部分数据分析为相应的关系范式,然后将其转换为定长数据以进行存储。ESRI公司的ArcSDE及SuperMap的SDX+是这类系统的典型代表。

(3) 对象-关系型数据库(ORDB):ORDB可以存储图形数据和属性数据,在数据库中进行存储、插入、更新、删除和查询,并可以确保多个用户可以同时高效地访问查询空间数据,同时确保数据的完整性和一致性。许多数据库系统制造商已经扩展了关系数据库,以便原始的关系数据库可以很好地支持空间数据的存储和管理。例如,著名的 Infomix、Ingres 和 Oracle 已经开发了 API 函数以对空间数据对象进行操作。

(4) 纯对象型数据库管理(OODB):为了降低成本,提高数据库的可维护性和开放性,以及更好地解决地理对象之间的嵌套关系、继承和传播信息,纯对象型数据库选择了面向对象的模型来管理地理空间数据。它是直观、简单、自然的方法,非常接近自然的思维方式,可以用于分析人类思维以及处理和解决问题,并且可以有效地用于组织和管理地理空间数据。

但是,随着地理信息产业的发展,空间数据量不断增加,上述 4 种方式已经无法解决管理空间数据存储的问题。随后创建了一个分布式数据库和一个分布式文件系统,该系统将大型空间数据分析为较小的数据块,并将其分布在不同的存储节点上,从而大大减少了数据存储时间。

Hadoop 是由 Apache 基金会开发的分布式系统基础架构,它为分布式计算提供可靠、可扩展的开源服务。Hadoop 具有可靠性高、扩展性强、效率高、容错性高、成本低等优点,在广泛使用的同时,受到了研究界和许多大公司的青睐,并促进了其积极的发展。Apache Hadoop 可以使用简单的编程模型来实现大数据的分布式处理,并且部署一组分布式系统可以实现对数千台计算机的管理。Hadoop 本身提供了检测和纠正故障的能力,而无须依靠硬件来提高可用性,因此 Hadoop 提供了高度可访问的服务以及对集合中的错误的高度容忍度。Apache Hadoop 生态圈构成如图 2 – 14 所示。

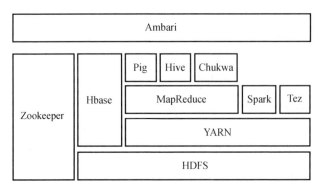

图 2 – 14 Hadoop 生态圈

地理空间数据具有数据量大、空间处理与分析复杂等特点,而 Hadoop 大数据技术具有分布式存储、分布式计算、高吞吐量、负载均衡、数据备份和错误恢复等优势,因此 Hadoop 用于存储和查询地理空间数据,引起了许多学者的注意,并且在国内外也取得了一些成果。孟辉等人提出了一种基于 Hadoop 的矢量空间数据库技术,解决了存储海量矢量数据的问题。该技术使用分布式文件系统和关系型数据库来存储数据,将用于显示和空间查询的矢量数据存储在分布式文件系统中,将用于属性查询的空间属性信息、图层描述信息和元数据信息等数据存储在关系型数据库中。该技术同时还提供了空间数据访问代理和空间数据访问驱动程序,其中空间数据访问代理用于维护关系型数据库和分布式文件系统中存储的数据,使其保持一致,空间数据访问引擎为数据访问、查询、存储和其他功能提供了顶级的应用程序。

如图 2-15 所示,地理空间大数据存储系统包括 5 个部分:HBase 存储矢量空间数据几何属性、HBase 存储矢量空间数据非几何属性、数据导入服务、基于 HDFS 的 R 树索引存储模型和 R 树索引创建服务。其中,数据导入服务采用 4 种导入方式,分别是单线程导入、多线程导入、Bulk Load 方式导入和 Map Reduce 方式导入。基于 HDFS 的 R 树索引存储模型分为两部分,分别是 Master 索引文件存储模型和 Data 索引文件存储模型。

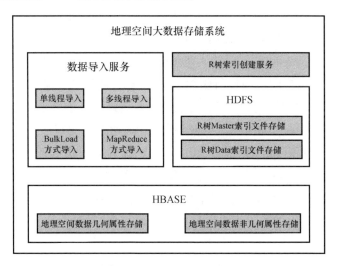

图 2-15　地理空间大数据存储体系结构

数据导入服务使用 Shapefile 文件作为原始输入数据,并实现 4 种不同的导入方法,每种方法都有不同的使用场景。单线程导入适用于将数据导入本地磁盘;多线程导入可在先前的基础上实现多个互连,合理划分导入文件,并提高数据导入效率;Map Reduce 依赖于 Map Reduce 并行计算框架,虽然可以大大提高导入效率,但是原始 Shapefile 文件必须提前上传到 HDFS;Bulk Load 导入主要基于 Map Reduce，但是与 Map Reduce 相比，其有两个优点：

（1）使用 HBase 的 Bulk Load 批量导入数据方式，能够提高数据的导入效率。

（2）格式化后，首先将原始数据存储在 HDFS 中，然后导入数据。格式化处理过程抽象为公共的接口，以扩展原始数据的格式，以便支持的原始数据不限于 Shapefile。新的矢量空间数据格式仅需要执行相应的格式化操作即可。

R 树索引创建服务基于 Map Reduce 实现，并使用静态批量上传方式来创建索引，即当数据批量导入 HBase 时，将调用此服务创建 R 树索引。以这种方式创建 R 树索引的原因主要有以下几点：

（1）矢量空间数据大部分是分批加载的，且长时间保持不变，因此采用静态批量加载方法最能提高访问效率；

（2）Map Reduce 是 Hadoop 生态系统的一部分，在架构上保持一致；

R 树索引文件存储在 HDFS 上，针对 HBase 表中为每个 Region 创建相应的 R 树索引。索引结构采用主从索引方式，由一个 Master 索引文件和多个 Data 索引文件组成，每一个 Data 索引文件对应一个较小的 R 树索引，Master 索引文件存储 Data 索引文件的元信息（例如 MBR、记录个数等）。

Hbase 的地理空间数据存储处理海量空间数据的常用解决方案是依赖分布式、面向列族的数据库。与按行组织数据的典型关系型数据库不同，面向列族的数据库以列集的形式组织数据，可以更有效地跨多个节点索引和分发数据。

HBase 是分布式、面向列族的开源数据库，通过大量廉价的机器解决海量数据的高速存储和读取的工作。HBase 主要有两大内进程服务 Master 和 Region Server，Region Server 负责服务于数据的读写服务，Master 负责服务于 Region Server 的分配及数据库的创建和删除等操作；两大外部支撑服务 HDFS 和 Zookeeper，HDFS 为 HBase 提供底层数据存储服务，Zookeeper 为 HBase 整体协调管理提供稳定服务和容错机制。

HBase 中的所有数据文件都存储在 Hadoop HDFS 文件系统上，使用的两种文件类型具体如下：

（1）HFile，是 HBase 中 KeyValue 数据的存储格式，也是 Hadoop 的二进制格式文件，实际上通过对 HFile 做轻量级包装就成了 StoreFile，即 Hfile 就是 StoreFile 的底层。首先 HFile 文件的长度是任意的，只有其中的两块长度为固定值：Trailer 和 FileInfo。Trailer 中有指向其他数据块的起始点的指针。FileInfo 中记录了文件的一些 Meta 信息，例如 AVG_KEY_LEN，AVG_VALUE_LEN，

LAST_KEY、COMPARATOR、MAX_SEQ_ID_KEY 等。Data Index 和 Meta Index 块分别记录了每个 Data 块和 Meta 块的起始点。HBase I/O 的基本单元是 Data Block,为了提高效率,HRegionServer 中采用了基于 LRU 的 Block Cache 机制。可以在创建一个 Table 的时候通过参数的方式指定每个 Data 块的大小,大号的 Block 有利于顺序 Scan,小号 Block 利于随机查询。在每个 Data 块中,除了 Magic 开头的,其他的都是一个个键值对拼接而成,Magic 的内容就是一些随机数字,目的是防止数据的损坏。后面会对每个 Key – Value 对的内部构造进行详细介绍。HFile 里面的每个 Key – Value 对是由一个简单的 byte 数组构成。但是该 byte 数组里面包含了很多项,并且它的结构是固定的。该结构主要有三部分组成:①两个固定长度的数值构成,分别表示 Key 的长度和 Value 的长度。②Key,首先是表示 RowKey 的长度的数值,该数值是固定的,紧接着是 RowKey,然后是表示 Family 的长度的数值,它的长度也是固定的,然后是 Family,接着是 Qualifier,然后是表示 Time Stamp 和 Key Type(Put/Delete)两个固定长度的数值。其中 Value 部分结构较为简单,它就是纯粹的二进制数据了。

(2) HLog File,它是 HBase 中 WAL(Write Ahead Log)的存储格式,物理上表示 Hadoop 的 Sequence File。其实 HLog 文件就是一个普通的 Hadoop Sequence File,Sequence File 的 Key 是 HLogKey 对象,HLogKey 中除了记录 Table 和 Region 名字外,还记录了写入数据的归属信息,同时还包括 sequence number 和 timestamp。timestamp 是"写入时间",sequence number 的起始值为 0,或者是最近一次存入文件系统中的 sequence number。HLog Sequence File 的 Value 是 HBase 的 Key – Value 对象,对应 HFile 中的 Key – Value。

### 2.3.4.2 地理空间大数据 NoSQL 存储

地理空间的数据类型是多种多样的,大致可以分为栅格数据(如地图瓦片、遥感数据等)和矢量数据(如公交网络、物流网等)。这些数据来源是十分广泛的,由各个部门采集得到的数据都是原始的,需要经过一系列的清洗、加工等处理流程才可以使用,并且各个处理流程都需要协同工作。对于大部分应用来说,每天的数据请求数量十分巨大,对系统的高并发提出了很高的要求。基于 NoSQL 的时空数据分布式存储架构能够利用负载均衡技术,使用多台机器对用户流量与请求进行平衡的分配,不仅分担了服务器的压力,还能保证不受单一节点性能的限制。

基于 NoSQL 的时空数据模型和存储架构包含以下功能:

(1) 基于 NoSQL 的时空数据建模。针对包含复杂关系的矢量数据,利用图模型并结合时空数据的特征来建立基于图数据库的时空数据模型。此外,利用 Mongodb 建立基于文档对象的时空数据模型来处理栅格数据。

(2)用于访问的接口保持统一。在该系统中,各个部分所采用的数据访问和处理接口是不同的,如 Mongodb 采用 Java Script,Hadoop 采用 Java、Pig、Hive 等工具,Neo4J 采用 Java、Cypher,利用 Spring Data 为 Hadoop、Mongodb 和 Neo4J 来保证数据集成接口一致。

(3)时空数据的高效和高可靠性存储。基于 NOSQL 的时空数据存储架构,通过采用集群、分布式计算等技术手段,使得系统能够存储海量的时空数据、栅格数据和矢量数据,并且能够基于海量数据进行分析和计算,不仅提高了系统的故障恢复能力,还增强了系统的可扩展性。

基于 NOSQL 的地理空间数据存储模型,采用 Hadoop 可以分析和处理数据,采用 Neo4J 的 Neo4J Spatial 库可以有效处理具有复杂关系的矢量数据。为了能够把各种数据导入 Mongodb 和 Neo4J 中,需要先对其进行数据转换,然后利用 Hadoop 对数据进行 ETL、聚集等操作,再利用 Spring Data 为服务层提供统一的接口。基于 NOSQL 的数据存储模型如图 2-16 所示。

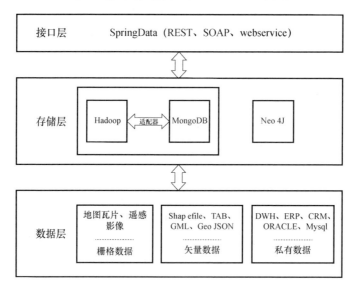

图 2-16 基于 NoSQL 的数据存储模型

(1)数据层。地理系统的数据一般分为两种类型:栅格数据和矢量数据。栅格数据利用网格矩阵的形式来表示,网格矩阵中的每一个格点也称为网格单元、像元、像素,它的形状可以是三角形、正方形、六边形等形状。栅格数据表示方式的好处是可以用离散的方式来对连续空间进行模拟,常见的地图数据、遥感影像等都是采用栅格模型表示的。矢量数据是一种矢量图形格式,它能够保存几何图形的形状、拓扑关系、属性等信息,一般使用 ESRI Shapefile,适用于地理对象间关系比较复杂的应用场景。矢量数据模型具有良好的分析处理能力,如交通管理、物流网络、土地变更等。对于大量的栅格数据、矢量数据,该框架可以采用相应的转换模块将其导入 MongoDB 和 Neo4J 中,同时还可以借助 Hadoop 将数据转换到 Oracel、Mysql 等第三方关系型数据库。

(2)存储层:对于 Hadoop + MongoDB 模块,Hadoop 适合用来分析和处理数据,Mongodb 比较适合数据的存储,因此利用 Hadoop 结合 MongoDB 可以灵活地对数据分析、处理和存储进行操作。例如,可以利用 Hadoop 将 MongoDB 的数据进行导入操作并对其进行分析处理,也可以将其导入第三方关系型或非关系型数据库,还可以在利用 Hadoop 对 MongoDB 中的数据进行分析处理以后,再导入 MongoDB 中,以便于应对应用程序的查询和即时分析等操作。因为图数据库对图具有很好的支持能力,所以对于 Neo4J 模块,最好采用属性图模型存储矢量数据。通过采用 Cypher 作为查询语言,还能对复杂关系进行有效的分析和处理。利用这两个模块就可以有效地存储海量的栅格数据和复杂的矢量数据,为数据的计算和分析提供便利的解决途径。

(3)接口层:接口层是针对存储层上兼容 MongoDB 和 Neo4J 的中间件进行定义而来的。Spring Data 是 Spring Source 的一个父项目所包含的很多针对 NoSql 的子项目,如 MongoDB、Neo4J、REDIS、HBase、Hadoop 等,这里采用 Spring Data 的主要目的是使得数据访问接口和通用的编码模式保持统一。此外它提供了当前流行的 REST 接口、SOAP 接口等,不仅有效地简化系统架构,还使得上层应用的分析处理保持统一。

## 2.3.5 地理空间大数据开发支撑

集成开发环境(Integrated Development Environment,IDE)是集成了代码编写功能、分析功能、编译功能、调试功能的一体化开发软件套件,一般包括代码编辑器、编译器、调试器和图形用户界面工具,其基本功能如图 2 - 17 所示。

持续集成是团队成员共同实践性的开发,如图 2 - 18 所示。开发组的成员每一天都会集成自己的任务进展,有时多次,并且每一次的集成验证过程都可以自动化地构建,这既可以保证实现快速反馈,也能够有效降低项目风险,尽早地发现集成错误。持续集成的优点包括:

图 2-17 集成开发环境框架图

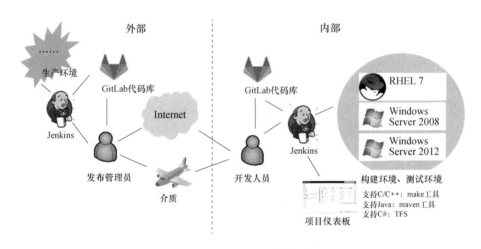

图 2-18 持续集成设计、构建与使用图

（1）易于定位错误。当持续集成失败了，说明新加或者修改的代码引起了错误。

（2）可以更快地得到成果回报。系统的雏形已经初步形成了，并且由于代码也已经被集成起来，虽然整个系统用起来还不是很完善，但仍然可以使用。

（3）改善对进度的控制。如果每天都在集成，那么每天都能看到哪些功能可用、哪些不可用。

（4）更加充分地测试系统中的各个单元。

（5）在更短的时间里建造整个系统。持续集成并不能为每个项目都缩短时间，但却比没有实施时，项目更加可控，也更加有保证。

（6）对收集项目的开发数据有所帮助。

（7）帮助改进与其他代码结合后的质量。

（8）可以持续性地测试与其他工具或者框架结合后的体系。

（9）有助于管理开发流程。

## 2.4 小结

本章主要从地理空间大数据处理过程中的存储、计算和传输讲起，介绍了与计算机相关的虚拟化、容器和微服务等基础概念，最后描述了地理空间大数据的基础设施。由于篇幅有限，本章仅仅介绍了相关的网络 GIS 集群，在搭建完整系统时需要继续完善，以及如何处理时空拓扑关系复杂的数据，以面向更广泛的地理空间大数据处理。此外，这里主要介绍了集群版本的地理空间基础设施，现在"云—边缘—终端"的计算构架初步成型，地理空间大数据处理下"云—边缘—终端"框架整体工作流程，以及"边缘—终端"之间的协同调度等都需要进行深入的研究。

# 第 3 章
# 地理空间大数据组织关联

随着信息技术的飞速发展以及数据库容量的持续扩张,作为信息传播和再生的平台,互联网中存在着"信息泛滥""数据爆炸"等现象,海量的数据信息使得人们很难快速抉择。在大数据给人们带来价值的同时,信息冗余、信息真假、信息提取、信息统一、信息关联等问题也成为人们目前面临的困难与挑战。人们不仅希望可以从大数据中抽取有价值的信息,更希望借助数据的组织关联发掘出更深层次的规律,以有效支持生产、生活中的决策。

在存储设备及计算机科学发展的背景下,通用的数据组织关联技术经历了人工管理、文件管理、关系型数据库管理、数据仓库管理和知识图谱 5 个发展阶段。大数据下的组织关联包括数据清洗、数据标注等数据预处理手段,以及数据组织、关联及存储等技术。地理空间数据由基础数据和承载数据构成,具有时空、多维、多尺度、海量等特征,因此要充分利用地理空间数据,必须解决多时相数据、异构、多尺度、多源间的共享利用问题。这就需要统一的时间基准、空间基准,即:在统一的时空框架下实现数据的清洗、标注;在海量的数据中实现基于时间、空间、属性以及事件的属性关联。

本章重点介绍数据组织和关联、地理空间大数据组织和关联、地理空间大数据组织关联应用三部分内容。由数据组织关联的概念内涵、发展历程,到数据组织关联的相关技术,再到地理空间大数据独特的数据组织关联处理方法,由浅入深对各部分内容进行了详细的说明。最后,以领域内图谱构建、基于图谱的深度问答、智能推荐、人机对话为例,介绍了地理空间大数据组织关联的部分应用。

## 3.1 数据组织和关联

在如今所处的数据时代,如何提升数据本身的价值、如何高效地应用已有数据,是人们急需解决的两大问题。数据组织关联将数据由无序变为有序,使得数据更为集中与标准化,是解决这两大问题的重要技术手段。

### 3.1.1 数据组织关联的概念内涵

随着数据时代的到来,数据组织关联成为数据挖掘亟需攻克的壁垒,只有让数据正常流动,才能在最大程度上提升数据的价值,因此数据组织和关联是数据有效、高效应用的基础。数据组织是指依据一定的方法或特定规则执行数据归并、存储、处理等操作。数据关联则是基于一定规则或模式建立不同数据对象之间的关联关系,其规则模式包括时空、属性、事件、频繁模式、相关性和因果性等。通过数据的组织和关联,人们能够利用采集到的各类数据搭建数据逻辑和数据结构,并加工成可理解的信息,打破数据壁垒,实现数据传播,方便人们加深数据认识的深度和广度。

### 3.1.2 数据组织关联的发展历程

随着数据规模不断膨胀、新需求层出不穷,数据的组织关联能力也在不断演进。按照技术手段来分,数据组织关联技术的发展历程大致可以划分为5个阶段,分别为人工管理阶段、文件管理阶段、关系型数据库管理阶段、数据仓库阶段和知识图谱阶段,如图3-1所示。

#### 3.1.2.1 人工管理阶段

20世纪50年代,外存没有磁盘等直接存取的存储设备,软件依赖汇编语言,并且数据采用批处理方式进行相关处理,数据结果在程序运行结束后不进行保存,所以当时数据管理主要靠人工实现,如图3-2所示。人们根据一定的分类标准对图书、光碟、磁带、报纸、刊物等各类文件分类编号或手工登记。以图书编目这类工作为例,需要对文献资源登记,贴上条码或文献标签,建立馆藏,完成编目架,完成图书的书名、作者、时间、出版社、分类号、馆藏地点等信息记录。由于没有成熟的数据库系统和操作系统,这个阶段仍需要设计数据的逻辑结构、物理结构、存储结构、存取方法等,并且编制程序进行机器录入。当存储设备或物理组织出现变化时,程序就要重新编制。由于不同程序之间数据不能共享,导致大量重复数据冗余地存在,数据组织具有极大的局限性。

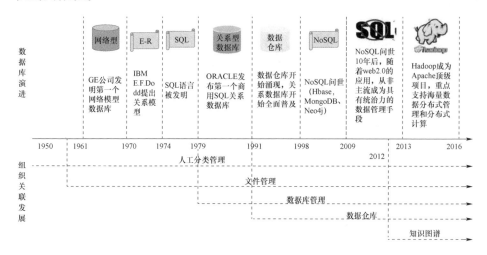

图3-1 数据组织发展历程图

图3-2 人工管理阶段的手工登记

该阶段的数据组织关联主要特点概括如下:

(1)数据不复用。该阶段受计算机软硬件发展水平所限,存储设备可靠性低,通常一组数据随对应的程序一起输入,当处理完成后,数据、程序空间均会被释放,数据得不到保存。

(2)存在程序概念,不存在文件概念。在数据处理的过程中,没有专门的数据管理软件,需要程序来实现其所需的数据,逻辑结构、物理结构、存取方法及输入方式等数据库设计都由程序实现,而不是靠文件实现,因此不同程序对应数据无法共享。

(3)数据与应用绑定。单组数据仅仅面向单个程序,若出现多个不同程序采用同组数据处理时,则需要针对多个程序重复构建一组数据,数据不能共享且大量冗余,数据不一致性风险增大。

#### 3.1.2.2 文件管理阶段

从50年代末到60年代中,计算机功能从单纯科学计算发展到可进行文档、工程管理等多种功能的阶段。随着存储体量较大的磁盘、磁鼓等硬件设备的出现,以及软件方面操作系统、高级语言的发展,专门管理数据的文件系统被开发出来,数据以文件的形式进行存储,批处理和联机处理方式被广泛使用。操作系统统一管理各项进程,作为操作系统组成部分的文件系统能够在磁盘上存储文件,组织关联相应数据。从此,数据组织关联步入新阶段,这一阶段数据组织关联的特点体现概括如下:

(1) 实现数据保存。由于磁盘等存储设备的出现,数据的相关处理,如查询、修改、添加、删除等能够在计算机中反复执行。

(2) 数据的文件系统管理。利用文件系统把各数据组织成文件,实现结构化的文件记录。通过文件系统提供的接口,应用程序可以完成数据访问。应用程序和数据独立开来,使得应用程序不需要考虑数据文件物理结构和操作。

(3) 数据孤立和冗余。一般情况下,文件系统中文件与应用程序一一对应,多个程序使用同一组数据时,各个程序中均需建立相同的数据文件,数据冗余大。由于数据重复存储,造成数据不一致,当文件逻辑结构发生改变时,所有的应用程序也必须进行相应的修改,反之亦然。因此,数据和程序之间仍缺乏相应独立性。

#### 3.1.2.3 数据库管理阶段

20世纪60年代后期,随着大容量磁盘的出现以及联机实时处理需求的暴增,文件系统组织关联数据的方式无法适应发展需要,于是一种结构化数据组织方式——数据库系统应运而生。这一阶段数据组织关联的特点概括如下:

(1) 数据结构化。文件系统管理阶段只考虑同一文件内的数据关系,文件间不存在相互联系,故无法保证文件参照完整性。而在数据库系统中,数据保存在二维表格中,数据结构和组织关系完整性依靠数据库系统保证。如图3-3所示,有俱乐部和学生两个记录,分别与学生入会登记记录有联系。由于记录之间具有共同的属性列字段,不需要像文件系统中通过程序约束,便能自动实现整体数据结构化。

图 3-3 数据库表设计图样例

（2）数据可共享。数据库系统是站在整体的角度对数据进行处理和描述，这种情况下，数据不再是仅面向某个应用，而是面向整个系统，系统中所有程序均适用，数据得以共享，从而减少了数据冗余度、节约了存储空间，避免数据出现不一致、不相容的问题。

（3）数据独立性。数据独立性包含数据物理独立性和数据逻辑独立性。物理层面的独立性是指应用程序与数据库中的数据相互独立。数据由数据库管理系统管理，与应用程序隔离，应用程序不随物理存储的改变而改变。数据逻辑独立性是指应用程序与数据库逻辑结构相互独立。应用程序不随数据逻辑结构的改变而改变。数据库管理系统经由应用程序与数据全局逻辑结构、数据存储结构之间的二级映像得到独立特征。

（4）数据库管理统一性。为保证数据安全性和完整性，数据库对操作合法性进行检查，自动检查数据一致性和相容性，提供并发访问、恢复功能等。

1970 年，IBM 公司的 E. F. Codd 在美国计算机学会会刊上发表了题为"*A Relational Model of Data for Shared Data Banks*"的论文，系统地提出了关系模型（二维表格模型）及关系间联系的实现，进而得到了关系型数据库。在关系型数据库中，数据组织模型由实体—关系图（Entity - Relation Diagram）建立，关联则通过设置主键实现。一直到 20 世纪 70 年代末，关系理论研究和系统研制才有突破性进展，其中 IBM 公司的 370 系列计算机最具代表性。1981 年，关系数据库实验系统 SystemR 的数据库管理系统 SQL/DS 面世，同期 Oracle 公司也发布第一款商用 SQL 关系数据库。此时，普遍应用的关系数据库包括 Sybase、Oracle、SQLServer 等。关系数据库使用由关系数据结构、操作集合、完整性约束构成的关系数据模型实现数据的组织处理。这一阶段数据组织关联的特点概括如下：

（1）直观易读。关系模型的二维表结构与逻辑世界的概念较为接近，因此比网状、层次等模型更容易被人们理解。

（2）方便操作。得益于 SQL 语言广泛的通用性,关系型数据库操作变得方便。

（3）维护简单。在实体、参照、用户定义完整性的作用下,关系型数据库中数据冗余、不一致的概率较低。

随着 Web2.0 时代的到来,数据快速处理和响应、超大规模数据分析的需求与日俱增,特别是随着大数据时代的到来,在一系列迫切需求的压力下 NoSQL(Not Only SQL)数据库应运而生。NoSQL 是非关系型数据库,它不确指某一种数据库,而是对非关系型数据库的一个统称。NoSQL 起源于 20 世纪 90 年代初 Berkeley 的原型系统,灵活、简单、稳定,以键值对形式组织成哈希数据库。NoSQL 数据库在四五年时间爆炸性地产生了 50～150 个新数据库,NoSQL 数据库包含四类:键值数据库、列族数据库、文档数据库和以 Neo4J 为代表的图数据库。NoSQL 不一定能满足 SQL 标准、ACID 属性(Atomicity、Consistency、Isolation、Durability)、表结构等关系型数据库的某些基本要求,但是具有灵活的水平扩展性,同时以键值对存储的形式能满足极高的读写要求,支持海量数据存储。图数据库在处理存储关系、关系分析方面的问题上最具优势,在处理关联关系的过程中可借助图论经典理论进行分析处理;同时,NoSQL 数据库支持 MapReduce 编程,可以较好地满足各种数据管理要求;此外,NoSQL 数据库还可以自由利用云计算基础设施,构建基于 NoSQL 的云数据库服务。

#### 3.1.2.4 数据仓库管理阶段

自 20 世纪 80 年代以来,各信息系统累积了越来越多的历史信息。面对飞速增长的各类数据,如何为用户同时提供当前和历史数据用以满足决策支持的问题一直困扰着人们,而数据仓库的出现有效地解决了这一难题。如图 3-4 所示,除数据之外,数据仓库主要由三层体系结构组成,其中底层是数据仓库服务器(通常是关系数据库),中间层是联机分析处理 OLAP 服务器,顶层是面向不同应用的前端工具。底层通过技术元数据和业务元数据来描述数据结构;中间的数据处理层则包括联机事务处理 OLTP 和联机分析处理 OLAP;应用层面主要是通过数据挖掘和分析,以多媒体形式表示决策结果。数据仓库在数据抽取、存储管理、数据表现、方法论等数据组织关联方面均具有良好的前景,其中:在数据抽取方面,将互联、转换、复制、调度、监控进行标准化管理,使系统易于维护;在存储管理方面,带有决策支持扩展功能的并行关系数据库将会在未来推出;在数据表现方面,数理统计与 Internet/Web 结合,推出终端免维护的访问前端,基于数据挖掘能够找出数据潜在联系。

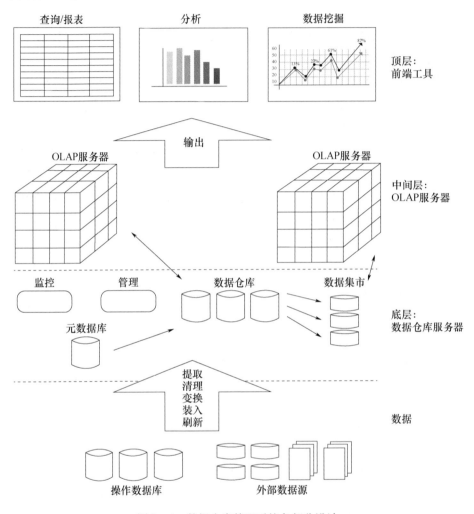

图 3-4 数据仓库管理系统各部分设计

数据仓库是以关系型数据库组织的,通过多维数据立方体进行关联,利用 ETL(Extract、Transform、Load) 技术支持管理者决策,其特点包括:

(1) 面向主题。数据仓库将某个主题的全部数据存放在同一个数据表中,决策者可以在数据仓库中的检索某个主题下的所有数据。

(2) 操作集成。数据库相互独立且异构,数据仓库中的数据可以对分散的数据库中的数据完成抽取、清理、净化、转换和装载等集成操作。

(3) 数据稳定。数据仓库的数据一旦加载,基本不再修改和删除,数据档案长期保存,因此数据仓库可视为虚拟的、只读的数据库系统。

(4) 长期发展。业务数据库通常面向某一时间段内的数据,而数据仓库包括过去到目前的所有信息,能够针对业务发展历程和趋势进行分析预测。

#### 3.1.2.5 知识图谱阶段

随着20世纪90年代互联网浪潮的兴起,Web内容的组织关联方式也发生了变化,由文档链接(Web of Document)转变为数据链接(Web of Data),并且越来越接近知识互联。知识互联是指基于语义结构的信息关联方式。推动这些变化发展的是三方面所造成的矛盾:不断增长的Web数据信息、多种多样的数据呈现渠道、受限的知识处理以及关联能力。为了解决上述问题,同时促进数据信息被机器处理与理解,近年来诸多学者进行了深入的研究,影响力较大的有2006年提出的语义网理论,以及2012年Google公司提出的知识图谱。知识图谱在语义网的基础上进行了改进,取其精华,去其糟粕,目前在学术界以及工业界应用广泛。百科知识图谱示意图如图3-5所示。

图3-5 百科知识图谱示意图

知识图谱实际上是一个语义知识库,它将真实世界中的实体、相关概念以及其间的语义关系组织关联在一起,从而形成一个巨大的关系网络,通过分布式集群和NoSQL数据库进行数据组织,利用图模型——一种基于图的数据结构建立数据关联,从而提供了从"关系"的角度去分析问题的能力。知识图谱是一张节点为概念或实体、边为二者关联关系的复杂图,节点通过属性进行描述,边则代表关系的有无以及关系种类,以符号的方式对真实世界进行描述。与传统Web数据处理不同,知识图谱中的基本单位是实体,包含实体的属性以及语义关系。这种结构使得知识能够被有效地组织,不再是离散的文本数据,而是凝结为与人类认知一致的事物、实体,使得计算机更易理解和利用此类知识,同时为构建大规模知识应用的知识库提供便捷。知识图谱属于人工智能的符号主义流派,可用于语义数据集成、互联网语义搜索、问答系统和基于知识的行业数据分析。因此,数据组织关联就是在多源、异构数据的基础上,构建多类别、动态、个性化的知识图谱。由于具备这些特点,知识图谱技术应用广泛,其作用由提升搜索系统效果、辅助查询理解与推理逐渐进行扩大与发展,到如今的智能问答、个性化推荐、数据分析等,知识图谱发展至今仍具有重大的研究意义和应用价值。知识图谱与数据组织关联示意图如图 3-6 所示。

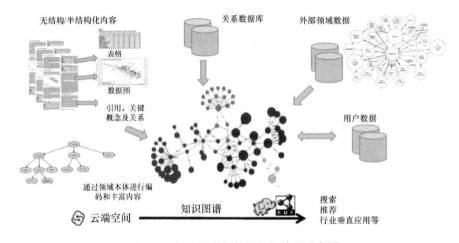

图 3-6　知识图谱与数据组织关联示意图

知识图谱根据涵盖知识内容,主要分为两类:通用知识图谱和特定领域知识图谱。

(1)通用知识图谱的目的是承载大量的知识,关注的是广度,因此对实体体量要求较高。完整且具有全局性的本体层统一管理难度较大,因此该类图谱常在准确度需求较低的搜索等相关业务中使用。如 Google 的知识图谱,在构建的过程中着重实体的建设,通常采用自底向上的方式来构建,因此具有全局性的概念层在统一建模和管理的过程中存在许多困难。目前 DBpedia、Freebase、YAGO 等通用知识图谱在 LOD(Linked Open Data)云中位居中心位置,如图 3-7 所示。DBpedia 项目中共含有 370 万实体和 4 亿左右的事实,这些以英文居多的结构化知识,均从拥有 111 个不同语言版本的维基百科中提取得到。在模式层,借助众包手段将维基百科中约 30 个不同语种的信息框数据与统一本体相对应。同时,数据与维基百科数据一致,保持实时更新。基于以上特点,DBpedia 发展成为最重要的数据互联中心,LOD 云中众多数据集均与其构建起语义链接。Freebase 借助图数据库存储知识同时给用户开放访问终端,使得用户能够对模式层进行适当修改,其数据来源广泛,包括维基百科以及其他语料库,因此覆盖性能优于 DBpedia。YAGO 是一个规模相对较小的本体库,其分类信息是在维基的基础上,结合 WordNet 推断得到的,目前的 YAGO2 版本已经能够将时空信息加入图谱的事实中。还有一些知识库的知识来源于整个 Web,例如 NELL( Never End Language Learning) 借助开源信息抽取技术,从 Web 数据中抽取出结构化知识;Probase 从网页中通过迭代技术提取出包含上下位关联的实体,同时建立起分类树。工业界也出现了大量跨领域的知识库,并且能够应用到现实生活中,例如谷歌的 Knowledge Vault 被用于提升其搜索引擎的性能;Wolfram Alpha 则能够辅助实现苹果公司的 Siri 智能语音控制功能;微软的 Satori 及 IBM 的 Watson 知识库也在其相应的业务中发挥着重要作用。

图 3-7　通用知识图谱示例

(2) 特定领域知识图谱主要针对具体领域,例如影视、金融等,旨在完备表示某一特定行业之中概念、实体及其属性和关联关系,着重关注领域内数据覆盖程度,凸显出所含知识的深度及其准确性与专业性。因此,特定领域知识图谱常用于辅助决策、数据深度挖掘等。视频行业领域,IMDB、LinkedMdb 影视行业知识库中的实体以及关系为全球的影视艺术家、影视节目以及制作过程等。学术领域,如 GoogleScholar 的数据库,截至 2014 年共包含约 1.6 亿篇文档,各类出版物数据均包含在内;CiteSeer 这一非盈利知识库,数据构成主要为计算机与信息科学领域的学术论文索引;DBLP 与前者异曲同工,在 LOD 云中这两个知识库均十分重要。地理信息领域,值得一提的是 Geonames 知识库,包含了所有国家将近 1100 万的地名数据且与 StatusNet 等社交知识库存在关联关系。语言学领域,WordNet 涵盖了同义词及词语上下位关系的英语语法本体库;BabelNet,一个多语言的词汇图谱,能够将维基的相关内容与 WordNet 进行关联。图 3-8 展示的是视频行业知识图谱。

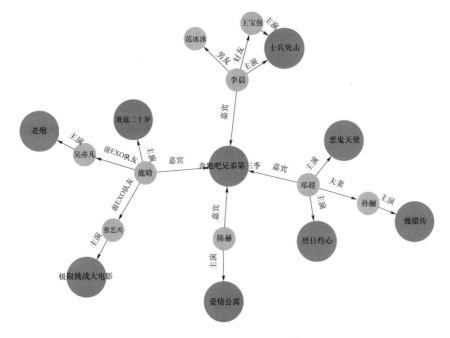

图 3-8 视频行业知识图谱

两类图谱的不同之处如下:

(1)特定领域知识图谱的准确性要求较高,常用于辅助决策以及复杂数据挖掘分析。通用知识图谱则追求广度。

(2)特定领域知识图谱的数据模式较为丰富,图谱中的实体属性比较多,丰富的数据模式便于保留其在行业中的意义。

(3)两类图谱构建方式不同。特定领域知识图谱以概念为先,该类图谱对准确度要求较高,所用的领域知识变化性不大,故先构建本体,再采用结构化数据库补充相关数据。通用知识图谱则以实例为先。

(4)构建的数据源不同。特定领域知识图谱的数据来源于关系数据库,由使用结构化数据向使用非结构化数据延伸。

(5)目标对象不同。通用知识图谱面向普通大众,查询需求多为联机事务处理过程(On-Line Transaction Processing,OLTP),如实体搜索;而特定领域知识图谱的对象为领域专业人员,因此除 OLTP 外还有 OLAP 查询的需求。

## 3.1.3 大数据组织关联的独特性

近二十年中,数据产生方式越来越多样化,其间关系也变得越来越复杂。与传统数据的组织关联相比,具有大量化、多样化、快速化、价值密度低等特征的大数据,在组织关联方面也呈现出大规模关联、交叉和融合局面,体现出四个方面的特性:

(1) 多元性。除去数据类型的丰富多样,多元性还表现在数据内容以及知识范畴方面,内容的"维度"逐步扩大,知识范畴的"粒度"也越来越广泛。

(2) 演化性。实体不同时间的某些属性不尽相同,当时间或者相关解释发生改变时数据也相应发生变化。因此,在建模演化行为时需要确保模型以及数据的合理性以及一致性,尽可能表现出现实数据原本特征。

(3) 真实性。知识理解的不确定性来源于实体的同名异义、异名同义。真实性起于演化性,同时印证了演化性,只有知识得到印证才能使演化更新以及知识融合更有意义。

(4) 普适性。该特征的发现得益于知识之间隐性关联的发现,相较于信息自身增长,该特征具备更加重要的价值。这是将大数据定位到知识层面的一个独特特征。

1970年关系模型首次被学者提出,发展至今,关系数据库在各种信息管理系统和商业支撑系统中得到广泛应用,已发展成为数据存储、数据查询的重要工具。从体系结构角度分析,关系数据库从集中式数据库、分布式数据库、并行数据库一路发展变化,存储容量大幅提升,由以前的吉字节级至目前的太字节级,同时查询响应时间大幅缩短,并发访问量也得以改进。目前,基于大规模并行处理(Massive Parallel Processing,MPP)架构的并行数据库系统数据处理量较之前大大增加,可达上百太字节。但是,网络传输和节点通信的负担限制了MPP的发展,将这种并行结构扩展应用到包含上千节点的集群上十分困难。建设成本高、扩展性能差,且数据总量呈指数形式飞速增长,种种问题使得关系数据库体系结构处理处在崩溃的边缘;在组织关联方面,大数据的挑战主要体现在数据清洗困难、数据标注复杂、数据组织多元、数据关联频繁等。大数据组织关联的独特性主要体现如下。

(1) 数据清洗:大数据面临的数据冗余、缺失、不一致、错误等问题更加严重。

(2) 数据标注:传统数据侧重数据聚合,数据价值密度高。而大数据强调语义理解和知识融合,数据量更大,但是价值密度低,需要更细致的标注以便于价值提取。

(3)数据组织:传统数据相对集中封闭,结构化为主。而大数据分散分布,类型多样,非结构化为主,特别是多维度、多粒度,导致大数据动态演化更为频繁。

(4)数据关联:传统数据关联对象通常存储于关系数据库系统,限于查询统计分析,底层仓库数据库服务器无法适应关联关系的复杂多样和频繁变化。大数据的关联对象是知识复合体。大数据强调数据的汇聚,但数据关系是隐含的,传统关联分析无法实现深层语义关联,亟需面向深层的挖掘分析。

### 3.1.4 大数据组织关联的基础流程

面对这些挑战,需要重新思考大数据组织关联方法。在预处理阶段,完成数据清洗和数据标注,利用面向大数据的组织关联方法,对大数据进行存储,构建知识图谱,完成价值挖掘。

#### 3.1.4.1 数据清洗

数据存在噪声污染、数据缺失和不一致等问题,数据清洗(Data Cleaning,Data Cleansing 或 Data Scrubbing)非常必要,对数据预处理来说这是不可缺少的一步。数据清洗类型通常包括:①针对图像/视频数据的清洗,此类数据通常受噪声污染严重,一般利用滤波方法及退化复原法(如维纳滤波、约束最小二乘滤波)完成去噪;②针对非图像/视频数据的清洗,该类数据通常受缺失值影响,需要采用人工填写、统计推测,以及回归分析等方法去噪。综合来看,数据清洗基本步骤包括缺失值清洗、格式内容清洗、逻辑错误清洗、非需求数据清洗、关联性验证,从而解决不一致性问题。其中主要步骤是缺失值处理和数据噪声去除。

**1. 缺失值处理**

在实际的数据中,由于样本采集中不规范操作、度量方法在描述特征时不完全合适等原因,可能导致数据中遗漏一个或多个值。忽视这些缺失值可能导致算法无法处理这类数据,触发异常,因此需要对缺失值进行处理。常用的缺失值处理方法有删除法、插补法两大类。

(1)删除法。这种方法相对原始,数据库中所有数据采用数据表的形式存储,只需要直接删除含有缺失值的行或者列,即可解决数据缺失问题。

(2)插补法。由于大型数据库属性较多,因一个缺失值而删除一条记录浪费较大。因此,常用插补方法填充缺失值,常用的插补方法如下:①均值插补。数据为数值型时,若存在一定规律,则用平均值插补缺失值;数据是非数值型时,用众数、分布值等插补缺失值。②回归插补。基于回归法的缺失值插补的统计误差小,填补后数据整体质量较优。③极大似然估计。当数据出现随机缺失时,通过计算数据的边际分布对未知参数进行预测计算,补充缺失值。④其他插补方法,如关联规则插补、最近邻插补法等。

不同清洗方法具有不同的优缺点。删除法虽简单,但会损失样本量,统计功效弱;相比删除法,插补法的信息丢失少很多。某些情况下,缺失值并不代表数据有误。例如数据库属性值允许为空值 NULL,在数据库输入设计阶段对空值进行处理或转换,就能提高数据质量。

**2. 数据噪声去除**

噪声数据产生于数据中的随机误差,因此数据的清洗处理包含对噪声数据的过滤。一般使用的噪声过滤法有回归法、平滑法及滤波法等。

(1)回归法。该方法使用函数拟合过滤噪声数据,对数据进行可视化处理,根据数据的变化趋势,通过回归方法进行去噪。

(2)平滑法。该方法使用相邻数据的均值来替换原始数据,例如对正弦时序特征数据,利用均值平滑法过滤,去噪效果显著。也可以用聚类簇来平滑,删除聚类簇之外的离群点。

(3)滤波法。常见的有小波去噪,将实际信号空间映射到小波函数空间,通过低通滤波,除去噪声数据。小波去噪是特征提取和低通滤波的综合,去噪后依然保留信号特征,最终得到重建信号。

#### 3.1.4.2 轨迹数据清洗

针对特定数据需要设计更为合理的数据清洗方法。以轨迹数据为例,该类数据清洗需要从轨迹中滤除噪点并进行插补。除了常见滤波器以外,可以利用卡尔曼滤波和粒子滤波器,还可以使用基于启发式的异常检测,从轨迹中直接去除噪声点。除此之外,其他主要数据清洗方法如下。

(1)停留点数据检测。

空间点在轨迹上并不是等重要的,在轨迹中停留点较其他空间点更有关注价值。停留点表示物体停留了一段时间的地点。如图 3-9(a)所示,轨迹中出现两类停留点。一类是单点位置 Stay Point 1,说明物体静止一段时间,比较少见。另一类是 Stay Point 2,此类停留点更为普遍,表示人们移动的地方,如图 3-9(b)和(c)。停留点检测算法首先检查定位点($p_5$)与其他临近点之间的距离并与给定阈值比较,之后测量定位点和阈值内最后一个后继点($p_8$)时间间隔,这样检测到停留点($p_5$,$p_6$,$p_7$ 和 $p_8$),之后从 $p_9$ 检测下一个停留点。后来人们基于密度聚类的思想改进了停留点检测算法:在使用 $p_5$ 作为定位点之后,进一步检查 $p_6$ 的后继点,如果从 $p_9$ 到 $p_6$ 的距离小于阈值,则 $p_9$ 为停留点。

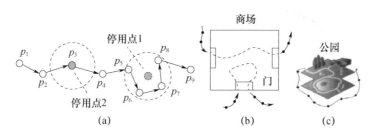

图 3-9　轨迹停用点检测示意图

(2) 轨迹数据压缩。

轨迹数据冗余较多,计算和数据存储的开销巨大,并且很多时候不需要精确的位置信息,因此可以在保证数据精度的前提下对轨迹数据进行压缩。轨迹数据压缩方法有两种:一种方法是线下压缩(即批处理模式),在轨迹生成后压缩轨迹的大小;另一种方法是在线压缩,在轨迹对象行进的过程中压缩轨迹。在线轨迹压缩将速度和方向视为关键因素,该项技术主要是为了满足轨迹数据及时传输的应用需要。轨迹数据压缩质量一般采用以下两个距离度量指标来衡量:垂直 Euclid 距离和时间同步 Euclid 距离。如图 3-10 所示,人们将具有 12 个点的轨迹压缩成三个点(即 $p_1$,$p_7$ 和 $p_{12}$)的表示,其中垂直 Euclid 距离度量 $p_i$ 线段连接长度总和。后一距离度量是在假设 $p_1$ 和 $p_7$ 之间行进速度恒定的前提下,通过时间间隔计算出每个原始点的投影,从而得到时间同步 Euclid 距离。

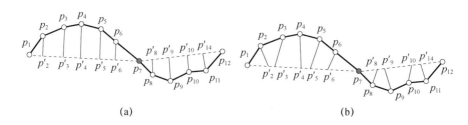

图 3-10　轨迹压缩示意图
(a) 垂直 Euclid 距离;(b) 时间同步 Euclid 距离。

(3) 轨迹数据分割。

轨迹聚类和分类往往需要先将一个个轨迹数据进行分割。分割不仅可以减少计算复杂度,还能够挖掘出更为丰富的知识,如子轨迹模式。一般来说,轨迹数据分割的方法有三类。第一类方法是基于时间间隔的分割,如图3-11(a)所示,如果两个连续采样点之间的时间间隔大于给定的阈值,则将轨迹在两点分为两部分。第二类方法是基于轨迹形状的分割,如图3-11(b)所示,通过转向点来划分轨迹,若转向点方向幅度变化大于方向阈值,则在转向点处将轨迹分为两个部分,或者使用线简化算法,如Douglas-Peucker算法,识别出轨迹形状关键点。第三种方法是基于语义的轨迹分割,将轨迹划分成不同运输模式部分,如乘车和步行。假设人们必须走过两种不同的交通模式,根据点的速度和加速度来区分轨迹中的步态点和非步行点。

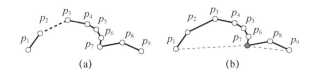

图3-11 轨迹分割示意图

(a)基于时间间隔;(b)基感动轨迹形状。

(4) 地图匹配。

地图匹配是将坐标数据转换为路段序列的过程,相比于单纯的坐标数据,车辆所在路段序列在交通评估、车辆导航、行驶路线规划及行进路径发现与监视等方面具有更大的使用价值。地图匹配通常基于附加信息或轨迹采样范围,并利用局部/增量或全局方法进行实现分类。局部/增量算法通过距离和方位相似度找到局部最优点,运行计算效率较高,主要在在线应用中使用,但是当轨迹采样率低时,其匹配精度较低;相比之下,全局算法则将整个轨迹与道路网络相匹配,匹配结果比局部方法更准确但效率低,通常应用于已经生成完整轨迹的离线任务中(如轨迹频繁模式的挖掘)。

综上所述,数据清洗除了考虑通用方法以外,还需要根据大数据本身的特点和类型设计特殊方法,如轨迹大数据的清洗,从而使得提取数据的质量得到保证。

### 3.1.4.3 数据标注

在数据组织关联过程中,如何准确表达数据特征信息,如何从海量的稀疏信息中准确、高效地提取高价值信息,是该过程的关键。大数据类型多样(文本、视频、图像等)且存在语义鸿沟,不利于数据组织和关联分析。数据标注主要解决采集数据的理解问题,通过数据标注提取数据语义从而实现降维分析。对于多源异构数据的标注,主要考虑6大关键要素:何人(Who)、何时(When)、何地(Where)、何因(Why)、何事(What)、如何(How)。常见的各类型数据标注方法如下。

**1. 图像/视频数据标注**

传统的图像/视频数据标注是由人工完成的,尽管对图像的理解与标注相对准确,但是标注依赖于手动设计特征,耗费大量人力、时间,且虚警率高,难以适用于海量数据的标注。随着人工智能的研究不断深入,在大数据环境下的图像/视频标注任务中,结合机器学习和深度学习的机器标注框架逐渐发展起来。此类标注框架通过计算机自动学习特征,减少了人为因素的影响,同时随着参考学习的样本数量增多,其标注精度也将越来越高。

图像/视频的自动标注实际上可视为图像分类问题,机器标注框架主要采用基于分类思想的方法完成该类数据的标注,具体方法详述如下。

(1) 经典分类标注方法。以多示例多标记标注法为例,该方法将图像特征与语义间进行一一对应,在标注时图像的不同区域分别对应不同的语义标注。多分类标注法借助多分类模型来提高标注的准确率。该方法将每个关键词视为一类,通过多示例学习方法来为每个类生成对应的条件密度函数,并建立图像与语义词之间的概率相关模型,最终给待标注图像赋予相关性概率最大的语义词,完成数据标注。

(2) 监督模型图像分类标注方法。有监督模型在训练学习的过程中需要大量的标注数据,经典方法有支持向量机方法、贝叶斯方法、k近邻方法、决策树方法等。2011年,深度生成模型充分利用深度学习的思想针对图像数据进行特征学习,促进了图像分类标注的进一步完善。分类标注主要分为两个阶段:标注模型训练阶段和图像数据标注阶段;如图3-12所示,在训练阶段中,首先构造图像训练数据集并通过分类器对训练数据进行分类,分类器在训练过程中迭代学习直至达到某个精度,完成分类器的参数训练;在标注阶段中,对待标注图像依次进行分割、去噪、特征向量提取等处理,接着采用训练好的分类器实现图像的自动分类标注。

(3) 半监督模型图像自动标注法。与监督机器学习方法不同,半监督的方法将已标注图像和未标注图像都加入机器学习过程中,此类方法在学习过程中可利用的图像信息更多,适用于图像总量大,而标注信息少的情形,在大数据环境下值得推广。面对网络平台图像数据的大量增长问题,Web2.0大规模的图像信息标注得到了学者的广泛关注,除了基于图学习的方法以外,其他半监督学习的方法也得到广泛关注,其中基于图拉普拉斯的半监督学习方法被深入研究,这一方法应用矩阵范数来选择稀疏矩阵和特征,获得数据中的关系特征,并使用标注图像与非标注图像数据来最优化目标函数,更适用于大规模图像标注。

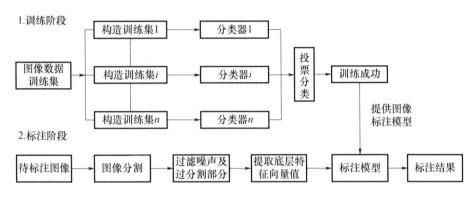

图 3-12　图像自动标注分类模型

综上所述,图像标注方法在一定程度上解决了语义鸿沟问题。多示例多标记法花费大量人力物力,标注成本高。相关模型图像标注法为无监督的方法,大大降低人力成本,但是图像特征与语义间存在依赖关系,并非完全独立,使得联合概率结果欠佳。基于半监督模型的图像标注法,使用标注数据以及未标注数据进行训练学习,与监督学习模型相比,后者在训练的过程中增加了参与学习数据体量,更适用于大数据环境下的标注任务。但是高层语义与底层视觉特征之间存在语义差异,图像区域分类的语义映射机制往往需要人机交互,计算机等在构建蕴含语义以及图像特征的模型方面依旧存在不少的问题与挑战。因此,图像自动标注方法依然具有很大的研究意义与价值。

**2. 文本标注**

大数据组织关联的核心问题之一是实体识别与链接,海量的非结构化文本中包含大量实体,但非结构化数据中存在信息稀疏、噪声大、用语不规范等一系列问题,给数据的组织关联带来不小的挑战。面对不断增长的非结构化文本数据,继续采用人工提取信息的方式是不现实的,因此需要考虑自动标注方法实现信息抽取,即自动地从非结构化文本中识别出具有特定类别的实体,并在知识库的候选实体集中找到所对应的实体完成实体的歧义消解,进而完成事件要素的提取。大数据文本标注包括实体识别、实体链接和事件抽取。

（1）实体识别。实体识别旨在从非结构化的文本中识别出具有特定类别的实体，如人名、地名、组织机构名等。在自然语言处理任务中，实体识别一般被视为序列标注任务。传统的实体识别方法主要有三大类：基于规则的方法、基于统计的方法（如使用隐马尔可夫模型、条件随机场等）以及基于词典的方法，其中基于词典的方法常常与基于统计、基于规则的方法联合使用。随着深度学习的飞速发展，循环神经网络被广泛应用在序列问题中。

（2）实体链接。命名实体歧义是指同一个实体指称项在不同上下文环境中对应不同真实世界的实体。在信息处理领域，信息检索和抽取、知识工程等任务都离不开实体消歧系统的强有力支撑。实体链接是解决命名实体歧义问题的一种重要方法，该方法通过将具有歧义的实体指称项链接到给定的知识库中从而实现实体歧义的消除，核心问题是实体指称项与候选实体之间语义相似度的计算。

（3）事件抽取。事件抽取是建立事件关键要素（时间、地点、人物、组织、事件触发词等）之间的关系，从而形成一个完整的事件。事件抽取任务包含两部分抽取：元事件抽取、主题事件抽取。元事件常常被动词、表示动作的名词或者其他词性的词（事件、地点、任务等）触发；主题事件是一类中心事件同时包括和中心事件相关的事件和活动，主题事件也可以由元事件片段组成。事件抽取包括事件的检测和类型识别，事件类别识别通常为触发词类别识别，事件根据触发词类别进行分类，同时事件抽取中还包含事件元素的抽取（事件分类和打标签，确定角色）。

事件抽取方法包括模式匹配和机器学习两大类。模式匹配方法的核心是抽取模式的构建。起初，模式通过手工方法来建立，需要用户具有较高的技能水平，该方法在特定领域内能取得较高的表现性能，但移植性比较差。现在为了方便快捷，一般采用机器学习的方法自动抽取相关要素。机器学习将事件抽取问题转化为句子文本的分类问题，应用统计类算法如隐马尔可夫模型或条件随机场模型等得出事件句的模式特征，实现事件抽取。在实际应用中，把整个事件抽取任务分成三个子任务：触发词检测、角色分配、事件共指，每个子任务采用独立的分类器，包括最大熵、支持向量机等。传统分类器和跨文本、跨句子事件抽取方法采用传统链式结构，这一结构将会带来层叠错误。采用马尔可夫随机场方法可以逻辑有效地避免层叠错误，如图3-13所示，特别是在跨文本、跨句子事件抽取过程中，基于马尔可夫逻辑把所有的要素关联到一个整体的网络中,并进行统一的学习和推导,从而有效地避免了层叠错误,也在整体流程中加入了跨文本、跨句子的全局特征,改善了事件提取的效果。

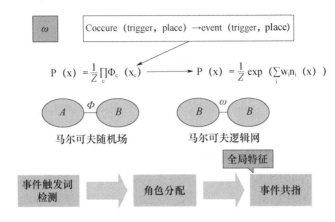

图 3-13 基于马尔可夫模型的事件抽取

**3. 结构化数据标注**

语义 Web 以资源描述框架(Resource Description Framework,RDF)为数据模型,现有的工具如 VirtuosoRDFviews、D2RQ、vltrawrap、Triplify、RDB2OWL 和 OntoAccess 等可将结构化数据映射为 RDF,但这些工具使用自定义语言,不利于映射标准化。因此,W3C 工作组在 2012 年 9 月推出了映射语言 R2RML 推荐标准,R2RML 用于表达从 RDB 到 RDF 数据集的定制映射语言:给定一个 R2RML 映射,能够产生并支持访问一个 RDF 数据集,其中 R2RML 映射算法是核心。R2RML 有三种访问方式:①导库方式,将映射输出的 RDF 数据集实例化为一个文件;②查询访问方式,为 RDB 提供一个虚拟的 SPARQL 查询接口;③实体层访问方式,通过浏览器或爬虫客户端实现 HTTP GET 访问。

R2RML 映射涉及一个从关系数据库检索数据的逻辑表,行表示一个实体,列表示实体属性,数据库中的每个逻辑表经由三元组转换为 RDF。具体来说,逻辑表中每一行数据都被映射为许多个由实体、属性、值构成的 RDF 三元组。逻辑表能够作为关系数据库的一个基表、视图、SQL 查询等,这里则为 R2RML 视图。在默认情况下 RDF 三元组将形成 RDF 数据集的一组默认图,也可以通过图映射机制将某些 RDF 三元组放入一个命名图。一个结构化数据的关系数据库中全部 R2RML 映射构成了一个映射文档,通常采用 UTF-8 编码格式,以 Turtle 语法格式书写,扩展名为.ttl。这种标准化映射优点在于:当 Web 应用底层数据从轻量级 RDB 迁移到另一个重量级 RDB 时,RDB 向 RDF 的映射不必重新定义;对于管理系统而言,基于R2RML的映射允许底层RDBMS随意改变,以简化多数据库源访问的应用开发问题。

D2R同样为映射工具,能够将关系数据库与语义网进行关联,把关系数据库中的内容扩展成为全球范围内均可使用的关联数据。D2R包含三个部分,分别为D2RServer、D2RQEngine以及D2RQMapping语言。其中,D2R Server能够使得RDF、Html浏览器与数据库关联,通过使用SPARQL语言实现数据库的查询访问;D2RQ Engine则为Jena插件,该部分将使用D2RQ Mapping编写完成的映射文件转换为SQL查询,查询完成后,该插件再将查询结果转换成虚拟的RDF;D2RQ Mapping为D2R的映射语言,是描述关系数据模式与RDF词汇表之间关系的语言,同时也是一种声明性语言,从构成上看,则是由Turtle格式构成的RDF文档。D2RQ Mapping定义了一个虚拟的RDF图,在D2R中能够通过SPARQL、LINKED DATA SERVER、JENA API等进行访问。

综上所述,针对结构化数据标注,通常利用R2RML和D2R工具来实现。

### 3.1.4.4 数据组织

数据组织以一定的规则和方式对大数据进行存储、归并、处理,随着知识图谱的广泛运用,数据组织的内涵更加丰富。其中,数据归并包括模式/本体构建、模式/本体对齐、实体/属性对齐。本体是针对特定领域中的概念的描述,本体的引入是为了解决语义歧义问题和词汇异构问题,本体对齐的引入主要是为了解决本体不一致问题;实体/属性对齐则主要是为了解决跨越模式的元素之间的一致性问题,其主要利用的信息有属性类型、名称、属性之间的邻接关系寻找对应关系、值相似性等。面对大数据存储问题,传统的关系数据库已经满足不了需求,NoSQL数据库应运而生,不断变化更新。同时,数据处理方法逐渐衍生出倒排索引、空间索引等,以满足不同类型的大数据处理需要。

**1. 数据归并**

(1) 本体构建

本体定义了数据关联中的数据模式,能在很大程度上辅助海量、复杂关联关系的构建。本体包括概念、概念层次、属性、属性值类型、关系、关系定义域概念集以及关系值域概念集。本体对齐技术是语义技术中十分重要的一类,这一技术的目的是挖掘异构数据源在概念、实体、属性层面上的对应关系。概念、实体、属性均为语义知识库中的关键要素,但三者又各有特点,三者差异性驱动了对应具体技术的发展,如实体对齐、属性对齐。图3-14是本体关系展示,紫色表示概念(如运动员、游泳运动员、游泳等),蓝色表示实体(如孙杨、宁泽涛)。孙杨、宁泽涛是概念"游泳运动员"的实体,概念定义了所属实例的属性及类型。本体中与概念相关的有两类关系,Subclassof 表示父子概念关系,Instanceof 表示概念和实体的所属关系。

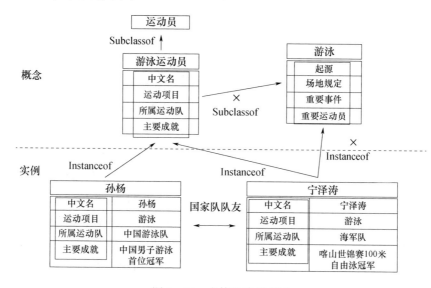

图 3-14　本体构建示意图

（2）实体对齐

实体对齐起源于数据库领域的记录链接任务,实体链接任务是对记录链接任务基础之上的改进。实体对齐旨在判断现实世界中的同一对象不同是否为不同数据源中的两个实体。为获取更多知识,需把来自垂直网站或者多个百科的数据进行融合操作,为保证融合后知识的一致性,有必要对实体对齐这一关键技术进行更深层次的研究。跨百科知识库的实体对齐中,困难之处在于实体名称的多义性和变异性。变异性是指同一实体存在多种表述的现象,如图 3-15 所示,知识库中名称分别为"萨德"和"末段高空区域防御",实际上指向同一个实体。

图 3-15　实体对齐示意图

现有实体对齐模型可大致分为基于概率的模型、基于推理的模型、基于学习的模型以及基于图的模型。下面将介绍四种模型的主要思想以及相应代表性工作。

① 基于概率的模型。为解决重复记录检测问题,可以考虑贝叶斯推理方法,但此方法缺乏比较完整的统计学理论基础。后来的学者改进了这个问题,利用概率论和统计学的原理得到概率后,通过阈值的设置来识别重复记录,直接影响最终的效果。另外,Paris 方法同以概率论为基础,在不需要任何训练和参数设置的情形下,实现了类别、实体和关系的整体对齐,取得了良好效果。

② 基于推理的模型。此类模型适用于规范的语义知识库,其输入数据采用本体语言,如 RDF、OWL(Web Ontology Language)等编写,因此方法可直接使用 Owl:DifferentFrom、Owl:SameAs、Owl:DisjointWith 等链接与约束,经推理后寻找数据之间存在的等同关系。例如 KnoFuss 在对 OWL 知识库数据层融合时,利用了 Owl:DifferentFrom 和 Owl:SameAs 对共指项进行甄别,并结合多个单一方法,还借鉴了类别层次关系选取,最终完成冲突检测、不一致性消解以及同一实体识别等知识融合任务。CODI 在知识库匹配的过程中,使用了术语结构,基于马尔可夫逻辑的句法和语义将对齐问题转化为优化问题。由于推理方法建立在规范的本体上,因而其结果的准确性较好,但会遗漏某些可能的同义链接,在模式信息不完整的知识库上的表现可能并不理想。

③ 基于学习的模型。在这种模型中,实体对齐通常被建模为一个聚类或分类问题,对来自不同领域的数据有很好的适应性。监督学习针对 LOD 场景中缺少先验匹配数据的问题,提出了一种独立于模式层的相似性度量方法,利用迁移学习方法学习 LOD 外部数据源之间的 Owl:sameas 关系来降低算法对训练数据的依赖性。在实体对齐任务中引入主动学习,基于查询的策略从未标记数据中选择信息增益高的候选实体对,只需标注少量的数据,便能实现显著的效果改善。利用遗传算法从标记实体对中生成匹配决策规则这一方法采用无监督学习确定多个相似函数的权重系数,采用遗传算法确定参数。基于学习的方法具有良好的迁移能力,但通常依赖于大量数据的标注,因此需要改进才能更好地处理跨百科知识库实体对齐的问题。

④ 基于图的模型。在知识图谱和开放链数据中,实体间存在语义关联。一般来说,如果两个实体可以对齐,它们的相邻实体可能具有更高的语义相关性,并且这种相似性可以通过关联关系扩展到更多的实体。在该算法中,实体间相似度在迭代中不断变化,直至最终收敛。相似泛洪(Similarity Flooding,SF)算法

是一种典型的图匹配算法,它通过构造感应传播图和成对连通图并计算不动点来更新相似度。当有大量的实体需要对齐时,相似泛洪(SF)算法中的成对连通图会迅速扩大,因此可以预先过滤出同义概率较低的实体对,从而可将该算法运用在具有一定规模的真实数据集上。与 SF 算法相似,可通过优化节点特征、边特征和约束特征组成的目标函数,引入链接因子图,实现跨语言实体对齐。有学者在音乐数据集链接中考虑了实体邻域,与 SF 相比,该方法中节点相似性优先级最高,更适用于数据结构特征较弱但相似性度量有效的场景。另外,一些针对应用场景规模较大的方法仍然遵循图的基本思想,但是弱化了图的构造,更加注重实现迭代过程。例如,利用实体属性相似性与实体关系图中的结构信息,采用局部贪婪搜索进行迭代优化。在迭代框架中,实体匹配采用了三种策略。其中:前两种策略采用"留一宾语匹配"和基于属性的唯一索引的方法来寻找同一实体,来实现独立于实体之间相似度的冷启动;第三种策略考虑相似度得分,每次迭代只选择一个得分最高的实体对。在每次迭代中,只匹配了一部分实体,算法的效率因此相对较高。在该方法中,基于属性的唯一索引策略更进一步降低了算法时间消耗。基于图的算法依赖于实体间的关联性且无需引入训练数据,更适合于关联精确、丰富的数据集。

(3) 属性对齐

属性对齐属于模式匹配或本体对齐的范畴。在大数据环境下链接不同知识库的过程中,需要对异构数据源间的概念、实体、属性等知识进行对齐与融合,以提高知识图谱的数据质量和一致性,增强知识库之间的互联互通。其中,属性对齐旨在识别来自单一或多数据源的属性之间存在的对应关系,其结果将直接影响图谱中事实三元组的质量,以及实体对齐、语义检索等的效果。然而,与中文实体和概念对齐相比,相关工作中专门关注中文属性对齐的较少,例如文献在构建影视知识图谱时提及该任务,但只是利用人工构建的同义属性词典完成对齐。更传统的研究中,属性对齐作为数据库模式匹配的一部分,通常依赖模式中的约束、属性数据类型等信息,但这些信息在原始数据源(如中文百科)以及部分开放中文知识库中不存在或不完整,导致传统模式匹配方法难以直接应用于开放互联场景下的中文属性对齐任务。即使在英文中,属性对齐任务也较概念与实体的对齐更有挑战性,其原因在于:属性名称富于变化,同义与多义情况更普遍;属性名的字面含义与实际使用中的意义可能不一致;属性的结构信息非常缺乏。已有研究证明,数据驱动的方法可以在一定程度上解决上述问题,且效果相对较好。然而,很多方法只关注同义属性的识别,较少考虑其他关系(如包含关系),忽略这些关系会影响同义属性识别的准确率且无法全面地描述属性间的语义关系。

多数的方法将属性视作本体的部分进行对齐。这些研究中使用的匹配方式包含:基于术语的匹配,主要考虑属性标签、URI、描述等文本信息之间的相似度;基于结构的匹配,计算本体中两个属性的层次结构和关系的相似度;基于语义的匹配,使用语义在本体结构中模糊推理;基于扩展的匹配,它使用构成一个元素的所有数据,如概念之下的所有实体,或包含在实体中的属性,或由属性修饰的实体,对应的属性值都是对应元素的扩展。因此,这种方法也称为数据驱动方法或基于实例的方法。但是,由于属性、概念和实体之间存在着明显的差异,如属性标签更加灵活、属性结构信息匮乏并且在实际数据中很难得到一个好的本体,因此前三种方法效果并不理想。相反,数据驱动方法更适合于解决属性的对齐问题。数据驱动方法识别同一属性的基本思想是:①计算两个属性扩展的重叠度;②选择最佳分割阈值,将重叠度大于阈值的属性对判为同一属性。具体来说,不同数据源之间的实体公共引用关系(Entity Common Reference Relationship,ECR)用于确定扩展中的重叠元素,只可对齐对象类型的属性。为了考虑对象类型属性的同时也考虑值类型的属性,一些方法没有使用基于ECR的直接匹配,而是在扩展中计算属性值的相似度,得到属性对在聚合以后的相似度。前人指出属性的意义可能取决于它们所属的类别,属性对齐应该在特定划分的上下文中进行,这无疑将带来大量的阈值选择工作。但是,该方法注重同一数据源的内部对齐,利用属性值是否完全匹配来度量属性的相似性,不适合于规范化程度较低的原始数据。除了同义词,属性之间的上下关系也导致了多个简单属性对应一个复杂属性的情况。

根据所依赖信息的不同,传统的模式匹配和属性对齐方法可分为如下几种:①基于术语的方法。根据属性的名称、URI、描述信息等的相似性判断属性是否同义。②基于约束和结构的方法。利用属性的数据类型、约束信息,或属性与概念以及其他属性间的关系进行对齐。③基于语义的方法。借助本体描述语言中的信息进行语义推理确定对应关系。④数据驱动的方法。利用属性的扩展数据,即包含属性的三元组中的实体及属性值的信息,因此又称为基于扩展的方法或基于实例的方法。根据分析可知,数据驱动方法在属性对齐任务中效果较好,故下面将重点介绍此类方法。这类方法采用两阶段方法以识别属性间的一对多复杂匹配,但该方法只能处理数值型属性。借助实体间的共指链接关系实现对象型属性的对齐,通过计算属性对的匹配次数与共现次数之比,识别出统计意义上等同的属性。计算属性函数的相似性,实现对上述两类属性的对齐。计算属性三元组之间的重叠以识别 LOD 数据集中的同义属性,同时还包括属性对齐的无监督框架。此外,还有学者进行了跨语言的维基百科信息框属性对齐,对搜索引擎返回的知识卡片中的属性进行融合,以及提出一种识别属性间包含关系的方法实现对齐。属性对齐建立在两个数据集间存在相同实体(如图 3-16 中的两个"李娜")的基础之上,对齐过程中使用了属性的数据类型信息。图 3-16 中举例说明了两个任务的目标及相互关系。

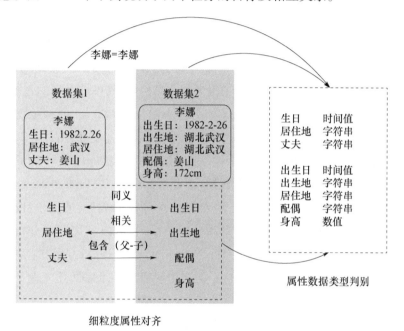

图 3-16　属性对齐与数据类型判别间的关系

### 2. 数据存储

自 20 世纪 70 年代以来,关系型数据库(Relational DataBase Management System,RDBMS)就一直是数据主要存储方式库,主流的关系型数据库包含 Oracle、MySQL、SQLServer 等,大部分关系数据库都有四性:原子性(Atomicity)、隔离性(Isolation)、一致性(Consistency)、持久性(Durability),关系型数据库中事务(Session)机制确保数据库的操作一致性。然而,Web 2.0 时代后,数据库事务的重要性下滑,原因是实时性不高,多表连接操作不常见。快速的数据处理和响应以及大规模的数据分析成为迫切需要。传统的关系数据库产生大量亟待解决的问题,如可用性和可扩展性、海量数据的存储和访问、并发读写等。随着大数据时代帷幕开启,NoSQL 的非关系数据库应运而生。非关系型数据库源于 20 世纪 90 年代初期的 Berkeley 原型架构,Berkeley 数据库从本质而言,是一个以键值对形式组织的 Hash 数据库,具有设计灵活、简单、稳定、性能高等特点。2007 年,Google 发布了 BigTable 报告,提出了一个列存储模型来组织列中的数据。同年,亚马逊也发布了 Dynamo 这个高效键值对存储基础组件。在短短的四五年里,NoSQL 数据库已经产生了 50 ~ 150 个新数据库。

NoSQL 数据库通常分为四类:键值数据库、文档数据库、列族数据库和图数据库,各类数据库特点如表 3 - 1 所列。键值数据库只能按键查询数据,但由于其良好的可扩展性和灵活性,在大量的写操作中具有很高的性能,能满足极高的读写要求,使得这类数据库占据了很大的市场份额,其中最常用的包括Redis、Riak、SimpleDB 等。文档数据库以文档为最小单位存储数据,并根据键定位文档,也可以看作是键值数据库的派生,适合海量存储,其主要产品有 CouchDB、mongodb 等。而列族数据库一般采用由多行组成的列数据模型,不同的行包含不同数量的列族,按行键定位每行数据,主要产品包括 BigTable、HBase、Cassandra 等。图数据库建立在图论基础上,处理相关度高的数据,适用于社交网络、GIS 等领域,图数据库适于存储关系和分析关系,它可以利用图论分析数据关系,主要产品包括 Neo4J、MongoDB 等。NoSQL 在大数据分析方面有着独特的优势,如易扩展、高可用、高性能等,不需要像关系型数据库那样预先设计数据库表结构,支持多源异构数据格式的动态存储。

表 3 - 1　不同类型数据库特点

| 类型 | 部分代表 | 特点 |
| --- | --- | --- |
| 列存储 | Hbase,Cassandra,Hypertable | 顾名思义,是按列存储数据的。最大的特点是方便存储结构化和半结构化数据,方便做数据压缩,对针对某一列或某几列的查询有非常大的 IO 优势 |
| 文档存储 | MongoDB,CouchDB | 文档存储一般用类似 json 的格式存储,存储的内容是文档型的。这样也就有机会对某些字段建立索引,实现关系数据库的某些功能 |
| 键值对存储 | TokyoCabinet/Tyrant,BerkeleyDB,MemcacheDB,Redis | 可以通过 key 快速查询到其 value。一般来说,存储不管 value 的格式,照单全收(Redis 包含了其他功能) |
| 图存储 | Neo4J,FlockDB | 图形关系的最佳存储。使用传统关系数据库来解决的话性能低下,而且设计使用不方便 |

NoSQL 数据库拥有 BASE 的特性,即基本可用(Basically Available)、软状态(Soft – state)和最终一致性(Eventual)。基本可用性是指当系统的部分出现问题时,整个系统仍然可以正常使用;软状态是指允许状态有一定的滞后;最终一致性是指一段时间后的后续访问操作必须能够读取更新的数据。它所采用的数据模型是类似键/值、列族、文档等非关系型模型,水平扩展灵活,支持海量数据存储,可以充分利用云计算基础设施,构建基于 NoSQL 的云数据库服务。同时,NoSQL 数据库支持 MapReduce 风格的编程,具有易扩展、高性能、数据模型灵活、高可用等特点,可以较好地应用于大数据时代的各种数据管理,解决了关系型数据库在高并发读写、高效率存储、高扩展访问等方面的瓶颈。

**3. 数据处理**

数据处理过程主要基于搜索引擎的构建实现数据索引、检索、查找,其中的核心部分之一是索引这种数据结构,常见搜索引擎都是基于倒排索引。倒排索引被用来存储某个单词在文档中的存储位置的映射,由两个主要部分构成:词典(Dictionary)和倒排表(Postinglist)。词典是给定字段在一个文档集合中出现的所有词汇所组成的有序列表,每个词都有一个包含该词的文档列表对应,该列表称为词的倒排表记录。词典和倒排表都是映射表,词典将词汇映射到一组能够唯一标识某个词的自然序数上,索引按照字母顺序排列。一旦知道了一个词的序数,就可以根据这个序数在倒排表中找到包含该词的所有文档。例如人们要找图 3 – 17 中两句话中的关键词"谷歌",首先在词典里找到"谷歌",知道它的对应序数是 1,然后在倒排表里找到 1 对应的记录,例子中是 1 和 2,可以看出文档 1 和 2 分别包含了关键词"谷歌"。

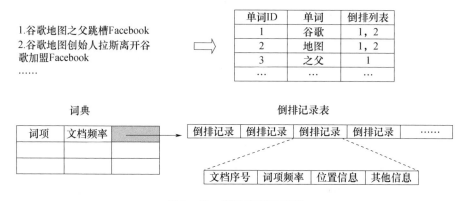

图 3 – 17　倒排索引示意图

### 3.1.4.5 数据关联

数据关联是基于一定规则和模式(如时空、属性、事件、频繁模式、相关性和因果性等)建立不同数据对象之间的关联关系。关联关系采用资源描述框架(RDF)语义关系三元组形式表示。

**1. 关联分析**

关联分析用于查找存在于项目集合或对象集合之间的频繁模式、关联、相关性或因果结构,常见数据关联分析方法包括 Apriori 算法和 FP – growth 算法。

(1) Apriori 算法。1994 年 Rakesh 等首次提出了挖掘关联规则的经典算法 Apriori 算法,该算法通过多次扫描数据库发现数据间关联规则。传统布尔关联规则挖掘频繁项集时,利用了产生—测试策略,但是候选产生代价高。Apriori 算法采用迭代方式逐层搜索,从而实现关联规则挖掘的目的。由于事务数据库中任何频繁项集的子集是频繁项集,而任何弱项集的超集也是弱项集,因此在迭代中使用 K 项集搜索(K + 1)项集。通过对事务数据库的多次扫描,获得合格的频繁项集,如图 3 – 18 所示。近年来为了满足大数据研究的需要,独立于 Apriori 算法的新的关联规则算法被提出,如 Partition 算法、DHP 算法、DIC 算法、Sampling 算法等。

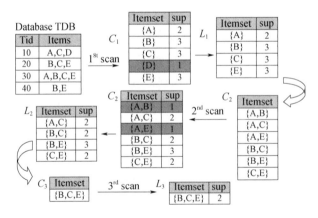

图 3 – 18 Apriori 算法示意图

(2) FP – growth 算法。FP – growth 基于 Apriori 算法,但采用了更高级的数据结构以减少数据库遍历次数,极大提升了算法效率。FP – growth 算法分治策略为:用一棵频繁模式树(FP – tree)压缩提供频繁项集的数据库,项集关联信息仍然保留。FP – tree 是一种特殊的前缀树,如图 3 – 19 所示,由项前缀树和频繁项头表构成。在 FP 树构建时,需要两次扫描原始数据,统计所有元素项出现次数,去掉小于最小支持度的元素项;而对频繁元素,则读取每个项集,并将其添加至一条已有路径中,如果不存在该路径,则创建一条新路径。从 FP-tree 中获取条件模式基,利用条件模式基,构建一棵条件 FP-tree;重复上述步骤,树包含一个元素项为停止条件。条件模式基是指以所查找元素项为结尾的路径集合,每一条路径均为一条前缀路径。

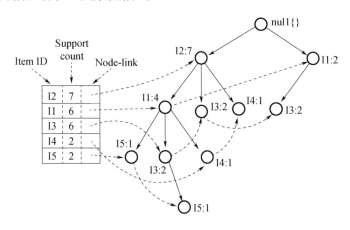

图 3-19　FP-growth 算法示意图

上述关联挖掘算法可以概括为两步:①找出频繁项集;②由频繁项集生成强关联规则。FP-growth 算法只需要对数据库进行两次扫描,不会像 Apriori 算法那样产生烦琐的候选项集,而 Apriori 算法对于每个潜在频繁项集都扫描,因此 FP-growth 算法比 Apriori 算法快。但这并不代表算法满足大数据挖掘的需求。针对 FP-growth 算法,后续研究提出了很多改良的算法,如 TreeProject、FP-tree算法等。图 3-20 是易到用车通过挖掘一个月以来的用户行程数据,得到的行程聚合图,圆圈大小代表用户使用频繁地点,线段粗细表示行程重复程度。

**2. 关系抽取**

关系抽取的主要任务为从自由文本中抽取实体及其关系。20 世纪 80 年代,美国政府提出了 TIPSTER 文本计划,关系抽取技术开始走向了迅速发展的时期,此时期涌现了大量的国际性测评会议,如 MUC、TREC、MET 等。为了满足不断增长的需求,2000 年起 NIST 组织了 ACE(Automatic Content Extraction)测评会议,旨在定义一种通用的信息抽取标准,不再限定领域和场景,而是从语义的角度制定一套更为系统化的信息抽取框架,这个框架将信息抽取归结建立在一定本体论基础上的实体、关系、事件的抽取,从而适用于更广泛的领域和不同类型的文本。2009年开始,KBP(Knowledge Base Population)成为TAC(Text Analysis Conference)的一项子任务,针对实体连接和属性抽取等任务进行评测。关系抽取技术对构建图谱的规模和质量起着决定性的作用,是进行数据组织关联的核心环节。关系抽取是信息抽取重要的子任务,关系抽取决定了构建图谱中关联关系的规模和质量。目前关系抽取的方法主要包括:

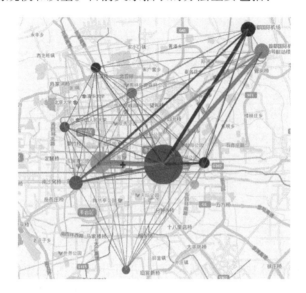

图3-20　易到用车挖掘的一个月以来的用户行程数据图

1)基于模式匹配的关系抽取

通过应用语言知识,在抽取任务执行之前,构造并存储一些基于语词、词性或语义的模式。在执行关系抽取任务时,预处理的片段语句将和模式集合内的模式进行匹配。一旦匹配成功,就可以认为语句片段具有相应模式的关系属性。在基于Muc-6的FASTUS抽取系统中,通过引入宏的概念,以可扩展的通用方式表达了各种领域依赖规则。用户只需修改相应宏中的参数设置,即可快速配置特定领域任务的关系模式规则。

2)基于机器学习的方法

机器学习的方法可分为有监督学习、半监督学习和无监督学习。这些方法实质上是将关系抽取视作一个分类问题,通过特定的学习算法构造一个分类器,然后将其应用到领域语料关系的分类过程中。

(1)监督关系提取。监督学习方法是文本实体关系挖掘领域的主流方法,主要思路是利用人工标注的关系数据集比较待处理文本中每个实体对与数据集的相似度,然后利用分类器将实体对划分到相应的关系类别,以实现关系挖掘。监督学习做关系分类时,考虑的特征包括:实体间的依赖路径、环境词(Context Word)+词性标注、实体间距离、命名实体标注等。研究人员多使用句法语义特征,如实体标识、实体类型、实体间的词序、句法分析树等特征来构建分类器。另外,基于核函数的方法也获得了较优秀的效果,基于核函数的方法首先用核函数计算出实体关系间的相似度,然后根据计算结果执行分类。在中文处理上,学者提出一种中文语义序列核函数,利用语义序列核函数计算实体关系间的相似程度。利用 KNN 算法,根据前述相似度结果,可对关系进行分类。随着深度学习技术的发展,实体关系抽取方法中也出现了基于深度学习技术的工作,如利用 RNN 进行实体关系抽取。利用 CNN 提取词汇和句子级别的特征,加入实体间的位置特征,均取得了良好的效果。

监督学习方法虽是目前该领域内的主要方法,但体系结构设计就决定了其存在以下不足。首先,大量训练集才能覆盖所有实体关系;其次,该方法无法发现新的关系类型,训练集需要重新标注以扩充。监督学习只能针对训练集中标注的关系类型,泛化能力差,产生标准训练集的代价很高。

(2)半监督学习关系抽取。半监督学习主要思想是利用预先定义的一些关系和实例作为种子,利用种子模式/关系,不断迭代发现新的关系和模式,如图 3-21 所示。通过机器学习,人们不仅可以找到实体关系,还可以找到一些新的关系种子,然后迭代找到更多的关系实例。人们使用指定关系的种子来查找具有种子的所有网页,并分析种子所在页上下文中实体对的共存情况,以查找指定关系的新实例。利用英语语法分析的种子,通过学习规则可以确定各种实体关系的语法结构。利用学习规则计算与有待处理文本的匹配度,以确定关系和扩展关系的语法结构。基于 Bootstrapping 方法,在使用种子句型模板和种子词的基础上,利用聚类思想计算文本与模板、词与种子词之间的相似度,不仅可以找到这种关系的实例,而且可以在一定范围内扩展新的关系。半监督学习方法解决了监督学习方法中的问题,但关系的发现依赖于特定关系的种子,种子的自扩展范围有限,且难以选择关键的初始种子。

图 3-21 半监督关系抽取流程图

（3）远程监督关系抽取。随着各类结构化知识库的出现,研究人员考虑能否利用知识库中已知的实体关系数据对文本数据进行标注从而取得训练集,利用存在知识库+无标记文本生成训练例子,并在此基础上用监督学习方法来进行关系抽取,如图3-22所示。远距离监督学习方法首次在关系抽取中使用,认为若句子中出现的两个实体在知识库中存在着某种关系,则句子中的实体满足这种关系。通过这种方式,利用知识库中的实体关系生成标注数据集,以解决标注数据难以获取的问题。针对实际问题还有多种补充改进的方法,如在此基础上考虑多实例问题,考虑实体间可能存在多个关系的情况等。

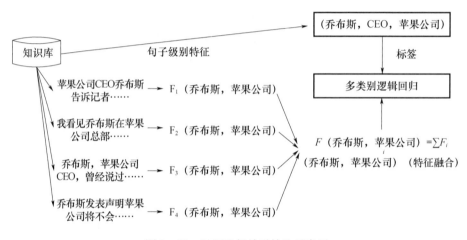

图3-22 远程监督关系抽取示意图

总体来说,实体关系挖掘研究在近些年来进步取得了大批研究成果,但仍旧是不成熟的研究方向,关系挖掘的准确性和覆盖面积仍有待提高。其中,基于有监督的学习方法关系挖掘结果相对较好。而距离监督方法地出现,在利用监督学习方法的基础上,有效解决了标注数据不足的问题,使基于机器学习的实体关系抽取真正可以用于网络中海量数据的处理。远程监督学习可以扩展到Web上的关系抽取,可推广到不同的领域,但生成的训练样例噪声大,也不能生成负例。

**3. 关系推断**

关系推断发现隐含知识,实现知识的扩充和补全,主要是在已有的知识图谱内部进行推理,并挖掘文本中未能抽取出的、可能隐含在实体之间的关系,从而对知识图谱进行补全,形成更为完善的图谱。此外,关联预测的结果还可以辅助实体关系抽取任务,提升实体关系抽取的准确性,如将实体关联预测与实体关系抽取的结果进行融合来构建 Google 的大规模知识库 Knowledge Vault。关系推断包含两种情形:①已知一实体和一关系,推断另一实体;②已知两实体,预测两实体间关系。根据图特征模型,相似的实体很可能相关,相邻的节点或具有相连路径的节点可能相似。实体相似度的度量方法主要分为三种:局部相似度;全局相似度;拟局部相似度。全局相似度考虑了路径中的所有实体,预测性能优于局部相似度,但计算代价较高。局部相似度的计算只依赖于所涉及实体的相邻实体,不能模拟大规模的依赖关系。准局部相似法通过路径实体的相似性和有限长度的随机游动来平衡预测经度和计算复杂度。其他方法还有路径排序算法和提取逻辑规则。嵌入表示是把实体和关系表示为低维向量,关系类型定义为实体间的算子,实现实体关系的计算表示。目前实体关联推断方法如图 3-23 所示:基于图特征模型的方法容易解释,但难以利用全局特征;基于潜在特征模型的方法容易利用全局特征,但参数数目较多;基于混合特征模型的方法结合了图特征模型与潜在特征模型,其模型复杂度较高。

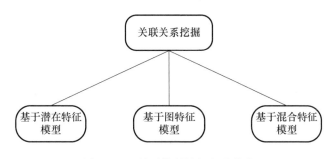

图 3-23 关系推断挖掘方法分类

（1）嵌入表示模型方法（基于潜在特征的方法）。如图 3-24 所示,该方法将知识图谱中的实体和实体间的关系嵌入低维向量空间中,关系类型定义为算子。例如,将知识图谱中的每对实体映射为向量,将实体间的每类关系映射为两个矩阵,通过关系两侧的实体向量分别于关系矩阵的左右两矩阵相乘,取其结果的差的一阶范数衡量关系的可信度。训练时图谱中存在的关系可信度最高,可得到高质量的实体和关系嵌入结果。该方法存在着训练参数过多、训练过程较复杂等问题。于是 TransE 方法被设计并提出,该方法将关系映射为与实体维数相同的向量,认为关系三元组中左侧实体向量与关系向量的和应等于右侧实体向量。这种方式极大程度上减轻了嵌入过程中的计算量,但其预测准确性却有了提升。然而 TransE 中并未考虑一对多的关系,后来有人分别使用了超平面和转移矩阵的方式对 TransE 进行了提升。此外,N 张量分解的方法也被引入知识图谱的关联关系预测中,命名为 RESCAL 方法。该方法使用张量模型表示图谱中存在的实体间的多对多关系,并使用张量分解来获取实体和关系的潜入表示。在 RESCAL 的基础上引入实体的类型限制,能够提升 RESCAL 的预测准确率。通过神经张量网络(Neural Tensor Network,NTN)来进行实体和关系嵌入研究也能够取得不错的效果。

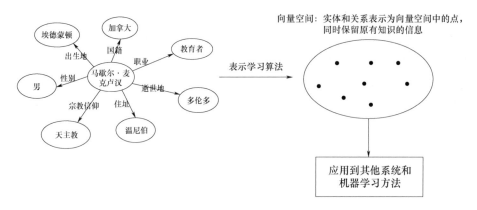

图 3-24 嵌入表示模型方法

(2)基于图特征的方法。知识图谱可以视为一个由实体及其关系组成的复杂网络,实体为网络中的节点,关系为网络中的边。因此,可以利用知识图谱的图结构特性,使用基于图论的方法,如公共邻居及各类索引方法,来预测知识图谱内部实体间隐藏的关系。例如,AMIE 等逻辑推理系统均被用于从知识图谱中获取推理规则,并进行实体关系的推理。AMIE 可以支持知识图谱的开世界假设,即将图谱中不存在的链接视为未知链接而非不存在链接,较适合在知识图谱中的应用。路径排序方法(Path Ranking Algorithm,PRA)针对随机漫游算法的不足进行了改进,该方法首先寻找两实体间的路径集合生成特征矩阵,然后利用随机漫游中各个边的出现概率为这些边赋予权重,最后用这些特征构造分类器实现实体关联关系的预测。图特征模型基于图结构衡量实体相似性,具有直观、高效、方便的优点。

(3)基于混合特征的方法。基于图特征的方法和基于潜在特征模型的方法分别关注知识图谱中的不同侧重点,可以混合使用两种特征来进行关联关系预测。Nickel 等在理论层面进行了分析,认为基于潜在特征的方法难以较好处理有大量强关联关系的图谱,而基于图特征模型的方法则可以较好处理这类关系,并提出了 ARE(Additive Relational Effects)算法,将 RECAL 方法与 PRA 算法进行了合并,训练时轮流训练 RECAL 与 PRA 中的参数,并通过赋予两种方法不同的权重使 RESCAL 只需建模 PRA 算法中观测不到的部分,最终使关联关系预测的准确率有所提高。也有学者使用不同的潜在特征建模方法与基于邻居节点的图特征进行联合建模。

此外,关系推理的另一方面是实体关系的演化,这表现在集群随时间的变化。该方法首先建立记录的软聚类,即在确定每条记录应该属于哪个聚类之前,多个聚类可包含同一条记录,然后在软聚类的基础上,收集证据对聚类进行迭代和细化。然而,现实中并没有演化的证据,所以有两阶段的聚类方法。第一阶段,假设记录是静态的,根据属性值的相似性对实体分组进行静态匹配,为第二阶段的演化决策收集证据。第二阶段,考虑时间的维度,从初始组开始合并聚类,组合条件是一个实体从一个集群中的一个状态演化到另一个集群中的一个状态。该方法在不考虑演化的情况下记录匹配阶段,在聚类决策中采用这种决策,既省时又不影响匹配精度。

综上所述,上述三种方法各有优势,其中:基于潜在特征的方法可以建模全局特征,总体上的准确率较高,对实体间的强关系建模效果较差;基于图特征的方法可以利用知识图谱的语义网络特征进行推理,有效得出实体间存在的强关系,如 $A$ 与 $B$ 婚姻关系可以推出 $B$ 与 $A$ 的婚姻关系,但该方法难以对大规模图谱的全局特征进行建模;而基于混合特征的方法融合了图特征和潜在特征,吸取了两者的优点,但基于混合特征的方法存在模型复杂、参数过多、训练难度较大等问题。

### 3.1.4.6 图数据库

由于大数据和关联关系类型多样、关联置信度不同、关联关系频繁变化,关系数据库不适合存储关联关系,不能很好地支持多层复杂查询,响应时间过于缓慢,而图数据库的特点恰好填补了这一劣势。作为一种 NoSQL,图形数据库长期以来仅限于实验室学术研究。它利用图的边和顶点来表示要素间的关系。图形数据库以图论为基础,图形存储以数据关联为中心。利用无索引邻接等方法,可以灵活地扩展复杂关联查询的性能,实现关系推理与发现,描述并存储图中节点之间的关系。目前,国内外基于图论的数据挖掘工作主要分为 5 个方面:图匹配、图分类、频繁子图挖掘、关键词查询和图聚类。图形数据库可有效存储、管理和更新数据及其内部关系,能够高效率执行多层复杂操作。在关联关系分析方法中,不同于传统关系型数据库,图形数据库可以看作是一种无模式的数据组织模式,而无须预先建立数据库表结构,属性的类型和数量也相对灵活,易于扩展,适合用于管理动态开发和变更数据。人们使用图形数据库将图形数据存储在 RDF 三元组中,其中属性图的顶点和边是实体,顶点和边具有自定义属性。同时,它可以对多变量、深度相关的数据集进行快速的查询和分析,用户体验更加直观。因此理论上,对于当今数据来源多样、关系复杂及结构化与非结构化并存的数据信息,图数据库基于图模型存储关联数据,扩展灵活,可大幅提升数据关联性能。下面以 ER 模型和图模型分析彼此的优缺点。

ER 模型与图模型表达关联关系,ER 模型中关系是隐含的,关系通过表连接方式体现,如图 3-25 所示。例如,Q:空天院中关村园区位于哪个国家? Select County From Institution, City, Inst_City Where Institution Name ="空天院中关村园区"and Institution. ID = Inst_ID and City. ID = City_ID。业务关系变化时,需要重新设计库表结构,开销较大。

ER模型

机构表(Institution)

| ID | InstitutionName |
|---|---|
| AIRCAS | 空天院中关村园区 |

ER模型中的关系是隐含的,关系是通过表连接方式体现

地区表(District)

| ID | DistristName |
|---|---|
| HD | 海淀区 |

城市表(City)

| ID | CityName | Country |
|---|---|---|
| BJ | 北京 | 中国 |

Selected Country
From Institution, City, Inst_city
Where Institution Name = "空天院中关村园区" and Insititution.ID = Inst_ID and City.ID = City_ID

机构_城市表(Inst_City)

| Inst_ID | City_ID |
|---|---|
| AIRCAS | BJ |

业务关系变化时,开销较大

地区_城市表(Dist_City)

| Dist_ID | City_ID |
|---|---|
| HD | BJ |

图 3-25 ER 模型的关系表达图

图存储以数据关联为中心,通过免索引邻接等方法大幅提升复杂关联查询的性能,扩展灵活,实现关系推理和关系发现。图模型中关系是明确的,"位于"关系满足传递性,如图 3-26 所示。当新增节点关系时,图模型则非常灵活适应业务关系变化。

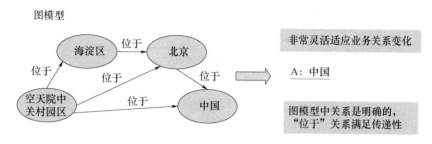

图 3-26　图模型的关系表达图

Neo4J 是一个高性能的图数据库，目前已经受到广泛欢迎，如图 3-27 所示。传统关系型数据库频繁查询产生大量的表连接，导致查询响应较慢。图形数据库 Neo4J 使用灵活的图模型，无固定的模式且易扩展到多台服务器上，更善于处理大量复杂、低结构化且互连接的数据，更适合存储半结构化或非结构化的数据，适用于构建关系图谱的系统。同时，Neo4J 以去中心的方式分布存储，以 Zookeeper 管理负载均衡，根据节点容量自动选择主节点，以集群计算有效处理大数据之间的关联。Neo4J 有两种使用模式：嵌入式数据库模式和服务器模式。作为一个嵌入式数据库，Neo4J 将组织的数据保存到本地存储，而不需要任何额外的开销管理；作为一个单独的服务器模式，Neo4J 易于配置集群来处理数据之间的关系。Neo4J 提供了一个广泛使用的 rest 接口，可以通过 API 直接与模型交互访问并操作数据库。Neo4J 具有以下四个特点：

（1）Neo4J 具有真正的 ACID 事务处理能力与模式，强制所有数据更改必须在一个事务中完成，以确保数据的一致性。

（2）Neo4J 具有高可用性。文档图形存储可以很容易地迁移到任何应用程序。属性图在规模和复杂度上易于扩展，对性能影响不大。

（3）Neo4J 可扩展至数千亿节点与关系。一个服务器实例即可处理非常复杂的节点和关系图形，处理能力可以达到数千亿，而不需要额外的开销。Neo4J 可以检索到 10 亿规模的数据，读取速度比传统的关系数据库快得多。随着数据规模的增大，此设计极大提高了系统的性能。

（4）Neo4J 具有高速查询能力。它可以每秒遍历数百万个步骤，类似于 RDBMS 中表之间的连接操作。例如，在计算最短路径时，当数据量较小时，Neo4J 的遍历速度相当于 MySQL 的遍历速度。随着数据量的增加，Neo4J 的处理效率远远高于 MySQL。

24 systems in ranking, April 2017

| Rank | | | DBMS | Database Model | Score | | |
|---|---|---|---|---|---|---|---|
| Apr 2017 | Mar 2017 | Apr 2016 | | | Apr 2017 | Mar 2017 | Apr 2016 |
| 1. | 1. | 1. | Neo4j | Graph DBMS | 34.91 | +0.59 | +3.00 |
| 2. | 2. | 2. | OrientDB | Multi-model | 5.44 | +0.10 | -0.87 |
| 3. | 3. | 3. | Titan | Graph DBMS | 4.63 | -0.24 | -0.48 |
| 4. | 4. | ↑5. | ArangoDB | Multi-model | 2.61 | +0.23 | +1.10 |
| 5. | 5. | ↓4. | Virtuoso | Multi-model | 1.87 | -0.11 | -0.53 |
| 6. | 6. | 6. | Giraph | Graph DBMS | 1.02 | -0.04 | +0.17 |
| 7. | 7. | ↑8. | AllegroGraph | Multi-model | 0.49 | +0.01 | -0.09 |
| 8. | 8. | ↑19. | GraphDB | Multi-model | 0.42 | +0.02 | +0.36 |
| 9. | 9. | ↓7. | Stardog | Multi-model | 0.41 | +0.03 | -0.17 |
| 10. | 10. | ↓9. | Sqrrl | Multi-model | 0.39 | +0.06 | +0.09 |
| 11. | 11. | ↓10. | InfiniteGraph | Graph DBMS | 0.23 | +0.01 | +0.00 |
| 12. | 12. | | Dgraph | Graph DBMS | 0.22 | +0.01 | |
| 13. | 13. | ↑18. | Blazegraph | Multi-model | 0.20 | +0.03 | +0.13 |
| 14. | 14. | ↑15. | FlockDB | Graph DBMS | 0.13 | +0.01 | -0.01 |
| 15. | ↑16. | | Graph Engine | Multi-model | 0.12 | +0.03 | |
| 16. | ↓15. | ↑17. | InfoGrid | Graph DBMS | 0.12 | +0.01 | -0.01 |
| 17. | 17. | ↓13. | HyperGraphDB | Graph DBMS | 0.10 | +0.01 | -0.05 |
| 18. | 18. | ↓12. | VelocityDB | Multi-model | 0.08 | +0.01 | -0.10 |
| 19. | 19. | ↓14. | GlobalsDB | Multi-model | 0.06 | -0.01 | -0.09 |
| 20. | ↑21. | 20. | GraphBase | Graph DBMS | 0.04 | +0.04 | +0.01 |
| 21. | ↓20. | ↓11. | Sparksee | Graph DBMS | 0.03 | -0.03 | -0.14 |
| 22. | 22. | | AgensGraph | Multi-model | 0.00 | ±0.00 | |

图 3－27　常用的图数据库热度排行

## 3.2　地理空间大数据组织和关联

随着互联网技术的飞速发展，各类数据以指数形式飞速增长，传统的数据组织关联手段已不能满足各种任务的需求。面对具有 4V 特征的大数据，NoSQL 数据库在数据存储中发挥着越来越重要的作用。数据组织的内涵也随着知识图谱技术的成熟逐渐丰富起来。

### 3.2.1　地理空间大数据组织管理框架

在大数据组织关联基础上，地理空间大数据组织管理需要针对海量多源的地理空间数据，面向统一的时空框架，挖掘海量、多源地理空间大数据的组织模式及内在关联关系，进行海量数据的组织关联，实现海量数据的长期有效积累，提升信息的应用价值。

随着航天技术、通信技术和信息技术的飞速发展，地理空间数据的获取方式越来越多，为充分利用这些数据，就需要对数据进行有效的组织关联并开展深入的分析与理解。根据数据的特征,要充分利用数据就必须解决多源、异构、多尺度、多时相的数据之间的共享利用问题。然而,现实中常常由于时间基准和空间基准的不统一导致这些海量数据无法充分利用,严重限制了资源的有效利用。时间基准不一致问题的存在,是因为同一空间区域内不同传感器或者不同主题的数据获取时间可能不一致,在进行数据判别时,数据不能简单地来处理,必须将时间不一致的空间数据变换到统一的时间基准之下,才能进行数据的处理运算。空间基准不一致问题的存在,是因为空间数据存在多种比例尺、多种空间参考和多种投影类型的数据,这些数据的组织和利用方式都不相同。同时,不同的应用需求对数据的参考坐标和投影类型也有相应的要求,使得这些数据的解译基准不一致。

统一的时空基准是有效处理利用遥感数据的前提。统一时空基准,可以提供一个高效、一致的时间空间定位基准,实现多源、多尺度、多时相数据的无缝连接和整合,保证地理空间数据的一致性、兼容性和共享性,大大提高了数据的使用效率,是地理信息系统数据质量、数据共享、数据使用的基础。如果不存在统一的时空基准,那么数据的质量就无法得到保证,数据的共享和应用也就无法进行。

(1)统一时间基准。时间基准是为了解决不同数据时间不一致的问题,使不同的时间统一到一个基准下,这样数据的时间属性才是有效的、可共享的,且是有价值的。

统一的时间基准首先需要定义一个标准时间,任何其他时间都能有效、准确地与标准时间相互转换。通常系统采用一个授时中心,保证一个基准时间,基准时间应该是有效的、可适应的。然后通过授时中心向各个传感器授时,各个传感器根据基准时间和自己时间进行比对调整,使得不同传感器的时间得到同步。通过这种授时中心授时、其他终端守时的方式实现时间的同步。同时,为了提高时间同步的可靠性,可以提高通信频率或其他方式来保证时间的一致。通过统一的时间基准,多源异构的空间数据在时间维度上才是一致的、有意义的,使得不同的空间数据可以综合在一起进行使用,大大提高了数据的使用效率。

作为物理量中最基本的一个元素,时间具有相当广泛的应用范围,其单位也是国际单位制中的基本单位。"秒"是时间的国际单位,时间在初始阶段就根据"自然现象"定义和复现,这在7个基本单位之中是唯一的。现代航天应用范围相当广泛,甚至包括全球和深空,无法由一台设备完成测控任务,必须要有多台设备和系统,包括天基的系统共同完成测控任务。若要保证所有参试设备能够协调工作,获取准确可靠的数据信息和资料,则要求有一个统一的时间参考系。另外,因为航天器的速度很快,要有高精度时间信号和信息才能对其进行测控。因此,时间统一系统的理念被提出,时间统一系统是指提供标准时间信号和标准频率信号的一整套电子设备,简称为"时统"。目前世界上常用的时间基准主要有世界时(UT)、国际原子时(TAI)以及协调世界时(UTC)等。

(2) 统一空间基准。统一空间基准是为了统一多源异构的空间数据,主要考虑不同数据空间信息的转换与统一,与地理空间坐标系统密切相关。地理空间坐标系用于度量空间位置,是确定空间位置、空间距离、空间方位、空间关系等信息必备的工具。统一空间基准的构建需要考虑地理空间坐标系统选取以及地图投影选取问题。

地理空间下的数据,最重要的是具有时空属性。本质上,地理空间大数据是大数据投影到地理空间(域)下进行表达,因此,地理空间大数据的组织关联整体上仍然沿用大数据组织关联框架。地理空间大数据的组织关联框架也包括数据预处理(数据清洗、数据标注)、数据组织和数据关联三个阶段。

### 3.2.2 地理空间坐标系统和投影方式

坐标系统是刻画物质存在的空间位置(坐标)的参照系,通过定义特定基准及其参数形式来实现。地理坐标系为球面坐标,参考平面是椭球面。投影坐标系为平面坐标,参考平面是水平面。投影可以视为将地理坐标转换为投影坐标的过程,也就是将不规则的地球曲面转换为平面。

#### 3.2.2.1 地理空间坐标系统

为解决地球表面上的定位问题,需建立球面坐标系统,这是与人类的生产活动、科学研究和国防事业等紧密相连的重要问题。由于地球是一个自然表面极其复杂与不规则的椭球体,因此大地坐标系就是一个以椭球面为基准面而构建的坐标系。其中,用大地经度、大地纬度和大地高度来表示地面点的位置。大地坐标系的确立包括选择一个椭球、对椭球进行定位和确定大地起算数据。当前我国惯用的大地地理坐标系统有:北京54坐标系、西安80坐标系、WGS84坐标系和CGCS2000坐标系等。

(1) 北京54坐标系。

新中国成立后的很长一段时期,我国都采用1954年北京坐标系统,其关联于苏联1942年构建的以普尔科夫天文台为原点的大地坐标系统,克拉索夫斯基椭球为其对应的椭球。我国在 20 世纪 80 年代初已大致完成了天文大地测量,经过计算证明,北京 54 坐标系普遍比我国的大地水准面低,平均误差大约是 29m。

(2) 西安 80 坐标系。

1980 年国家大地坐标系将 1975 年国际大地测量与地球物理联合会第十六届大会推荐的数据作为其地球椭球基本参数。该坐标系的大地原点设在中国中部的陕西省泾阳县永乐镇,其位于西安市西北方向,距西安市约 60km,故简称西安大地原点,称该坐标系为西安 80 坐标系。基准面采用青岛大港验潮站 1952 年—1979 年确定的黄海平均海水面(即 1985 国家高程基准)。

(3) WGS84 坐标系。

WGS84 坐标系是一种国际上采用的地心坐标系。坐标原点为地球质心,其地心空间直角坐标系的 $Z$ 轴指向国际时间局(BIH)1984.0 定义的协议地极(CTP)方向,$X$ 轴指向 BIH1984.0 的协议子午面和 CTP 赤道的交点,$Y$ 轴与 $Z$ 轴、$X$ 轴垂直构成右手坐标系,称为 1984 年世界大地坐标系。这是一个国际协议地球参考系统(ITRS),是目前国际上统一采用的大地坐标系,目前 GPS 系统就是采用该坐标系。

(4) CGCS2000 坐标系。

(中国)2000 国家大地坐标系的缩写为 CGCS2000,该坐标系是通过中国 GPS 连续运行基准站、空间大地控制网以及天文大地网与空间地网联合平差构建的地心大地坐标系统。2000(中国)国家大地坐标系基准为 ITRF97 参考框架,该参考框架历元为 2000.0。

#### 3.2.2.2 地理空间投影方式

经过一定的数学法则,可将大地坐标系坐标转换成平面直角坐标系,该平面坐标系称为投影坐标系,变换数学法则称为地图投影。地球椭球表面是一种不可能展开的曲面,若要把该曲面表现到平面上,则会出现裂隙或褶皱的情况。为了避免这种情况,可以在投影面运用经纬线的"拉伸"或"压缩"(通过数学手段),以便产生一幅完整的地图,但一定程度的变形是不可避免的。

地图投影的变形通常有:长度变形、面积变形和角度变形。在实际应用中,根据使用地图的目的,限定某种变形,如图 3-28 所示。

按投影变形性质,地图投影可分为 3 类:等角投影、等积投影和任意投影。地图投影的选择涉及地图内容、地图用途、使用方式和比例尺等因素。因此,不同地域位置或大小、不同地图类型、不同地图比例尺会使用不同的投影方法。

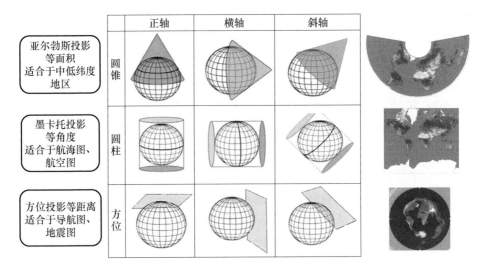

图 3-28 地理空间投影方式

（1）等角投影。等角投影是指在一定范围内，投影面上任何点上一对微分线段构成的角度在投影前后维持不变的一类投影，也是角度（方位）和形状保持正确的投影，也称为正形投影。该投影不存在角度变形，但有较大的面积变形，主要借助增大面积变形而达到维持角度不变的目的，投影的经线和纬线成90°正交。图上任何两个方向的夹角都与实际相应的角度相等。等角投影的不足之处在于面积变形比其他投影大，只有在小面积内可维持形状与实际相似。采用等角投影编制的地图有航海图、航空图、洋流图、风向图、气象图及军用地图等。

（2）等积投影。地球面上的图形在投影前后有相同的面积，这种投影称为等面积投影。在等面积投影地图中，其角度变形较大，该投影主要用于需进行面积量算、面积对比的各类自然和社会经济地图。

（3）任意投影。任意投影是指角度变形、面积变形和长度变形同时存在，既不等角又不等积的一种投影。这种投影图虽然各方面都有变形，但是它的面积、角度等误差都较小，主要用在应用区域变形不大，适合于绘制各种无特殊要求的地图上，如教学地图。等距离投影（标准线上距离不变）属于任意投影中一种较为特殊的投影。

按照投影面类型，投影方式也可划分为：

（1）横圆柱投影，即投影面为横圆柱；

（2）圆锥投影，即投影面为圆锥；

(3）方位投影，即投影面为平面，其中比较常见的是等距投影，它是在某些特定方向上没有长度变形，适合于导航图和地震图。

从投影面与地球位置关系划分为：

（1）正轴投影，即投影面中心轴与地轴相互重合；

（2）斜轴投影，即投影面中心轴与地轴斜向相交；

（3）横轴投影，即投影面中心轴与地轴相互垂直；

（4）相切投影，即投影面与椭球体相切；

（5）相割投影，即投影面与椭球体相割。

#### 3.2.2.3 地理空间统一时空框架

地理空间大数据包括基础大数据和承载大数据。其中，与通用大数据不同，基础大数据具有时空属性，但具有不同的坐标系统和投影方式。同样地，承载大数据也具有不同的时空描述。因此，如何对地理空间数据进行统一的表达描述，是在数据预处理阶段需面临的首要问题。

针对该问题，在数据预处理阶段，将具有不同时间标准、坐标系统、投影方式的地理空间数据，转移到统一的时空坐标系下，建立一个地理空间的时空统一框架十分必要，如图3－29所示。

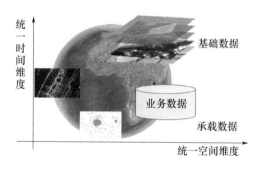

图3－29　地理空间大数据组织关联框架

针对地理空间数据具有不同的坐标系统、投影方式等问题，将其转换到统一的时空坐标系，建立统一的时空位置映射和距离度量，构建统一的地理时空框架。在该时空框架下，进行数据的清洗与转换，为后续数据标注、数据组织和关联建立基础。

（1）对于正射影像、数字高程、全景图、地名等强时空约束的数据，需要经过投影变换、坐标变换等时空映射技术将其投影到统一时空框架体系。

（2）对于标绘数据、文本数据、多媒体数据等弱时空约束数据，需要采用时空信息提取和挖掘技术获得其时空信息,并通过时空关联技术将其关联到统一时空框架体系。

### 3.2.3 地理空间大数据标注

基础大数据是与地理位置和自然形态强相关的各类数据;承载大数据是地理空间所承载的相关业务及应用数据。基础大数据具有直观的时空属性;承载大数据具有隐含时空属性,并且数据类型多样,数据特点不同。针对不同类型数据,如何提取时空属性及其他信息,是地理空间大数据亟待解决的重要问题。下面根据两类数据的不同特点,分别介绍相应的数据标注内容及相关方法。

#### 3.2.3.1 基础大数据标注

地理空间的基础大数据主要包括基础地图、地形数据、地貌数据、场数据等,具体内容如下:

(1) 基础地图,包括卫星或航拍获取并处理得到的影像数据,以及矢量地图栅格化得到的地图数据等。

(2) 地形数据,用于描述地表形态信息,常用的地形表达模型包括数字地面模型 DTM 和数字高程模型 DEM 等。

(3) 地貌数据,用于描述地形之上的自然形态,主要包括城市内大规模三维建筑、树木、森林等要素。

(4) 场数据,是指向量场的每个采样点处的数据是一个向量,在地理空间中经常被用来进行气象预报、海洋大气建模、电磁场分析等。

基础大数据的数据量很大,但更新频率相对较低,是地理空间可视化的基础要素信息,需要分级分片管理和加载显示。通过利用相关的遥感和 GIS 技术,能够从基础数据中获取分级数、分片号、数据时间、传感器、地理坐标系、地理范围、经纬度信息等,如图 3-30 所示。

#### 3.2.3.2 承载大数据标注

地理空间的承载大数据主要包括影像产品、文本数据、流数据、结构化业务数据、图像/音视频数据等,具体内容如下:

(1) 影像产品,是卫星或航拍获取,经过处理加工后得到的产品数据。影像产品类型主要包括可见光、SAR、红外、高光谱等。

(2) 文本数据,是地理空间环境下非常重要的一类数据源,主要包括新闻、邮件、评论、报告、百科知识等。

第3章 地理空间大数据组织关联

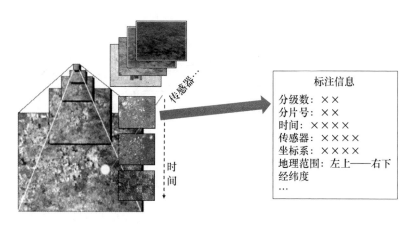

图 3-30 基础数据标注内容

（3）流数据，是地理空间环境下采集的与一个或多个移动目标运动过程相关的数据信息，包括采样点位置、采样时间、速度等。

（4）结构化业务数据，是地理空间相关的业务数据，表现为二维表的形式。

（5）图像/音视频数据，主要包括目标图片、音视频等资料信息。

面向地理空间的承载大数据的具体标注内容和相关方法分别介绍如下：

（1）遥感图像。通过利用遥感图像处理和深度学习等技术，能够对遥感图像中的目标和地物进行分析识别，获取的可标注信息主要包括目标类型、目标型号、地理位置、地理范围、拍摄时间、传感器类型、卫星平台、目标状态等。

（2）流数据。流数据主要包括地理空间下的轨迹数据，通过信号识别技术，能够获取轨迹流数据的一些基本信息，如目标信息、坐标、时间、所处的地理区域等。通过对轨迹行为模式的进一步分析（轨迹聚类、轨迹联动模式、轨迹频繁模式等），发现高层的语义信息，如相关事件（停留、经过、巡航）、与其他目标间的关系（编队、跟踪）等。

（3）文字数据。针对非结构化的文本数据，利用信息抽取（命名实体识别、事件抽取）技术，抽取文本数据中包含的命名实体（包括：目标、时间、地点、人物、组织机构等）以及关注的重点事件（包括停驻、巡航等）。

（4）结构化业务数据。结构化业务数据主要存储在关系数据库中，直接利用关系数据库的相关 SQL 操作，能够从关系库表中抽取关注的实体信息，库表中的各条记录一般表示要抽取的实体集合，具体字段内容对应实体的属性信息，如图 3-31 所示。

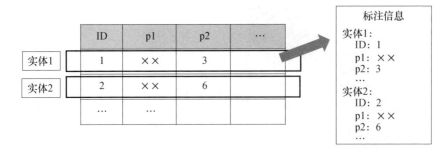

图 3-31 结构化数据标注内容

(5)百科专家知识。承载数据中还有一部分实体信息来自于百科专家知识,主要用该类知识补充、完善地理空间大数据中的本体库。百科专家知识一般以半结构化页面呈现,通过利用正则表达式匹配技术,对半结构化页面进行解析,能够获取页面对应的实体信息、类别信息、属性/关系信息及相关图片信息等。

### 3.2.4 地理空间大数据组织

地理空间大数据组织可以沿用大数据组织方法,下面分别针对地理空间大数据存储和数据索引方法进行详细介绍。

#### 3.2.4.1 地理空间大数据存储

地理空间大数据来源各式各样、数据格式并不一致、数据特点各不相同、数据用途和使用方式也存在很大差异,因此,无法使用统一的结构进行存储访问,应结合数据的自身特点和应用需求灵活选择存储方式,如图 3-32 所示。

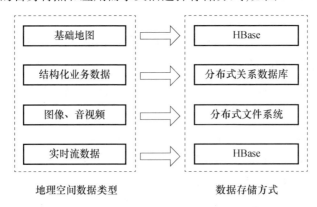

图 3-32 地理空间数据的存储方式

针对基础地图数据，由于显示效率和存储需求，需要对全球基础地图进行分级分瓦片处理，不同显示级别下对应的瓦片数量不同，整体瓦片数据量非常庞大。因此，需根据用户选择实时动态加载相应级别、相应区域的地理瓦片数据，这对瓦片的快速检索和读取能力提出了较大的挑战。瓦片的查询检索速度直接关系到用户的体验。随着瓦片数据规模的增大，传统的关系数据库无法满足业务实时检索的需要，因此，瓦片数据文件存储可采用 HBase 进行存储，以 Key–Value 形式快速定位瓦片数据，以满足实际应用需求。

针对结构化业务数据，这些数据格式相对固定且存在内在关联，在日常读取访问时，对实时性要求不高，适合采用分布式关系数据库的形式对该类数据进行存储，既能够深刻表达数据间的内在关联，也能够满足日常查询检索的需要。

针对地理空间相关数据产品的实体文件（如影像、气象水文、测绘等），以及其他图片、音视频文件，访问频率相对较少，适合以原始文件形式存取。因此，应采用分布式文件存储的方式进行文件的管理与访问，以提高访问效率。

针对地理空间产生的实时流数据，其特点是产生速度快、数据量大。若每天积累百万级记录，每月则需存储上太字节级的流数据。这些数据的结构相对简单，无复杂关联关系，数据价值密度低，处理完成后，无需再进行频繁读取，但业务需要对这些流数据进行实时的分析、处理和显示，有较强的实时性需求。若以关系型数据库的形式存储，处理一周的流数据约需 10min 左右，而采用 HBase 存储，利用 Map Reduce 计算框架，处理时间则缩短至数秒钟。由于关系数据库很难适应实时性的需求，因此可采用 HBase 的方式来存取和处理。

#### 3.2.4.2 地理空间大数据索引

地理空间大数据量过去 15 年获得爆炸性增长，信息过载问题日趋严重。搜索引擎可以根据用户的需求与算法，运用特定策略从海量数据中检索出特定信息并反馈给用户，为用户提供快速、高相关性的数据及信息服务，已成为地理空间最重要的依赖技术之一，是目前解决信息过载的相对有效方式。

搜索引擎最重要的组成部分是索引器和检索器。索引器的功能主要是了解搜索器搜索到的信息，并从中抽取出索引项，然后对其进行处理，形成索引表，用于表示文档和生成文档库。而检索器的功能则是根据用户的查询内容快速检索索引数据库中相应的文档，并对文档与查询的相关性做出评价，从而对将要输出的结果进行排序，并实现某种针对用户的相关性反馈机制。

**1. 索引器**

一个信息系统的任务就是信息的检索查询,传统关系型数据库使用的是 B+树来建立索引,这种方法可以提高检索效率。但 B+树属于一维索引方法,在面对地理空间数据库中的二维或多维数据有些捉襟见肘,所以在应对二维及以上数据时有必要建立专门的索引机制。空间索引是根据空间对象的形状、位置或是空间关系按照一定顺序对空间结构的数据进行排序的一种数据结构。目前,人们已经提出了众多进行空间索引的方法:K-D 树、K-D-B 树、BSP 树、R 树系列、四叉树等。其中,目前国内外主要的空间数据库为 K-D 树、R 树系列和四叉树系列。目前 Esri 公司的 ArcView 采用的是 R 树系列,而中科院和 MapGis 的 SuperMap 则采用的是四叉树方法,ORACLE 公司的 Spatialware 则同时使用了这两种索引方法进行查询。

(1) K-D 树。K-D 树是把二叉树推广到多维数据的一种主存数据结构,在每一个内部节点中,用一个 $k-1$ 维的超平面将节点所表示的 $k$ 维空间划分为两部分,$k$ 个方向上这些超平面交替出现,并且在每一个超平面中至少包括一个点数据。在二维坐标下,K-D 树会根据插入点的纵横坐标递归地把空间数据分成一个二叉树。K-D 树属于一种动态索引结构,它适合于索引空间点目标,不同的数据插入顺序会影响 K-D 树的生成,会产生不同结构的 K-D 树结果。在 K-D 树中,数据不仅出现在叶节点上,还分散出现在树的其他地方。K-D 树在存储需求降低的同时,树的深度却有所增加,不利于海量数据存储,树的更新也较困难。

(2) R 树。R 树最早是由 A. Guttman 在 1984 年提出的,其后又有了许多变形,逐渐形成了 R 树系列空间索引。A. Guttman 的 R 树以最小边界矩形(简称 MBR)对数据集空间按照"面积"规则递归地进行划分。R 树中每个非叶子节点代表一个划分的空间区域,叶子节点包含的矩形区域对应空间对象的 MBR。使用 R 树构建矩形空间的原则是:①矩形之间尽量减少重叠;②矩形尽量包含更多的空间对象;③矩形内部允许嵌套,即矩形中可以包括更小的矩形。从 R 树的结构可以看到,如图 3-33 所示,临近空间对象之间拥有尽可能近的共同祖先,对象的位置的远近体现在其临近共同祖先的空间远近上,由于衡量空间对象的聚集的方法众多,由此产生了大量 R 树的变形。但众多改进的方法都不能很完善地衡量空间的聚集,只能做到局部的优化。随着空间对象的频繁插入和删除,会将 R 树插入删除变得更加复杂。尽管如此,R 树空间索引相比其他索引方法有以下优势:①R 树索引按数据来组织索引结构,具有很强的可调节性与灵活性;②R 树无需预测整个空间对象所在的空间范围,即可建立空间索引;

③由于具有与 B 树相似的结构和特性,R 树容易与传统的关系型数据库相融合,支持数据库的事物、滚回和并发等功能。这是许多空间数据库选择 R 树作为空间索引的重要原因。

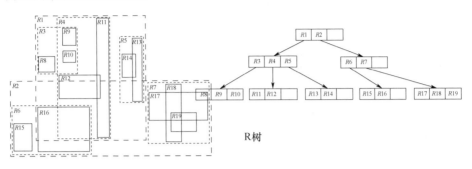

图 3-33　R 树索引示意图

（3）四叉树。四叉树是一种基于空间划分产生组织索引结构的索引机制,它将已知空间划成四个相等的子空间,并将子空间再次划分为四个相等的子空间,最终就形成了一个基于四叉树的空间划分。四叉树索引分为满四叉树索引和一般四叉树索引两种类型,图 3-34 中的四叉树空间索引是满四叉树索引。这类四叉树空间索引与 R 树相比具有以下优势:①使用基于顺序存储的线性表来表示索引,减少了内存的占用,并且无须 I/O 花费,查询速度较快;②进行插入和删除操作时方便快捷,操作平均耗时远小于 R 树的删除和插入。然而四叉树也存在如下问题:在建立索引之前必须预知空间对象的范围,可调节性降低。R 树和四叉树是两类常用的空间索引,有着各自的优势与不足,在选择时需要根据实际情况和需求。

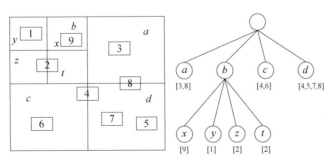

图 3-34　四叉树索引示意图

（4）格网索引机制。格网索引是一种基于哈希的存取方式,将索引空间划分为相等或不相等的方格网,目前常用规则格网记录格网中的地理对象,通过编码将二维空间数据降维为一维空间,从而达到简化存取的效果。为了建立空间索引的线性表,格网索引按 Morton 码进行编码,建立空间对象与 Morton 码的关系。格网索引机制优势在于算法实现简洁,与编码技术结合可以实现快速查询,例如导航系统通过使用格网可快速显示移动目标所在的区域。但是格网索引的缺点是数据冗余严重,缺少层次信息。此外,空间对象在索引表中被表示成变长记录形式,数据维护存在困难。

如表 3-2 所列,空间索引方法多种多样,各自有不同的优缺点及适用范围,所以地理空间大数据的索引需要考虑多种索引机制并存、取长补短的策略。针对多尺度数据的存储与组织,用户在单个管理系统下,同时对多比例尺的空间数据进行存储,研究可以实现不同尺度数据之间相互切换的专用空间索引方法。针对移动目标,则需要研究出有效的移动目标数据库 MOD(Moving Object Database)索引,以及更为高效的空间对象地址编码方法。

表 3-2 主要空间索引方法的对比

| 索引名称 | 划分区域方法 | 适合对象 | 优点 | 缺点 |
| --- | --- | --- | --- | --- |
| B 树 | 数据分层 | 文本索引 | 高效、动态索引 | 无法胜任海量空间数据 |
| K-D 树 | 按点二分 | 点对象 | 具有较低的存储需求,高效查询 | 无法管理海量数据,更新困难,主要用于点对象索引 |
| K-D-B 树 | 按点二分 | 点对象 | 动态索引,高效查询 | 删除算法效率低,空间浪费;线、面对象索引困难 |
| 点四叉树 | 按点四分 | 点对象 | 操作简单,支持动态更新,查找快 | 非平衡树,空间利用率低,适用于点对象 |
| 面四叉树 | 面域四分 | 空间对象 | 空间划分无重叠,可控分辨率,隐含空间关系,查找快 | 深度相差大,数据结构复杂,动态维护困难 |
| R 树 | 面域矩形划分 | 空间对象 | 比 K-D 树和四叉树更灵活,查询效率较高 | 区域重叠,影响效率,动态维护性能较差 |
| R 变种树 | 矩形或不规则多边形 | 空间对象 | 区域重叠度改善,效率有所改善 | 算法复杂,动态维护性能较差 |
| 格网索引 | 面域等(不等)分 | 空间对象 | 结合编码,高效查询,算法简单 | 数据冗余大、单一分辨率,变长记录,难以维护 |
| 地址编码 | 基于格网剖分 | 空间对象 | 集成表达,多分辨率,可用于非欧空间索引 | 隐形位置表达,转换计算量大,数据存储量大,通用性差 |

**2. 检索器**

检索器是用来计算内容与查询相关度的理论基础及核心部件。检索模型是表示文档、查询及其相关度的模型,主要包括:布尔模型、向量空间模型、概率检索模型、基于统计语言的检索模型等。

(1) 布尔模型是一种基于布尔代数和集合论的简单检索模型。其特点在于查找那些输入某个查询词后返回为"真"的文档。在该模型中,一个布尔表达式代表一个查询词,其中包括关键词以及逻辑运算符,利用布尔表达式来表达用户目标文档所具有的特征。由于集合在定义上非常直观,布尔模型为用户提供了一个容易掌握的框架。在布尔模型中,查询串的输入方式通常是语义精确的布尔表达式(例如:苹果 AND (乔布斯 OR iPad2)),所以满足用户逻辑表达式的文档就算是相关的。但该模型也存在一些问题:①检索策略是基于二元判定标准(布尔模型定义一篇文档仅有相关和不相关两种状态),缺乏分级的概念,检索功能也被限制;②虽然布尔表达式具备精确的定义,但将用户的信息需求转换为布尔表达式却常常很难。

(2) 向量空间模型是由美国康奈尔大学的 Salton 教授领导的研究小组在 20 世纪 60 年代末到 70 年代初提出并逐渐发展起来的一种信息检索模型。在该模型中,查询和文档由若干特征词所组成的向量构成,所有的文档集构成了一个特征向量空间,向量空间中的一个点表示一个文档,这个点也就是由若干特征词描述的一个向量。衡量文档与查询的相似性就转换成计算向量空间中的两个向量之间的相似度。该模型用向量表示了所有的文档,向量是由搜索到的文档材料进行特征项抽取产生的。当用户查询时,用户的问题转换为特定的查询向量,模型会比较它与所有文档的相似度,并通过相似度大小排序文档并返回给用户。向量空间模型算法中,相似度的大小反映了文档与用户查询要求的相关程度,值越高则表示该文档与用户的查询需求越相关。向量空间模型在搜索领域、自然语言处理、文本挖掘等诸多领域作为有效的处理工具而被普遍采用。

(3) 概率检索模型是目前信息检索效果最好的模型之一,它是从概率排序原理推导出来的。其主要思想是通过计算概率的方法联系查询和文档,对于给定的一个用户查询,如果搜索系统能够按照文档和用户需求的相关性由高到低输出排序结果,那么这个搜索系统在准确性上是最优的,尽可能准确地对文档和用户需求的相关性进行估计是概率检索模型的核心。概率检索模型需要以下基本假设以及理论的支持:①相关性独立,即文献与检索式之间的相关性与文献集合独立于其他文献;②词独立性,即文档里出现的词之间不存在相关性;③文献具有二元相关性,文献检索只有相关与不相关两种结果;④满足概率排序原则,检索系统应根据文档与查询的概率相关性递减排序;⑤满足贝叶斯定理。此外,该模型仍存在参数估计的难度较高、计算复杂度较大等问题。目前这一类经典概率模型计算公式已在商业搜索引擎的网页排序中被广泛使用。

(4)基于统计语言模型的检索模型。早在1998年,信息科学家Ponet和Croft首次在信息检索中使用统计语言模型,因此把信息检索问题转化为语言模型的估计问题,他们提出了一种基于查询似然估计的文档排序方法,获得了很好的效果,取得了巨大成功。基于统计语言模型的检索模型将信息检索和语言模型结合起来,为每个文档单独建立不同的语言模型,计算由文档生成用户查询的可能性,然后按照可能性概率由高到低排序并输出为搜索结果。与BM25等经典的概率检索模型所采用的TF-DF加权函数相比,统计语言模型使用的查询似然检索函数在查询的精度和召回率上具有较大的优势,但也保留有较大的发展及改进空间。

### 3.2.5 地理空间大数据关联

通过地理空间大数据标注过程,基础大数据和承载大数据标注出了时空特征,承载大数据还标注出了实体、属性、事件等关键要素,需要解决如何在时空维度和其他方面对不同类型数据进行关联的问题,即基于地理空间的大数据关联。

(1)时间关联。针对单个实体,以时间为维度进行数据的管理,通过时间轴关联相关数据,形成数据序列,综合利用历史数据,为形成实体活动规律提供技术依据。

(2)空间关联。针对多个实体,分析实体的空间分布和实体之间的空间关系,形成数据在空间位置方面的关联,通过数据的空间关联,为数据直观应用和深入分析提供技术手段。

(3)属性关联。利用数据在功能、范围、边界条件等各种属性之间的关系,将数据有效关联在一起,通过对属性相关数据的分析,获得对实体宏观、总体的认知,结合其他环境数据,为分析和决策提供支撑。

(4)事件关联。以重大事件为线索,将相关的实体关联起来,形成面向热点和任务的专题报告。

## 3.3 地理空间大数据组织关联应用

知识图谱不仅为海量、异构、动态的大数据提供了一种更为有效的表达、管理、组织的方式,还大大提升了网络的智能化水平,使之更加接近人类的理解与认知。随着人工智能技术的飞速发展,知识图谱已经在深度问答、智能推荐以及对话系统等方面有所应用。

### 3.3.1 图谱构建

地理空间大数据知识图谱的构建与应用借助了大量的智能信息处理技术。图谱构建的关键技术主要包括:面向领域数据的实体抽取、关系抽取、属性抽取的信息抽取技术;实体对齐、属性对齐等可消除实体、关系、属性等指称项与事实对象之间歧义的知识融合技术;知识推理、质量评估等在已有知识、知识库基础上对隐含知识进行进一步挖掘、确保知识库质量的知识加工技术。其中,实体链接和知识合并对图谱的规模和质量起着决定性的作用,是进行数据组织关联的核心环节。知识图谱的构建流程大致可分为四个部分:数据获取、知识抽取、知识融合以及质量评估,图 3-35 给出图谱构建的整个过程。

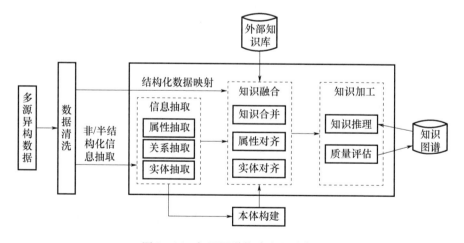

图 3-35　知识图谱构建流程示意图

(1) 数据获取。在数据获取这一环节中需要获取各种多源异构的原始数据并完成数据清洗。可用于知识图谱构建的数据资源非常丰富,从结构化的数据库、知识库,到 Web 网页中非结构化的自由文本等,都可以作为其构建的数据资源。介于结构化和非结构化数据之间的数据资源,可由如 LOD 数据集等关联开放数据,以及百科和垂直网站的数据。百科数据规模较大,且相较于前者可获取性强。在某一新探究领域的知识库并不完备时,百科和垂直网站的数据是图谱构建非常重要的数据源。

(2)知识抽取。基于信息抽取技术,从多源异构数据中抽取属性、实体和关系,构成知识三元组。梳理地理空间领域知识体系和分类体系,半自动构建该领域的知识本体。获取的原始数据需要经过各种手段的处理以便将其中蕴含的知识抽取出来。为了与知识图谱的结构相对应,在进行知识抽取时也要分别考虑本体部分以及数据事实部分。这里,本体知识抽取旨在捕捉概念、实体以及这两部分的层次关系。例如,以自由文本为主的数据源,首先需要借助命名实体识别技术找出文本中所包含的实体与概念;如果是 LOD 数据或百科类数据,因为其中通常包含较明确的概念与实体,则可以直接拿来使用。图谱中的层次关系一般以分类树的形式体现,因此确定概念与实体间的层次关系的关键就是构建分类树,构建方法可分为基于模式和基于百科两类。基于模式的方法中,Hearst 规则首次开发了类似"A 比如 B"的词法模板,从文本中挖掘上下位关系,但规则编写多依托人工。除此之外,该类方法也可基于已有模式迭代学习新模式。基于百科的方法一般通过挖掘百科数据源的分类体系,然后进行整理和修正而得到。例如使用启发式规则对百科类别间的上下位关系补充添加对或错的标签,或将维基的原始分类表示为一个有权的有向图,并利用相关算法从中抽取分类树。

倘若将实体的属性也看作一种特殊的关系,那么知识三元组的获取可与关系抽取问题等价。从自由文本中进行关系抽取极具挑战性。近年来,这一任务上深度学习方法也得到广泛应用。另外,也可以对百科数据库中的半结构化文本进行简单的信息抽取,如直接从词条提取属性——值对。

(3)知识融合。在本体指导下,利用属性/实体对齐技术,进行知识融合,合并不同来源的知识三元组。知识抽取完成后,来自不同数据源的知识仍处于分散状态,知识图谱的构建要求将不同的知识进行融合。由于用词、拼写错误的存在,表达方式上的差异,以及不同模式、数据类型等的存在,必须采用一定的融合策略去除其中的异构性。在知识融合过程中,基于语义的实体对齐与属性对齐方法成为关键的技术。

(4)质量评估。针对获取的知识,进行知识加工,推测缺失或错误的知识,评估知识质量,并存储或更新到知识图谱。该步骤对融合后的知识质量进行评测,以确保图谱中数据的可用性。质量评估的基本思想是对自动融合的结果进行打分,得分代表着可信度,并且可以通过进一步去除得分较低的结果,来降低知识融合算法带来的错误。

#### 3.3.1.1 数据选择

图谱的构建通常是基于已有数据进行的,数据源的选择对所采用的构建方法以及最终的图谱质量都有较大影响。组织关联的大数据来源包括之前提到的基础大数据、影像产品、实时轨迹等。除此之外,重要的非结构化文本数据在大数据组织关联过程中也需要深入处理。读者可参考相关网络爬虫书籍,在此不再赘述。

#### 3.3.1.2 知识抽取

知识抽取阶段的主要任务是从解析得到的数据中进行实体抽取、关系抽取以及属性抽取。梳理知识体系和分类体系,半自动构建知识本体,为每个数据源抽取其模式层和数据层的知识。其中,数据层抽取主要涉及事实三元组的获取,模式层的抽取主要关注分类信息的获取以及分类体系的整理。

**1. 实体抽取**

实体抽取分为结构化数据中的实体抽取以及非结构化数据中的实体抽取。其中,结构化数据中实现实体的识别抽取较为简单,采用规则或者数据库搜索查询的方式即可得到实体结果。非结构化数据中实体的抽取又称为命名实体识别,旨在从非结构化的文本中抽取出具有特定类别的实体,如人名、地名、组织机构名等。

传统的命名实体识别方法可分为三大类:基于规则的方法、基于统计的方法以及基于词典的方法。基于规则的方法就是根据预先定义的规则模板,在非机构化文本数据中对命名实体进行匹配识别。该类方法需要语言学专家精心设计规则,费时费力,且泛化性能较差。随着统计机器学习的飞速发展,基于统计的方法也逐渐发挥出巨大的优势,隐含马尔科夫模型(Hidden Markov Model, HMM)、条件随机场模型(Conditional Random Field, CRF)以及最大熵模型均表现出较好的识别性能,泛化性能较上类方法有了较大的提升。但此类方法也存在不足,在模型参数学习的过程中需要大量的高质量标注数据,同时也在一定程度上依赖人工设计的特征。基于词典的方法主要是将出现的人名、地名、机构名等与词典库进行匹配,词典的更新依赖于维基百科等知识,这种方法往往不能单独实现,一般与基于规则、基于统计的方法结合使用。随着深度学习研究的不断深入,循环神经网络在解决序列问题上展现了巨大的优势。双向长短期记忆(Bi-Long Short Term Memory,Bi-LSTM)+CRF结构被用来解决序列标注问题,如图3-36所示,该模型由三部分构成,分别为词嵌入层、Bi-LSTM层以及CRF层。其中,词嵌入层将字或者单词转化成向量表示,Bi-LSTM层则采用了两层反向的LSTM获取序列的上下文特征,CRF层对获取的特征进行解码实现序列标注。

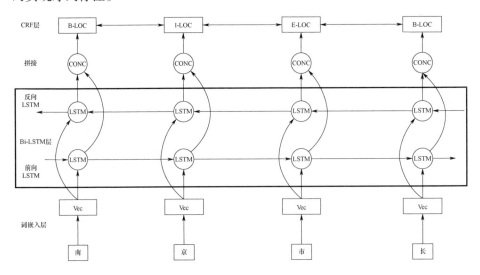

图3-36 Bi-LSTM+CRF模型

目前无论在英文领域还是中文领域,Bi-LSTM+CRF模型均表现最为出色。但中文中没有确切的词边界信息并且存在歧义问题,故相较于英文更难处理。中文领域命名实体识别一般分为两大类方法:基于字的方法和基于词的方法。但是这两大类方法各有不足:基于字的模型不能获取丰富的词级别的特征信息;而基于词的模型常常会受中文分词结果的影响不能获得好的实验结果。因此,一种基于动态元嵌入的模型被用来解决现有问题,该方法通过采用动态融合字、词多粒度特征信息的方式,解决现有方法中存在的信息不完善、过多依赖中文分词等问题。模型整体结构如图3-37所示。整体模型由3层构成,分别为动态元嵌入层、Bi-LSTM层以及CRF层。其中,Bi-LSTM层以及CRF层的作用与经典结构无异,动态元嵌入层的作用是在embedding层动态地融合字、词多粒度特征信息。多粒度信息融合主要有两个关键点:①针对句子序列中的每个字,其所对应的匹配词的获取;②在拿到该字以及相应的匹配词后字、词两个粒度的信息融合。

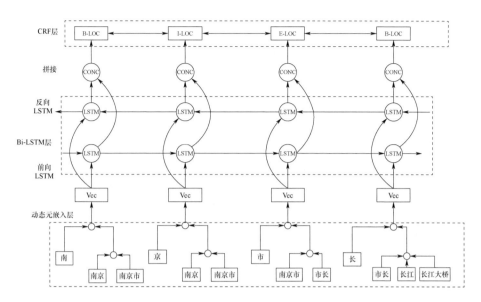

图 3-37 基于动态元嵌入的模型

**2. 关系抽取**

文本语料数据经实体识别之后得到的是一系列离散的命名实体,并不具备语义信息,因此需要从相关的语料中提取出实体之间的关联关系,通过这种关系的连接才能将离散的实体联系在一起,从而构成语义网。关系抽取的目的就是解决实体之间语义链接的问题。

在过去的一段时间内,从最初的基于特征工程的方法,到目前深度学习方法,实体关系抽取已经受到了广泛的研究。基于深度学习的实体关系抽取可以有效减少自然语言处理工具所带来的误差,因此受到了广泛的关注。而关系抽取任务,尤其是大规模数据下的关系抽取任务,由于其实体及关系的多样性生成标注数据的代价过于高昂,因此远监督(Distant Supervision)方法被用来解决数据不足问题,其基本思想是使用已有知识库中的实体关系对来标注文本数据,从而使标注数据的生成无须人工参与。但该方法有一个很强的假设,若知识库中的实体关系对出现在某个句子中,则该句子中的两个实体满足该关系。这种假设显然与实际情况不符,会在生成的数据集中引入大量的噪声。为解决该问题,有学者引入了多实例方法,将假设条件放宽,假设某实体对出现的实体集合中至少有一个句子表达了该实体对在知识库中所对应的关系。此外,由于中文与英文的语言差异,英文的模型在中文中的表现仍然有待考验,中文 NLP 工具所带来的错误也要远大于英文。

针对上述问题,引入远监督概念利用百度百科中的半结构化信息获取实体三元组,在此基础上对自由文本进行标注,获取实体关系数据集,并利用卷积神经网络对中文实体关系实例进行建模,研究框架如图 3-38 所示。

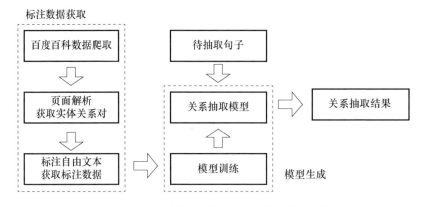

图 3-38　基于卷积神经网络的远监督中文关系研究框架

使用爬取的百度百科数据完成训练集的生成。首先,爬取百度百科中词条,在爬取的词条中,主要使用半结构化的 Infobox 信息和非结构化的自由文本。页面中包含大量的与实体相关的实体或实体的属性信息,通过处理,可从中获取大量的实体关系三元组。

**3. 属性抽取**

属性抽取旨在从多种来源的数据中采集特定实体的相关属性信息。如针对某一特定的实体,可以从维基百科、米尔武器库、百度百科等公开信息中得到其制造国家、威力范围、研制时间等信息。通过属性抽取从多种数据源中汇集、补充此类信息,实现对实体属性的完整刻画以及知识库信息的补充完善。

由于实体的属性可以视为实体与属性值之间存在的一种名称性关系,因此可以使用关系抽取技术解决实体的属性抽取问题。现实中大量的属性数据隐藏在半结构化以及非结构化的大规模开放域文本中。抽取这些属性的方法有两种:①基于百度百科、维基百科等百科类网站的半结构化数据,通过采用自动抽取的方式获得训练语料生成训练集,训练实体属性抽取模型,再将训练好的模型用于开放域的实体属性抽取;②采用直接的数据挖掘方法,根据属性名以及属性值之间的定位关系,从文本中挖掘实体属性以及属性值,但众多实验表明,该抽取方法的准确性能不高。

**3.3.1.3　知识融合**

经过知识抽取步骤,来自各数据源的知识分别存储成结构化的知识单元,不同数据源的知识之间通常互为补充,且存在一些共有的知识。异构的知识信息统一整合到知识图谱中的关键一步就是知识融合。知识融合可以消除概念上的歧义,剔除冗余以及错误的概念及实体,确保知识的质量。鉴于知识图谱所包含的三要素:类别体系、实体和属性,通常知识融合也从这三个方面进行考虑。一般的步骤是:首先人工对概念的对齐进行标注;然后利用机器学习或深度学习等方法完成实体对齐与属性对齐;最后得到融合处理后的领域知识图谱。

**1. 概念对齐**

相比于通用知识图谱,特定领域知识图谱所需要的实体概念相对较少,并且概念间对齐的难度也相对较低。鉴于目前尚未有针对特定领域知识图谱的概念自动对齐技术,通常使用人工标记方法对上述不同数据源的概念进行对齐与融合。

在现有的本体编辑工具中,Protege 得到了广泛的应用。它屏蔽了特定的本体描述语言,易于使用。因此,可选择 Protege 作为概念系统融合的辅助工具。通过观察发现,现有的 4 个数据源按分类质量由高到低排列,分别是中文维基百科、互动百科、磨武器库和百度百科。因此,首先以中文维基百科的分类树作为该图集的初始分类树,然后将其他三个分类树的概念以递增的方式排列整合到该图集的分类树中,最后对实际数据进行验证,通过对实体的隶属关系进行必要的修改,得到完整的领域知识地图分类体系。

**2. 实体对齐**

实体对齐也称为实体匹配或实体解析,是判断相同或不同数据集中的两个实体是否指向真实世界的同一个对象。由于多源异构数据可能会存在实体冲突、多重实体指向等问题,因此需要从顶层构建一个大规模的统一知识库,帮助机器理解多源异构数据。

随着大数据时代的到来,知识库的规模越来越庞大,在进行知识库实体对齐时面临以下三方面的问题:①计算复杂度问题,匹配算法的计算复杂度会随着知识库的规模呈二次增长;②数据质量问题,由于不同知识库的构建目的以及所采用的数据来源不同,将带来重复数据、数据质量不一致、孤立数据等问题;③先验训练数据问题,随着机器学习的发展,监督学习在各领域均有较好的表现,但在大规模知识库中,想要获取完善的先验数据十分困难,需要研究人员人工手工构建。因此,实体对齐的主要步骤是:①对要进行分区对齐的数据进行索引,以降低计算复杂度;②使用相似度函数或相似度算法查找匹配实例;

③使用实体对齐算法融合实例。对齐算法可分为两类:成对实体对齐和组实体对齐。组实体对齐可以分为局部实体对齐和全局实体对齐。这里将主要介绍成对实体对齐的相关算法。

成对实体对齐的方法包括基于传统概率模型的实体对齐方法以及基于机器学习的实体对齐方法。基于传统概率模型的方法主要通过两实体之间的属性相似度衡量,并不考虑实体之间存在的关系。将利用属性相似度判断实体匹配转化为分类问题能够简化这一问题,通过建立分类问题的概率模型实现实体对齐。在此基础上改进概率实体链接模型,为每个匹配的属性对分配不同的权重,能够使匹配准确率得到提升。结合贝叶斯网络对属性的相关性进行建模的方法,采用了最大似然估计法对模型参数进行估计,提高了模型对齐的性能。

基于机器学习的方法是将实体对齐问题转化为二值分类问题,典型的代表方法有决策树、支持向量机、集成学习等。实体链接算法可在一定程度上对实体对齐有所帮助。实体链接旨在将给定文档中的实体映射到目标知识库中的相应实体。为了构建高质量的实体链接系统,可在系统的三个部分进行改进,包括实体的编码、实体上下文的编码以及对实体之间的连贯性进行建模。对于实体的编码,可使用 LSTM 和卷积神经网络对实体上下文和实体描述进行编码,并设计函数来组合不同的实体信息,以生成统一的密集实体嵌入。对于实体上下文的编码,可设计一种基于注意力机制的新型 LSTM 模型,结合 CRF 层有效捕获实体的重要文本间隔。此外,使用前向后向算法可以提高实体之间的连贯性,达到精度高、耗时少的效果。

**3. 属性对齐**

识别来自单一或多个数据源的属性之间存在的对应关系,可作为实体对齐及本体构建的基础。构建一个数据驱动的细粒度中文属性对齐框架,能够确定属性的数据类型,并且细粒度地识别属性间的关系(同义、上下位或相关等)。

如图 3-39 所示,数据驱动的属性对齐系统由两个部分组成:基于统计的属性数据类型判别部分和细粒度属性关系识别部分。基于统计的属性数据类型判别部分是根据属性的扩展信息确定属性值的基本类型以及属性的数据类型,得到属性的相关类型信息。细粒度属性关系识别部分是将部分信息分为两支为细粒度属性关系识别提供特征支撑,一支用作属性相似度的计算,另一支直接输送到监督学习模块,用以特征生成。最后经分类器分类,识别出属性之间的细粒度关系。

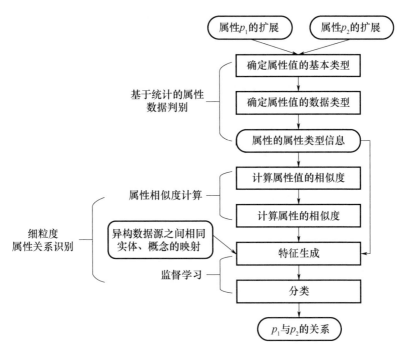

图 3-39 数据驱动的细粒度中文属性对齐框架

**4. 知识合并**

知识图谱中知识的输入除半结构化以及非结构化的数据外,还可来源于第三方知识库产品以及已有的结构化数据。依据合并采用的数据不同,知识合并可分为两种:合并外部知识库和合并关系数据库。将外部知识库融合到本地知识库,需要考虑两个层面的信息。一是数据层面的融合,该部分融合包括实体的指称、属性、关系、所属类别等的合并,在融合的过程中需要采取一定的措施,避免实例以及关系之间产生冲突,减少数据冗余;二是模式层面的融合,将外部知识库中新出现的本体融合到本地本体库中。在合并关系数据库中,业界以及学术界一般采用 RDB2RDF 的数据转换操作,将关系数据库的数据转化为资源描述框架(RDF)的三元组数据。除关系数据库外,其他采用半结构化方式(如XML、CSV)存储的历史数据也可以采用 RDF 数据模型合并到知识图谱中。

**3.3.1.4 知识加工**

信息抽取可以从半结构化以及非结构化的数据中提取出实体、关系、属性等知识要素,知识融合则可以消除概念上的歧义,剔除冗余以及错误的概念及实体,获得基本事实表达和本体雏形。但事实与知识并不相等,要获取结构化、网络化的知识体系还需知识加工这一过程。知识加工主要包括知识推理、质量评估两个部分,是对知识图谱的纠正、更新等,依赖于推理与修正技术。

**1. 知识推理**

知识推理是指依赖于已有的实体关系数据,经推理计算建立实体之间新的关联,用于拓展和丰富知识网络。知识推理是知识图谱构建的关键环节,借助知识推理能够从现有知识库中挖掘新的知识,且推理的对象不局限于实体之间的关系,实体的属性值、本体概念层次等也可进行推理。如从三元组(乾隆,父亲,雍正)(雍正,父亲,康熙),推理得出(乾隆,祖父,康熙),就是实体之间关系的推理,乾隆、康熙等均是现实世界中特定的个体;而从三元组(老虎,科,猫科)、(猫科,目,肉食目),推理得出(老虎,目,肉食目)则是概念继承关系,是概念层次的推理。

知识推理有两种方法:基于逻辑的推理和基于图的推理。基于逻辑的推理包括一阶谓词逻辑、描述逻辑和基于规则的推理。一阶谓词逻辑是基于命题的,在这种推理方法中,命题分为两部分:个体命题和谓词命题。个体是指可独立存在的客体,既可以是一个具体的事物,也可以是一个抽象的概念,如姚明、学生等。谓词通常被用来刻画个体的性质及事物关系。在人际关系推理中,通过将人际关系视为谓词、相关人物视为变元,可以实现以逻辑运算符号来描述人际关系。通过进一步的设定关系推理的逻辑与约束条件,进而实现关系的逻辑推理。描述逻辑推理是解决复杂实体关系的推理问题的关键技术,是对基于对象的知识表示的形式化,它主要采用了 KL-ONE 的主要思想,是一阶谓词逻辑的一个可判定子集。描述逻辑的一个重要特征是具有很强的表达能力和可判定性,能保证推理算法在有限次迭代后停止并返回正确的结果。描述逻辑在众多知识表示的形式化方法中持续受到人们的关注,主要因为它们有清晰的模型—理论机制,适合于通过概念分类学来表示应用领域,通常能够提供很多有用的推理服务。基于描述逻辑的知识库通常有 TBox(Terminology Box)与 ABox(Assertion Box)两个集合,其中 TBox 是用于描述概念之间以及关系之间的关系公理集合,ABox 是描述具体事实的公理集合。结合这两个集合,基于描述逻辑的推理能够归结为基于 ABox 的一致性检验问题,实现了关系推理的简化。

基于图的推理方法包括基于神经网络模型的算法和基于 Path Ranking 算法的方法。前者一般先对知识库中的实体进行向量嵌入,再借助神经网络模型进行关系推理学习。后者则是以知识图谱中的实体为节点,关系或属性为边将图片建模为图。以源节点为出发点,通过在图上进行随机游走,根据能够到达目标节点的一条路径推测出源节点与目标节点间的关系,从而实现关系推理。

**2. 质量评估**

质量评估是检验知识库构建的重要技术,通过对知识的可信度进行量化删选,可以确保知识库的质量。在现有自动化信息抽取技术下,开放领域信息抽取获得的实体、属性、关系等知识元素可能会存在错误,而且知识推理得到的推理知识质量也难以保证,因此在知识入库之前对其做质量评估是非常有必要的。

### 3.3.2 深度问答

互联网作为重要的信息承载平台存储了海量知识,已成为人们工作和生活中不可或缺的信息来源。搜索引擎能够帮助用户从浩瀚的数据海洋中快速、高效地检索出所需要的知识,成为重要的互联网入口。当前信息检索一般分为三步,首先将用户的查询需求抽象为关键词,接着依赖抽象生成的关键词通过搜索引擎检索出与之相关的文档,最后浏览文档,从相关文档中提取、总结,获取所需信息。作为搜索引擎的演进形态,问答系统支持自然语言查询,并可直接返回简洁而准确的答案,有助于提高查询效率、优化用户体验,因而受到了学术界和工业界的广泛关注。

如果要使问答系统答案覆盖面更广、实效性更强,则需要以整个互联网中的文本数据作为系统的知识来源,由于数据质量参差不齐,故从非结构化文本中抽取答案相对困难。近年来,随着知识图谱技术的逐渐成熟,学术界、工业界和互联网社区对互联网中蕴藏的海量知识进行抽取、关联和融合等处理,构建了许多大规模知识图谱(Knowledge Graph,KG),知识图谱问答的优势逐渐显现。知识图谱问答中,用户可使用自然语言表达其信息查询需求,不需要编写复杂的 SPARQL 等查询语句,也不必了解知识图谱中数据的组织形态。与文本问答相比,以知识图谱为数据源的问答具有以下优点:①结构化数据上的答案抽取比从自由文本抽取答案相对容易,准确率更高;②图谱中经处理后的数据,相对于互联网文本数据质量更高;③图谱中数据关联程度高,支持简单推理,有助于回答较复杂的问题;④答案简洁,能够更好地应用到语音助手和智能音箱等输出受限的应用场景。

传统知识图谱问答的主流方法是基于语义解析的方法,即将自然语言问句解析为逻辑表达式或查询语句,逻辑表达式以及查询语句的获取是问答的关键,再通过执行查询语句在知识图谱中搜索得到答案。典型的语义解析过程包括三个步骤：①构建词汇到知识图谱中概念、实体或关系的映射词典；②基于规则构建多个候选的知识图谱查询语句；③基于手工特征并利用监督学习方法选择正确的查询语句。在基于语义解析的方法中，自然语言表述的多样性使得映射词典难以穷举所有的语言表述，给候选排序中的特征提取带来了困难。

随着深度学习的不断发展，深度学习在解决自然语言处理领域的问题中也展现出巨大的优势，该技术也被逐渐应用到知识图谱问答任务中。深度学习方法具备自动特征抽取能力，能够捕捉到不同表述之间的语义相似度，有效缓解传统符号逻辑方法所面临的语义鸿沟问题。基于深度学习的知识图谱问答方法通常采用检索模式，根据命名实体识别与链接的结果生成候选答案，将问题和候选答案表示为向量，并基于向量相似度完成答案选择。

目前大规模知识图谱问答的主要技术难点在于命名实体识别与链接、问句关系路径识别。其中，命名实体识别与链接旨在识别出问句中的实体指称，并将其定位到知识图谱中的相应实体。该任务的挑战在于问句等用户生成文本表述的灵活性、实体名的多样性以及实体指称的模糊性。流水线式建模方法中，在处理问句和微博等用户生成短文本时，命名实体识别往往会成为整个任务的瓶颈。而联合建模方法中，考虑每个 n-gram 作为实体指称的可能性，在处理模糊度较高的实体指称时会产生大量候选实体。问句关系路径识别旨在识别图谱中从话题实体到答案实体的关系路径，所面临的主要挑战来自于用户口语化表述和图谱中书面化表述之间的差异、自然语言表述的多样性以及知识图谱中的大量关系。在候选关系路径选择中，现有基于深度学习的方法采用编码—比较架构，需要将问题和候选答案（或关系）压缩为向量，导致语义比较前的信息丢失；由于知识图谱中包含大量关系，部分关系在训练集中较少出现，此时若关系的表述在自然语言问句和知识图谱中差异较大，则现有方法在捕捉其语义相似度时会面临困难。

互联网所承载的各领域数据资源日渐丰富，人们从中获取信息的需求也更加迫切。大规模知识图谱的构建，为问答提供了高质量的数据源。知识图谱问答能够为用户提供简洁、准确的答案，有着广阔的应用前景。同时，大规模知识图谱问答仍面临一些技术难点，因此基于深度学习的知识图谱问答有着重要的研究意义。

基于知识图谱的问答有着数据质量高、数据关联程度好等优点，但也面临着数据缺失和数据时效性差等问题。基于深度学习的文本问答模型的训练往往依赖大量的标注数据，标注过程费事费力且成本较高，严重阻碍了文本问答在新领域上的应用,因此,可以利用基于远监督数据生成的文本问答模型,自动生成大规模训练数据,提高基于监督学习的文本问答模型的鲁棒性。

### 3.3.3 智能推荐

随着互联网的高速发展,网络交互产生的信息数据也井喷式地上升,尽管互联网在各方面给人们的生活带来极大便利,但不可避免地会带来一些问题,信息迷航和信息超载便是其中之一。信息迷航问题是指面对纷杂的网络环境,用户被不相关的信息所吸引,迷失自己最初收集信息的目的。信息超载问题是指用户在复杂的互联网环境下接受的复杂信息已经超出了自身有效处理的范围,无法在大量冗余信息前顺利的获取感兴趣信息。推荐是解决此类问题的有效方法,它可以使用各种技术向用户主动推荐有趣的信息。

主流的推荐算法大致分为以下几类:基于内容的推荐;基于用户/物品相似度的协同过滤算法;基于模型的推荐;混合推荐。地理空间领域内的推荐主要分为两类:①类似于用户/物品的协同过滤,在领域内主要是针对用户/目标的协同过滤,这里目标主要是指飞机、船舶等重要目标;②基于领域内新闻内容的推荐。因此,这里主要详述协同过滤算法以及基于内容的实时推荐和个性化推荐。

协同过滤算法使用用户的历史信息来发现用户的共同兴趣。它主要分为两类算法:邻域法(Neighborhood Methods)和潜在因素模型(Latent Factor Models)。邻域算法的核心思想是计算目标和用户之间的邻域关系。根据这一思想,邻域算法主要分为基于用户的协同过滤和基于目标的协同过滤。基于用户的协同过滤算法是根据历史记录寻找兴趣相似的用户,并对目标的关注和偏好进行互补;基于目标的协同过滤算法是通过用户历史记录中不同目标的相似性来计算目标之间的邻域关系。对于同一用户,相邻目标的偏好和关注点大致相同。潜在因素模型主要通过描述目标和用户的特征来解释得分,用户的偏好通过学习用户和目标的一些潜在因素来评价得到。主要的势因子模型主要分为矩阵分解算法和奇异值分解(Singular Value Decomposition,SVD)算法。协同过滤算法运用用户的历史评分来进行推荐。该模型的优势在于可不受领域的限制,应用广泛,但劣势在于模型依赖于用户的历史浏览信息。当用户的历史信息较少时,算法会出现数据稀疏的问题。

针对于协同过滤出现的数据稀疏的问题,研究者提出了一种联合协同过滤算法和附加信息,如项目内容的混合推荐模型来缓解这一问题。近年来,深度学习在计算机视觉、自然语言处理和语音识别等领域取得了令人瞩目的成就。实践证明,深度学习具有很强的学习能力。大量的研究者利用深度学习技术对文本中的非结构化信息进行编码。在推荐问题中,目标属性中往往含有大量的文本信息。而深度学习算法可以从这些文本中提取高质量的数学特征,这些特征可以缓解协同过滤方法中的数据稀疏性。研究表明,通过使用深度学习计算得到的文本特征编码可以极大缓解数据稀疏的问题,提高模型推荐性能。

随着知识图谱技术和推荐技术的飞速发展,两个领域技术的相互融合成为一种新的趋势。通过将知识语义 Web 与基于内容的推荐算法相结合,解决了推荐产品过于相似的困境,提高了推荐系统的准确性,有效挖掘海量用户偏好知识。基于知识图谱和用户内容对目标的标注策略,通过机器学习技术计算用户兴趣,在个性化推荐中实现了较高的预测精度。在推荐技术中,通常可采用 DBpedia、Freebase 等开放链接数据的推荐方法,实验得出的准确率和召回率表明了该方法的有效性。

地理空间领域内智能推荐主要分为实时推荐以及个性化推荐。如图 3-40 所示,实时新闻推荐步骤包括:①新闻数据预处理,抽取新闻中重要实体、关键词和文本摘要,定位新闻核心内容;②新闻筛选,在实体维度和时间维度进行双维度筛选,兼顾相关性和时效性;③候选新闻特征提取,包括新闻语义特征和共现特征;④生成实时新闻推荐列表。

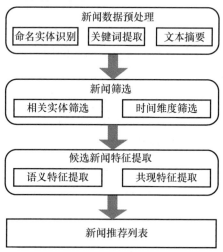

图 3-40　实时新闻推荐系统构建流程

个性化推荐主要基于用户历史行为,通过建立用户画像,利用多形式用户行为信息,精准建立用户画像。文档表征部分则提取文档数据多维度特征,如语义特征、共现特征、分类特征等等,对文档内容进行语义表征。最后根据用户画像以及文档表征进行相似度匹配,完成个性化结果生成。图3-41给出了个性化推荐系统构事流程。

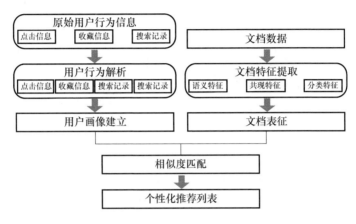

图3-41 个性化推荐系统构建流程

## 3.3.4 人机对话

近年来,随着自然语言处理技术的蓬勃发展和移动互联网的普及,人们可以使用自然语言与智能终端设备进行交互,各式各样的人机对话系统正逐渐进入人们的日常生活。典型的商务人机对话系统包括苹果智能语音助手、微软小冰、天猫精灵、京东客服机器人等。例如,苹果智能语音助手 Siri 可以通过语音交互的形式了解用户的需求,例如帮助用户设置闹钟、待办事项、拨叫号码、查询天气等。在智能家居领域,人机交互系统作为控制中心,用户可以通过语音命令控制家中已经联立交互系统的智能设备,例如谷歌助理的 Google Assistant、微软的 Cortana、亚马逊的 Alexa 等;在电子商务领域,JD JIMI 可以快速响应用户对产品查询、售后服务等客户需求的常见问题,帮助客户服务人员减轻工作压力;基于情感计算框架,微软智能对话系统"小冰"可以在用户的使用过程中,不断迭代,演变为与用户有长期情感联系的生活伴侣。地理空间领域内对话系统可以通过语音交互辅助用户查询目标属性、位置、归属、活动轨迹等相关信息,使得查询、问答更加高效、便捷。

面向任务的传统人机对话系统一般采用管道式(pipeline)的架构,如图3-42所示。以用户查询天气为例,对话系统主要包括以下模块:

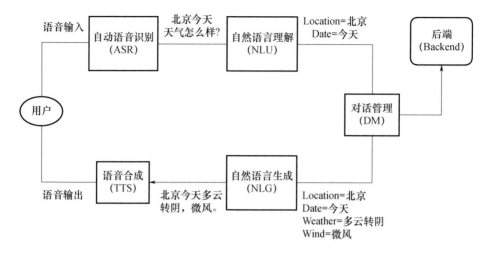

图 3-42 面向任务的人机对话系统结构

（1）自动语音识别（Automatic Speech Recognition，ASR）。通过自动语音识别技术，将用户输入的语音信息转化为文本数据。例如，图中的 ASR 模块在语音识别后输出短信"北京今天天气怎么样"。

（2）自然语言理解（Natural Language Understanding，NLU）。识别对话的领域、识别 ASR 输出句子中包含的有用槽及槽值信息，理解用户对话意图。如图 3-48 所示，该模块将"今日北京天气怎么样"文本从语音识别解析为槽值"location = Beijing，date = today"。

（3）后端（Backend）。提供对话系统必要的外部服务，如互联网通信、数据库存储等。

（4）对话管理（Dialogue Management，DM）。根据对话的历史信息和用户当前输入，更新对话状态，决定对话策略。对话过程中，如果有需要连续填充的插槽，将要求用户提供相关说明。如果所有的插槽都被填满，则从后端获得相应的信息，并根据获得的信息发出响应指令。

系统首先获取查询天气信息所需的所有槽值，然后向后端请求特定的天气信息，并以槽值的形式将天气信息发送到下一个模块。自然语言生成模块（Natural Language Generation，NLG）根据槽值和对话管理模块发送的动作信息生成自然语言响应。根据输入的槽值"location = Beijing，data = today，weather = cloudy to sunny，wind = breeze"，响应"cloudy to sunny，breeze in Beijing today"。最后通过语音合成（Text to Speech，TTS）模块将自然语言生成模块发送的文本信息转换为用户可听的语音信息。

在任务无关的闲聊式人机对话系统模型中,通常采用经典的序列到序列(Sequence-to-Sequence,Seq2Seq)架构,采用端到端机器翻译技术的基本思想,如图3-43所示,将用户输入作为源语言语句,通过编码器对源语言进行编码,获取用户输入的矢量表示,通过解码矢量表示生成目标语言语句,实现人机对话系统的响应。由于用户输入和机器响应是文字序列,典型的编解码系统多采用递归神经网络(RNN)、长短期记忆(LSTM)、变压器模块(Transformer)等能够学习序列结构信息的模型。

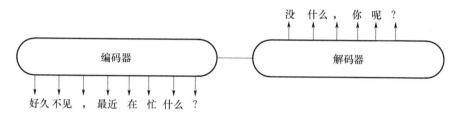

图3-43 端到端模型结构图

在实际应用中,基于任务和非基于任务的人机对话系统往往划分不清。例如,在查询目标的对话系统中,可以添加一些与问候语、错误报告等任务无关的对话,以提高人机交互的用户体验;而在聊天型人机对话中,可以发起一些特定的服务请求,如天气查询、机票预订等基于任务的人机对话。这种端到端的模式,类似于机器翻译,可以很好地模拟一问一答的单轮对话。但是,这种标准模型只关注当前用户的输入,而忽略了上下文和对话框历史结构信息。然而,在实际的对话场景中,用户经常在对话过程中告诉系统用户个人信息和偏好。例如,在谈论电影的过程中,用户可能会提到他们最喜欢的导演、最喜欢的演员和令人讨厌的电影类型。因此,在生成应答的过程中,系统不仅可以根据当前对话输入生成应答,而且必须综合考虑对话的历史信息,才能生成更符合语境和逻辑的应答。为了更好地捕捉长用户输入中包含的语义信息,研究人员在端到端模型中引入了注意机制,使得解码器能够根据不同的解码状态对输入序列的不同部分进行注意。

对话历史建模的一种方法是引入层次模型对历史信息进行编码,HRED(Hierarchical Recurrent Encoder Decoder)模型将基于循环神经网络的上下文编码器(Context Encoder)的句子级信息按顺序添加到序列模型中;HRAN(Hierarchical Recurrent Attention Network)模型通过词级编码器(Word Level Encoder)和词级注意(Word Level Attention)对对话历史中单个句子的词粒度信息进行编码。然后，在输出词粒度注意机制的基础上，采用句子粒度循环神经网络编码，注意层注意（Utterance Level Attention）对对话过程中的句子粒度信息进行编码，然后解码器根据句子粒度注意机制的输出生成响应。

对话历史结构信息建模的另一种方法是引入基于层次模型的隐藏变量。在人们的日常对话中，可能会有一些高层次的语义信息影响整个对话过程。例如，当人们谈论电影时，人们会谈论导演导演的电影，然后讨论电影中的演员。在这个过程中，导演、电影和演员的信息可以看作是整个对话过程中的高层次语义信息，一些信息引导着对话的方向，有助于建模对话的历史。基于此，基于 HRED 模型的改进 VHRED（Latent Variable Hierarchical Recurrent Encoder – Decoder）通过在上下文编码器中输入连续的隐藏变量来遍历对话过程中没有明确定义的高层语义信息。这种通过隐藏变量获取对话语义信息的方法，通过建模语言的层次语义获得一个长对话历史的高维矢量表示，但对获取与对话相关的实体和实体关系来说准确性较低。

## 3.4　小结

大数据组织关联具有独特性，而地理空间大数据的组织关联相较于传统的大数据更为复杂，其包含基础与承载两大类数据，在组织关联的过程中面临更多的挑战。大数据组织关联对象多样，包括结构化、非结构化与半结构化数据，内容包括机理、模型、规律或者知识等，涉及领域类型多、范围广泛。地理空间大数据关联则更加复杂，所以要考虑各类数据特点，研究并处理这些差异，也为地理空间大数据组织关联带来了更大的挑战。此外，地理空间大数据组织关联受数据动态性、高速性和海量性的影响。随着知识图谱技术的发展，通过构建各领域的知识图库与知识库进行数据关联关系组织分析，以及基于知识图谱构建的各种智能应用发挥了巨大的使用价值。因此，从全局、整体出发，借助多学科的方法进行地理空间大数据组织关联是未来发展的主要方向。

# 第4章
# 地理空间大数据智能分析

近几年来,国内外人工智能的发展和落地应用如火如荼,促成这种现象的原因可以归纳为两个关键词,即"大数据"与"高算力"。在地理空间数据分析与应用领域,这种变化也正在发生着,比如在高分辨率对地观测重大科技专项(简称"高分专项")等国家重大任务的推动下,我们可获取的地理空间数据越来越多,同时以"云+端"架构为代表的高性能计算框架也在不断发展,促进了算力的提升。在此背景下,以地理空间大数据为基础,利用人工智能技术挖掘其深层信息、赋予其更多价值的应用模式,将成为未来地理空间数据分析应用领域发展的长期主题。

地理空间大数据分析大致上经历了由人工判读分析、计算机辅助半自动分析到全自动分析的发展路线。以遥感图像中典型地物目标检测与分类为例,早期的遥感图像目标分析判读受图像分辨率的限制,图像中反映的目标信息有限,分析内容局限在对大型目标的检测和地表情况的分类等。近几年,随着遥感图像空间分辨率、数据获取速度和获取量的显著提升,遥感图像中的背景杂波、目标尺度和旋转角度变化、光照、阴影等因素引起的目标视觉外观的变化更为明显,传统的目标分析方法性能已显不足,而近几年不断发展的以深度学习为代表的自动分析方法在实用性方面取得了长足进步。此外,高分辨率遥感图像中可辨识的地物目标的种类和信息越来越丰富,相应地对遥感图像目标自动分析技术的要求也越来越高。人们不仅希望能从图像中知道目标是否存在并获取目标的位置信息,还希望区分目标类型并获得目标的形状、姿态以及尺寸等物理信息;不仅能理解遥感图像并解释现象,更向快速自动处理方向发展以提高面向现实应用场景数据的实用性,这也对地理空间大数据智能分析手段提出了更高的要求。

本章首先分析了地理空间大数据智能分析的主要研究内容,并介绍了相关人工智能技术的发展历程和产业发展现状。随后对人工智能的经典理论、主流模型和框架等进行了详细的说明。最后以遥感图像数据、地理空间文本数据、电子信号数据智能分析中的重要应用为例,介绍了人工智能技术在地理空间大数据中的技术发展和应用现状。

## 4.1 地理空间大数据智能分析概述

我国空间遥感经过 30 余年的发展,已经建成较为完整的对地观测体系,能持续获取并积累大量多源多时相的地理空间数据。地理空间大数据内容复杂,包含类型多样,且存在各种噪声干扰,因而传统以人工判读为主的数据分析大多难以满足应用需求,利用深度学习等人工智能技术手段开展计算机辅助地理信息数据分析技术的研究和发展已刻不容缓。

地理空间大数据智能分析主要围绕如何从海量多源异构数据中精准、智能、高效地挖掘和分析信息等核心问题,将地理空间信息处理方法与人工智能领域的先进技术相结合,在目标特性建模与表征、目标模型学习与认知、海量信息挖掘与分析等方面开展研究。具体来说,地理空间大数据智能分析的内容可概括为以下几个方面:

(1) 稳定特性提取与表征。特性表征与提取是目标分类识别的前提和基础。以高分辨率遥感图像为例,受成像区域、传感器条件等因素的制约,目标外观和图像背景均变化复杂,存在较多的冗余信息。因此,如何获取各种典型场景和特定目标对于不同传感器输出响应的差异性,在现有人工智能方法的基础上,针对地理空间数据特性,从复杂多变的响应信息中寻找出区分度大、稳定性高的目标特性是最基础且重要的科学问题。遥感图像具有较为独特且复杂的成像机理,通过目标外部表象、组成结构与图像特征响应间的映射规律分析,结合现有人工智能方法,进行尺度、旋转、位移等变化条件下目标的不变性特征提取分析,以及目标几何稳定特性仿真表征分析,可解决复杂成像条件下目标特征失真明显等技术难题。

(2) 目标模型定量匹配与认知。地理空间数据中一般包含大量噪声,大多数现有的处理分析方法并未充分利用计算机强大的自主学习能力,可依赖的信息获取和计算手段较为有限,很难满足准确率、虚警率等性能要求。如何在传统的基于人工数学分析的方法基础上,结合人工智能方法,定量描述并分析地理空间数据中目标模型失真和背景噪声干扰对于解译精度的影响机理,是地理空间大数据智能分析面临的另一项关键科学问题。通过该问题的分析与发展,有望实现构建一个基于深度学习的多源地理空间数据自动化分析框架,在统一框架下有机融合模型、算法和知识,提升地理空间数据中目标要素提取和识别的智能化水平。

(3)海量数据精细解译与信息挖掘。海量地理空间数据缺乏有效的组织和关联,使得信息碎片化问题越来越突出,解译分析过程中难以操作使用积累数据,导致大部分数据无法发挥作用,甚至被简单抛弃。如何将海量遥感数据以时空为基准映射至特征空间,通过设计自适应学习和优化模型,实现高维特征空间中的规律挖掘和趋势预测是一项重要的科学问题。通过创建大规模遥感数据关联解译的新模式,利用多源遥感图像自动精确配准技术,在基于空间一致模型的信息挖掘、数据过滤推荐等基础上,可实现地理空间数据解译从平面到立体、从静态分类标注到动态演化分析的跨越,从而实现地理空间大数据智能分析成果的实用化。

针对以上内容,需要充分认识和理解地理空间大数据的本质特性,在此基础上,通过与深度学习等热门人工智能技术手段的有机结合,实现地理空间大数据智能分析技术从量变到质变的跨越。在下面的章节中,将对地理空间大数据智能分析涉及的人工智能主要概念和技术做简要介绍,同时结合可见光遥感图像、SAR图像、地理空间文本数据和电子信号数据等地理空间大数据典型特性分析,让读者对地理空间大数据智能分析的关键技术和应用成果有更直观和清晰的理解。

## 4.2 人工智能技术综述

### 4.2.1 智能分析的概念内涵

人工智能是一门用于研究、开发用于模拟、延伸和扩展人类智能的理论、方法、技术及应用系统的技术科学。该技术在20世纪50年代左右提出,在经过三次技术浪潮以后,在多个相关技术领域得到了突破性的发展。同时,也使得各界人士对人工智能技术的理解各异,针对人工智能的定义、发展动力以及表现形式等存在着不同的解释和阐述。

人工智能技术涉及多个领域的理论和知识,不仅包括线性代数、统计学、凸优化、微积分等数学理论,还包括计算机领域的相关知识,这些理论和知识能指导计算机和机器人用类似思考的方式解决问题。机器学习理论是人工智能的基础,机器学习是一系列基础且重要的数学技术的总称,它可以帮助计算机在任务中不断学习改进,从而达到智能的目的。当前在人工智能领域研究最为广泛的深度学习也属于机器学习的一个子集。

人工智能的概念内涵主要包含以下5个维度。

(1) 定义:主要可以基于研究内容和应用进行分类。前者可以细分为类人行为(模拟行为结果)、类人思维(模拟大脑运作)和泛智能(不再局限于模拟人);后者主要包括专有人工智能、通用人工智能和超级人工智能。

(2) 驱动因素:数据/计算、算法/技术、应用场景和商业模式驱动。

(3) 智能承载方式:技术承载方式,如单机智能、多核智能、群体智能等。

(4) 表现方式:包括云、端以及云端融合方式。

(5) 与人的关系:包括以人主导的关系、以机器主导的关系以及人机融合的关系。

目前,人们已不满足于专有人工智能的研究,在应用场景和互联网技术群(数据/算法/计算)的推动和演进下,对通用人工智能提出了迫切的需求。另一方面,为了更好地解决问题或者处理更复杂的问题,人工智能正在逐步发展到"泛智能"阶段,不再局限于模拟人的行为结果和大脑运作。然而,"模拟人"依然是人工智能的关键因素,也是设计各类智能算法和系统的主导因素。而人类自身既是提供数据、反馈数据、使用数据的参与者,也是接受智能服务的受益者。

### 4.2.2 人工智能的发展历程

人工智能的概念从20世纪50年代诞生以来,已历经了半个多世纪的发展历程,主要可概括为6个主要时期。

**1. 诞生时期**

1950年,"人工智能之父"Alan Mathison Turing提出了著名的图灵(Turing)测试。在机器和人类隔开的情况下,使用一些装置(如电传设备)进行对话,人类无法辨认出其机器的身份,就称该机器具备人类智能。同年,Alan Mathison Turing预言可以创造出智能机器。1954年,George Devol创造出了第一台可编程机器人Unimate。1956年,在美国达特茅斯学院举行第一届人工智能研讨会,标志了人工智能的诞生,"人工智能"概念被首次提出。

**2. 黄金时期**

1966—1972 年,由斯坦福国际研究所研制的首台人工智能移动机器人 Shakey 诞生。1966 年,麻省理工学院的 Joseph Weizenbaum 开发了第一个聊天机器人 ELIZA。该机器人可以理解简单的语言,与人类进行互动。1968 年,斯坦福研究所的 Douglas Engelbart 发明了计算机鼠标,并提出了超文本链接概念,奠定了现代互联网的基础。

**3. 低谷时期**

20 世纪 70 年代初期,人工智能的发展进入了低谷时期。受限于计算机的发展,内存的限制和缓慢的处理速度,使得人工智能技术如空中楼阁,无法应用于实际的问题。20 世纪 70 年代不存在庞大的数据库,研究者们对如何使程序达到儿童的认知水平没有头绪。因此,相关资助机构(如英国政府、美国国防高级研究计划局和美国国家科学委员会)逐渐停止了对人工智能技术研究的资助。

**4. 繁荣时期**

1981 年,日本经济产业省拨款研发人工智能计算机,随后英美等国加大了对信息技术领域的研究投入。1984 年,美国的 Douglas Lenat 教授带头启动了 Cyc 项目,用来实现应用以类似人类推理的方式工作。1986 年,美国发明家 Charles Hull 发明了世界上第一台 3D 打印机。

**5. 寒冬时期**

20 世纪 80 年代,研究者们对专家系统进行了大量的研究和追捧,但是由于应用的局限性,20 世纪 80 年代末期,美国国防高级研究计划局减少了对相关研究的拨款,使得人工智能进入了"人工智能之冬"阶段。

**6. 真正的春天**

1997 年,IBM 公司研究的"深蓝"计算机系统战胜了国际象棋世界冠军 Garry Kasparov,成为第一个在标准比赛时限内击败世界冠军的系统。

2011 年,IBM 公司开发的基于自然语言问答的人工智能程序 Watson 在智力问答节目中打败了两位人类冠军。

2012 年,加拿大神经学家团队创造的虚拟大脑 Spaun 通过了基本的智商测试。该大脑由 250 万个模拟"神经元"构成,具备简单的认知能力。

2013 年,Facebook 成立人工智能实验室,对深度学习领域进行探索,旨在为用户提供智能化的产品体验;谷歌收购语音和图像识别公司 DNN Research,推广深度学习计算平台;国内的百度公司创立深度学习研究院。深度学习相关的算法研究被广泛应用到业界产品的开发中。

2015年,谷歌开源了深度学习计算平台TensorFlow,可以通过对大量数据的训练,帮助计算机完成各种任务。同年,英国剑桥大学建立人工智能研究所。

2016年,谷歌开发的AlphaGo智能系统战胜了围棋世界冠军李世石。本次人机对弈使得人工智能被大众熟知,引燃了整个人工智能市场,标志着人工智能新一轮爆发的开始。

### 4.2.3 深度学习的发展

深度学习属于人工神经网络(Artificial Neural Network,ANN),是其中的一个具体的分支。其最早模型是在人工神经网络上加入了深度网络结构的模型。1943年,人工神经网络由美国的W. S. McCulloch和数理逻辑学家W. Pitts首次提出,并应用数学理论对"神经元"进行形式化描述,从而开启了对人工神经网络的研究。1949年,心理学家Donald Olding Hebb构建了"神经元"的数学模型,制定了网络的学习规则。1957年,Frank Rosenblatt建立了首个结构最简单的人工神经网络感知机(Perceptron)模型,该模型可以基于最小二乘的思想或者Hebb学习规则进行网络参数的训练。随后,Frank Rosenblatt第一次通过硬件实现了感知机模型Mark I,开辟了硬件化发展人工神经网络的方向。由于感知机网络只包含一层神经元,并且采用的是阈值型激活函数,仅能对输入得到0或1的输出响应,完成目标的分类。这导致该模型的能力十分有限,只能解决二元线性分类问题,对于异或等线性不可分的问题无法得到正确处理。

1980年,Geoffrey Hinton提出了多层感知机(Multilayer Perceptron,MLP),使用包含多个隐含层的深度网络结构代替了传统感知机模型的单层结构,是最早的深度学习模型。1974年,Paul Werbos提出了用反向传播(Back Propagation,BP)算法训练神经网络的基本思路,并进一步被Geoffrey Hinton等人应用于训练深度神经网络。由于神经网络的参数训练问题是一个非凸问题,使得反向传播算法极难收敛到全局最小值点,另外,需要大量的训练样本、训练收敛速度慢等问题导致深度神经网络的发展陷入了瓶颈。

此后,研究人员逐渐将研究重点放在了包含隐含层的浅层模型,如支持向量机、逻辑回归、最大熵模型和朴素贝叶斯模型等。但是这类模型受限于简单的模型结构,特征提取的能力有限,无法解决较为复杂的问题。

1998年,Yann LeCun提出了卷积神经网络(Convolutional Neural Network,CNN)。2006年,Geoffrey Hinton正式提出了深度学习的概念,以及深度置信网

络(Deep Belief Network,DBN),并提出了逐层贪心算法进行网络参数的训练,解决了深度网络难以训练的问题。2009 年,Yoshua Bengio 提出了堆叠自动编码器(Stacked Auto-Encoder,SAE),该模型将深度置信网络的基本单元(玻尔兹曼机)替换为自动编码器。

1982 年,John Hopfield 提出了最早的递归神经网络(Recurrent Neural Network,RNN)Hopfield 模型。1997 年,Jürgen Schmidhuber 提出了长短期记忆网络(Long Short-Term Memory,LSTM),促进了递归神经网络的发展。在自然语言处理领域,长短期记忆网络取得了显著的成绩。

深度学习概念提出以来,受到了学术界和工业界的高度关注,并率先在语音和图像领域得到了应用。2011 年,深度学习被应用于语音识别领域,大幅提高了识别正确率。2012 年,基于深度学习的方法在图片分类比赛 ImageNet 中降低了 14% 的分类错误率。如今,深度学习的应用领域越来越广,在语音、图像、自然语言处理、大数据特征提取等方面均实现了快速的应用和发展。

### 4.2.4 智能产业发展现状

**1. 人工智能产业发展**

1997 年,我国人工智能发展开始起步,相对于全球人工智能发展历史,我国的发展起步相对较晚。直到 2012 年,我国人工智能相关的专利申请数量首次超过了美国,成为申请人工智能相关专利最多的国家。随着近年来技术的发展和突破,我国在人工智能领域的发展进入了快速增长期,进一步促进了我国人工智能市场规模的快速增长。根据前瞻产业研究院发布的《2017—2022 年中国人工智能行业市场前瞻与投资战略规划分析报告》显示,2014 年中国人工智能的市场规模为 48.6 亿元,2016 年已经增长至 95.6 亿元,年均复合增长率高达 40.25%。

人工智能产业链包括基础设施层、技术研发层和应用层三个方面。据《新一代人工智能发展白皮书(2017)》,国外企业凭借其领先的技术优势进行全产业链的布局,而大部分基础产业的核心技术仍掌握在国外企业手中,从而为我国企业进行自主研发带来了技术封锁。当前,国内科研机构及相关企业逐步加强对传感器、底层芯片及算法等基础层技术的科研力度,一大批国内初创企业在智能芯片和算法模型等方面已开展了相关的科研工作,并取得了一定的成果。

实现我国人工智能领域的产业化,保证我国人工智能领域的快速发展,需要在我国在人工智能的全产业链上进行不断的改进。同时,也需要相关企业进行主体观念的转变、技术研发的不断投入以及国家相关政策的不断完善。

**2. 人工智能人才博弈**

人才一直是科技圈争夺的核心资产。在人工智能行业,名头响亮如吴恩达这样的人才,屈指可数,但除了吴恩达,在人工智能概念日益火爆的当下,专业人才短缺的问题依然频频涌现。Yoshua Bengio 认为:"深度学习现在炙手可热,目前的困境是缺乏专家,一个博士生大概需要五年的时间培养,但是五年前还没有博士生开始从事深度学习,这意味着现在该领域的专家特别少,可以说弥足珍贵、极度稀缺。"

吴恩达认为,数据是造成人才匮乏的主要原因,针对某些领域的问题,很难获取到足够的数据;其次是计算基础架构工具,具体包括计算机的软硬件环境;最后是培养时间,深度学习领域的工程师培养时间一般较长。所以科技巨头(如谷歌、Facebook、百度等)大多通过收购初创公司进行人才的招揽。

## 4.3 大数据智能分析技术

### 4.3.1 智能分析经典理论

机器学习(Machine Learning,ML)是利用计算资源在现有数据的基础上学习,并改进和完善系统性能的过程。它是一门涉及了神经科学、信息论、最优化、统计学等理论的交叉学科,为语音处理、图像理解、数据分析、数据挖掘等众多领域提供了重要的理论支撑。

机器学习起源于 20 世纪 50 年代初期。在六七十年代,机器学习方法实现了初步发展,例如采用逻辑或图结构的符号主义方法、强化学习方法等。至七八十年代,随着第一届机器学习研讨会(IWML)的举行以及权威期刊 *Artificial Intelligence* 机器学习专辑的出版,机器学习成为一门独立的学科领域。

1983 年,Edward Albert Feigenbaum 等人将机器学习分为机械学习、指导学习、归纳学习以及类比学习。其中,归纳学习通过若干训练样本学习归纳出一般性的规律与概念,逐渐成为该领域研究应用最为广泛的分支。根据算法反馈的不同,归纳学习进一步分为有监督学习、半监督学习以及无监督学习。

归纳学习的主流算法可以分为符号主义学习、统计学习以及基于神经网络的连接主义学习。符号主义学习的代表工作是决策树,它是一种基于树结构自顶向下生成的预测模型,叶子节点表示预测结果,内部节点表示某种属性测试,基于不同的属性划分方法,又分为 ID3、C4.5、CART 等。

20 世纪 90 年代,统计学习成为机器学习的热点,代表工作主要为支持向量机,该方法在小数据集上具有优异的效果,泛化能力强。其核心问题是寻找一个超平面,最大化类别之间的间隔,并引入核函数进一步解决线性不可分问题。

1983 年,John Hopfield 等人通过神经网络解决了 NP 难题——旅行商问题(Travelling Salesman Problem,TSP),重新唤起基于连接主义的神经网络的研究。1986 年,Rumelhart 等人提出的反向传播神经网络,为其发展产生了重要的影响。但是连接主义的神经网络具有明显的缺陷:①神经网络模型没有明确的概念,对知识获取不利;②模型包含的大量参数需要人工调整,缺乏一定的理论基础。

21 世纪以后,深度学习和反向传播算法成为机器学习领域的研究热点。深度学习利用深度神经网络对数据进行特征学习,可以建模高维数据中的复杂信息,相比于传统的机器学习算法,可以解决更为复杂的问题。深度网络模型具有强大的特征学习能力,但是训练样本过少,会降低模型的训练效率,陷入过拟合风险。近年来,随着数据获取的快速发展,为深度学习网络提供大量训练样本成为可能,大幅降低过拟合问题。另外,计算与存储设备的飞速发展也为深度网络模型训练样本的处理与参数的求解提供有力的支持。数据量的持续增长和可用计算能力的提高为深度学习的崛起奠定基础,并进一步促进深度学习的发展。

### 4.3.2 深度学习基本思想

实际生活中,一般需要用特征来表示一个对象,并进一步的解决该对象相关的问题。在文本分类中,词集合或者向量空间可以作为文本的特征,基于该特征就可以进一步应用不同的分类算法对文本进行处理。在图像分类中,像素集合、尺度不变特征变换(Scale Invariant Feature Transform,SIFT)等用来表示图像的特征。对于解决一个实际问题来说,特征的选取对结果的影响很大。然而,手工选取特征是一种启发式的方法,不仅费时费力,很大程度上需要靠经验和运气。而深度学习则是一种自动学习特征的学习模式。

在深度学习领域,为了更好地理解一个深层的神经网络,研究人员通常关注的是模型如何工作,以及如何提高模型的准确率。因此,一些现有的工作重点是可视化网络中神经元所提取到的特征,以及它们之前的相互关系。这有助于理解模型学到了什么,内部工作机制是什么。其他可视化工作集中在可视化的整个训练过程和训练过程中的信息,有助于设计和训练更好的模型。

深度学习可视化可以有许多不同的分类方法。考虑使用什么样的可视化方法,潜在的分类可以是基于网格的方法和基于网络的方法等。而考虑到可视化的应用目标,其他潜在的分类可能是神经元可视化、层可视化、连接可视化等。因此,基于可视化的目的,一般将现有的工作分为特征可视化、关系可视化和过程可视化,如图 4-1 所示。

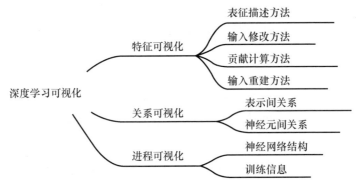

图 4-1 深度学习可视化

(1)特征可视化用来处理可视化神经元学习到的感兴趣的特征。特征可视化可以进一步分为表征描述、修改输入、计算贡献、输入重建。

(2)关系可视化主要关注学习到的特征之前的关系和神经元之间的关系。在这里投影和聚类技术是常见的可视化技术,如散点图和基于 DAG 的可视化。

(3)过程可视化主要包括神经网络结构可视化和训练信息可视化。过程可视化集中在整个深度学习模型的工作流程。

在深度学习领域中,各种机器学习技术和体系结构可以大致分为无监督学习(或生成学习)和有监督学习。然而这种分类过于笼统,没有考虑特殊神经网络结构的不同,因此不适于可视化应用。要想应用可视化技术,需要仔细考虑网络的结构,因为不同的结构可以产生很大的差异。在一般情况下,神经网络通过结构可以分为深层神经网络(Deep Neural Network,DNN)、卷积神经网络(Convolution Neural Network,CNN)、递归神经网络(Recurrent Neural Network,RNN)和深度置信网络(Deep Belief Network,DBN)。其中,CNN 和 RNN 是应用最广泛的两种结构,所以有许多可视化工作主要集中这两种架构上。

## 4.3.3 深度学习主流模型

### 4.3.3.1 基础模型

**1. 深度置信网络**

深度置信网络(Deep Belief Networks,DBN)是一种产生式的概率模型,它的基本结构是一个多层的神经网络,其图模型如图4-2所示。

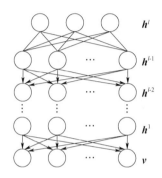

图4-2 深度置信网络图模型

深度置信网络最上面一层网络是无向图模型,即限制玻尔兹曼机模型,其余各层是自上而下的有向连接图模型,根据这个图模型可得到深度置信网络各节点联合概率分布为

$$P(v,h^1,\cdots,h^{l-1},h^l) = P(h^{l-1},h^l)\left(\prod_{k=1}^{l-2}P(h^k\mid h^{k+1})\right)P(v\mid h^1)$$

基于这种网络结构,Geoffrey Hinton等人提出一种逐层训练方法,用于深度置信网络训练,即通过非监督算法逐层训练多个限制玻尔兹曼机,前一层限制玻尔兹曼机隐藏层节点输出的激活值作为下一层限制玻尔兹曼机训练的输入数据,最后将这些限制玻尔兹曼机逐层堆叠组成一个深度置信网络。

限制玻尔兹曼机是一种基于能量模型(Energy - based Model)的概率模型。能量模型对模型参数空间中的每个可能的参数取值都有一个用标量表示的能量与之相对应,能量函数是从模型参数空间到能量间的映射函数,模型的训练过程是通过参数的调整使能量函数能更好地表达数据的特征。在基于能量模型的方法中,较为理想的参数优化结果通常可以使能量模型函数具有较低的能量值。

限制玻尔兹曼机是玻尔兹曼机模型的一种特殊形式。玻尔兹曼机的概率图模型如图4-3所示,模型由两层网络结构构成,即可视层(visible layer)和隐藏层(hidden layer),其中 $v$ 和 $h$ 分别代表可视层节点和隐藏层节点,网络中的每个节点之间都有连接,这些连接表达了节点之间的关联关系。玻尔兹曼机的能量函数为

$$E(v,h) = -b^\mathrm{T}v - c^\mathrm{T}h - h^\mathrm{T}Wv - v^\mathrm{T}Uv - h^\mathrm{T}Vh$$

式中:$b$ 和 $c$ 为可视层和隐藏层的偏置项;$W$、$U$ 和 $V$ 为每个节点对之间的连接权值。利用采样方法估计数据分布期望和模型分布期望,这两个期望的差值就是玻尔兹曼机参数更新的梯度值,然而玻尔兹曼机节点间全连接的结构使得采样过程非常困难,虽然有近似采样方法,但整个过程依然非常慢。与之相比,限制玻尔兹曼机的参数推导过程则相对容易得多,由于隐藏层中的节点与图像中的每个像素相连接,而每一层的节点之间互相没有连接,这种结构使得吉布斯采样方法能够很方便应用在模型参数推导中。

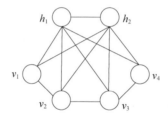

图 4-3 玻尔兹曼机图模型

限制玻尔兹曼机的图模型如图 4-4 所示,与玻尔兹曼机一样,是一个包含两层节点的无向图模型,即可视层与隐藏层,分别以 $v$ 与 $h$ 表示。在模型中,仅不同层间的节点互相连接,而相同层间的节点不存在连接,这种特殊结构使得我们能够方便地对隐藏层和可视层条件概率 $P(h|v)$ 和 $P(v|h)$ 进行因式分解,不同层节点的连接由一个权值矩阵 $W$ 表示。限制玻尔兹曼机的能量函数表示为

$$E(v,h) = -h^\mathrm{T}Wv - a^\mathrm{T}v - b^\mathrm{T}h$$
$$= -\sum_{i,j} v_i w_{ij} h_j - \sum_i a_i v_i - \sum_j b_j h_j$$

式中:$v$ 为可视层的状态向量;$h$ 为隐藏层的状态向量;$v_i$ 和 $h_j$ 分别为第 $i$ 个可视层节点与第 $j$ 个隐藏层节点的状态;$w_{ij}$ 为权值矩阵 $W$ 中连接这两个节点的权值;$a_i$ 和 $b_j$ 分别为可视层偏置项 $a$ 中第 $i$ 个元素与隐藏层偏置项 $b$ 中的第 $j$ 个元素。$W$、$a$ 和 $b$ 统称为限制玻尔兹曼机的网络参数。隐藏层节点 $h_j$ 的激活函数为

$$P(h_j = 1 \mid v) = \sigma\left(b_j + \sum_i v_i w_{ij}\right)$$

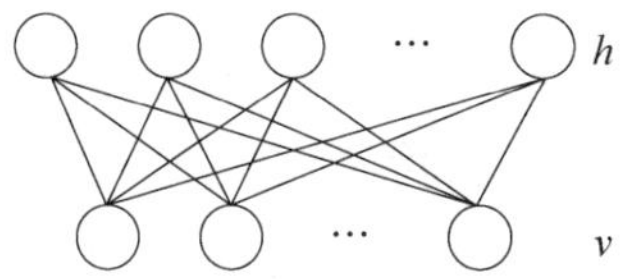

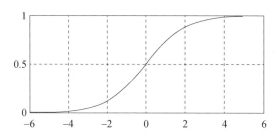

图 4 - 4　限制玻尔兹曼机图模型

$\sigma(x)$称为激活函数,其形式为 Sigmoid 函数,其形式定义为

$$\sigma(x) = \frac{1}{1 + e^{-x}}$$

Sigmoid 函数的图像如图 4 - 5 所示,该函数是神经网络中常用的激活函数之一,其值域为(0,1)。

图 4 - 5　Sigmoid 函数图像

限制玻尔兹曼机的参数推导与求解,通常利用梯度下降法、共轭梯度下降法,计算目标函数的梯度并采用循环迭代的方式实现参数逼近。通常利用吉布斯采样方法计算目标函数梯度,通过隐藏层与可视层之间的状态转移来估计模型分布,如图 4 - 6 所示,首先将可视层节点的激活值随机初始化,获得隐藏层节点的激活值,然后固定这些隐藏层节点激活值,计算可视层节点激活值,重复这个转移过程足够次数后,所得到的可视层节点和隐藏层节点激活值就是基于模型分布的采样数据。

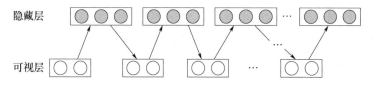

图 4 - 6　限制玻尔兹曼机中的吉布斯采样

然而,这种基于吉布斯采样的方法仍然十分缓慢,原因在于每个采样数据都需要经过足够次数的状态转移才能保证采样到的数据样本符合模型分布,且需要采样足够多的样本数据才能保证精确的模型估计结果。这些原因使得基于吉布斯采样的限制玻尔兹曼机训练过程仍然非常复杂,因此虽然理论上比计算配分函数的方法效率高得多,但在实际的训练中仍然无法获得很好的应用。

为了解决吉布斯采样效率较低的问题,Geoffrey Hinton 提出一种近似采样算法,称为对比散度算法(Contrastive Divergence,CD)。对比散度算法的基本原理是在吉布斯采样开始时,将训练样本数据作为可视层节点采样的初始值,来代替随机初始化,这样仅需要几次状态转移就可以较为近似地估计模型的真实分布。Geoffrey Hinton 等人的研究表明利用对比散度算法,仅进行一次状态转移(CD-1)就可以获得较好的估计结果。

**2. 卷积神经网络**

卷积神经网络(Convolutional Neural Network,CNN)是一种针对网格状数据(如图像、时序数据等)的神经网络,提出使用卷积(Convolution)操作代替矩阵乘法操作。基于局部感受野(Local Receptive Fields)、权值共享(Shared Weights)以及时空降采样(Spatial or Temporal Subsampling)的设计方式,使得卷积神经网络对平移、尺度、形变等变化具有强鲁棒性,在图像等领域获得了广泛的应用。

卷积神经网络一般由输入层、卷积层、池化层、全连接层以及输出层 5 部分构成,其中全连接层应用于网络的最末端,卷积层和池化层一般交替出现,并使用激活函数处理其输出。常用的激活函数为修正线性单元(Rectified Linear Units,ReLU),定义为

$$f(x) = \begin{cases} 0, & x < 0 \\ x, & 其他 \end{cases}$$

图(4-7)是经典的 LeNet-5 网络,用于识别手写罗马数字。LeNet-5 网络的输入层是大小为 $32 \times 32$ 的图像,最后一层是输出层,用于输出识别结果,倒数第二层为全连接层,用 $F_i$ 表示。余下 5 层由卷积层和池化层交替组成,其中:$C_i$ 表示卷积层;$S_i$ 表示池化层;$i$ 表示层的序号。

卷积神经网络主要由卷积层和池化层两类特征层构成,下面将分别介绍。

(1)卷积层。

卷积是一种线性运算,它的定义为

$$s(t) = (x * w)(t) = \int x(a)w(t-a)\mathrm{d}a$$

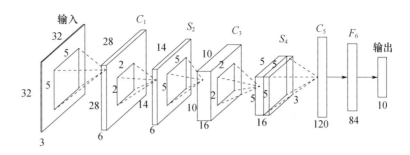

图 4-7 LeNet-5 网络结构图

式中：$x(t)$，$w(t)$ 为实数域 R 上的可积函数。卷积的离散形式为

$$s(k) = (x*w)(k) = \sum_{a=-\infty}^{\infty} x(k)w(k-a)$$

卷积运算可以实现稀疏连接和权值共享，并且可以处理不同大小的输入图像。

卷积神经网络是多层感知机的一种变种网络。多层感知机是一种多层前馈神经网络，由输入层、输出层以及全连接层构成。全连接层利用矩阵乘法操作建模输入输出关系，输出层的每个神经元均与上一层的所有神经元相连，即密集连接。如图 4-8 所示，输出神经元 $S_3$ 与所有的输入神经元均有连接关系。而卷积层则是稀疏连接方式，每个神经元仅与上一层的局部神经元相连，如图 4-9 所示。假设卷积层的卷积核尺寸为 3，则 $S_3$ 仅与上一层的 3 个输入神经元相连，如图 4-9 所示。稀疏连接的方式可以实现局部感受野的学习，有助于图像中的局部基本特征（如边缘、角点等）的提取，这些底层特征可以进一步由后续卷积层抽象为稳定的高层特征。由于卷积层的叠加，卷积神经网络中深层感受野远远大于浅层感受野，即使卷积层是稀疏连接的，位于深层的神经元仍可以间接连接到输入图像绝大部分或全部像素。图 4-10 显示了 $g_3$ 在每一层的感受野大小。

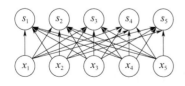

图 4-8 全连接层模型

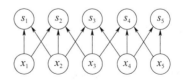

图 4-9 卷积层模型

与全连接层权值矩阵的每个值仅在计算输出时使用一次不同。卷积层应用了权值共享，即卷积核中的每一个权值在上一层的每个神经元（除边界位置）

都会计算一次。权值共享方式可以保证卷积层对于图像不同的区域应用相同的特征提取操作。因此,稀疏连接与权值共享大大减少了卷积神经网络的参数量,降低了训练难度。

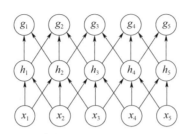

图 4-10　卷积神经网络的感受野

（2）池化层。

对于目标识别来说,相应特征的位置与识别结果相关性较低,基于这个原理,卷积神经网络引入了池化(Pooling)层实现对输入特征图的降采样操作,池化操作可以实现网络对输入平移、形变等变化的较强鲁棒性。另外,经过池化的降采样操作,网络的神经元数目会少于前一层,参数量进一步减少,可以避免过拟合。如图 4-11 所示,常用的池化方法主要有两种,一种是平均池化(Average Pooling),另一种是最大值池化(Max Pooling)。

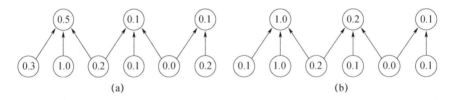

图 4-11　池化层模型

(a)平均池化;(b)最大池化。

**3. 循环神经网络**

循环神经网络(Recurrent Neuron Network,RNN)是一种对序列数据建模的神经网络,又称为递归神经网络。与全连接网络和卷积神经网络不同,循环神经网络可以处理输入与输出的关系。近两年,循环神经网络开始在语音识别、图像识别、自然语言处理等领域得到广泛应用。

（1）基本原理。

传统的神经网络模型,是从输入层到隐含层再到输出层的结构,每层之间的节点是无连接的。这种结构存在一定的局限性,无法解决时序性问题。

而循环神经网络的当前输出与之前的输出有关,网络会记忆之前的信息并应用于当前输出的计算过程中,即隐藏层之间的节点是有连接的,并且隐藏层的输入除了输入层的输出以外,还包括上一时刻隐藏层的输出。理论上,循环神经网络可以处理任何长度的序列数据。在实际应用中,为了降低复杂度,一般假设当前的状态只与前几个状态有关,图4-12便是一个典型的循环神经网络。

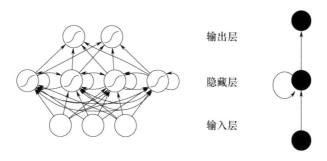

图4-12 循环神经网络模型

(2) 网络结构。

循环神经网络由输入单元(Input units)、输出单元(Output units)和隐藏单元(Hidden units)组成,分别使用输入集$\{x_0, x_1, \cdots, x_t, x_{t+1}, \cdots\}$,输出集$\{y_0, y_1, \cdots, y_t, y_{t+1}, \cdots\}$,隐藏单元输出集标记$\{h_0, h_1, \cdots, h_t, h_{t+1}, \cdots\}$表示,其中隐藏单元完成了循环神经网络的主要工作。图4-13给出了循环神经网络激活值推导示意图。

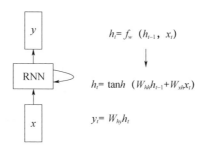

图4-13 循环神经网络激活值推导

图4-14展示了循环神经网络的展开形式。通过展开为全网络的形式,可以简单地表示全部序列。例如一个序列为5个词的句子,展开后是5层的神经网络,每一层分别对应该序列的一个词。

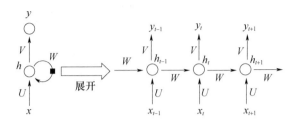

图4-14 循环神经网络展开形式

（3）主要应用。

循环神经网络在自然语言处理领域取得了广泛的应用,下面给出了一些实例。

① 语言模型和文本生成:以词序列作为输入,输出为每个词在给定前面词的条件概率。语言模型可以度量一个句子的可能性,是机器翻译的重要输入。预测下一个词可以得到一个生成模型,通过在输出概率中采样,生成下一个文本。依赖于训练数据,即可以生成各类文本。

② 机器翻译:输入为源语言的词序列。输出为目标语言的词序列。与语言模型的区别为,网络输出只能在得到整个输入之后开始,这是因为翻译的句子可能一般需要整个输入词序列的信息。

③ 生成图像描述:循环神经网络和卷积神经网络相结合,对输入图像生成描述。卷积神经网络获取图像特征,循环神经网络基于特征输出图像描述,实现生成的文字描述与图像特征的对齐。

**4. 生成对抗网络**

生成对抗网络(Generative Adversarial Network,GAN)是一种生成式模型。基于博弈论场景,由一个生成器和一个判别器构成。生成器的目标是学习真实数据的潜在分布,通过输入的随机噪声产生新的样本。判别器的目标是对输入的数据进行判别,确认输入是生成数据还是真实样本。图4-15反映了生成器和判别器之间的输入输出关系,训练生成对抗网络时,将其视为一个极小极大博弈(Minimax Game)问题,目标是达到纳什均衡,生成器可以估测到真实数据的分布。

生成对抗网络作为一种典型的生成式模型,可以学习真实数据分布的能力,生成与真实数据分布相一致的样本,在一定程度上反映生成对抗网络对事物的理解能力,有助于加深对人工智能在理解层面的研究。生成对抗网络的应用广泛,其直接应用是建模,如生成图像、视频等。生成对抗网络还可以应用于标注数据不足的学习情况,如半监督学习、无监督学习等。同时,还可以用于语音和语言处理,如由文本生成图像、生成对话等。

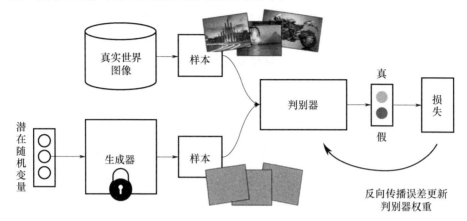

图 4-15　生成对抗网络示意图

#### 4.3.3.2　面向应用的典型专用模型

**1. AlexNet**

2012 年,Alex Krizhevsky 提出 AlexNet 网络,赢得了 The ImageNet Large Scale Visual Recognition Challenge(ILSVRC)2012 图像识别大赛的冠军。此后,CNN 逐渐成为图像分类上的核心算法模型。AlexNet 结构如图 4-16 所示,总共包括 8 层,其中前 5 层为卷积层,后面 3 层是全连接层。

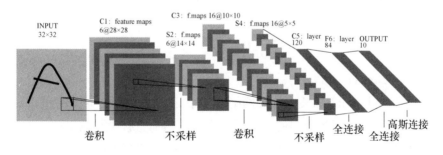

图 4-16　AlexNet 模型

AlexNet 中使用了局部响应归一化(Local Response Normalization,LRN)、线性修正单元(Rectified Linear Unit,ReLU)以及 Dropout 等诸多新技术,使得 AlexNet 的表现较以往方法有了质的提升。

**2. VGGNet**

Google DeepMind 公司和牛津大学计算机视觉组于 2014 年提出 VGGNet,取得了 ILSVRC 2014 比赛分类项目的第二名(第一名是 GoogLeNet,也是同年提出的)和定位项目的第一名。VGGNet 构筑了 16~19 层网络深度的卷积神经网络,证明网络深度在一定程度上可以影响网络性能,大幅降低错误率。同时,VGGNet 拓展性强,迁移学习的泛化性能好,被广泛用来提取图像特征。

VGGNet 同样由卷积层、全连接层两大部分构成,其网络结构如图 4-17 所示,由 5 层卷积层、3 层全连接层和 Softmax 层构成。VGGNet 的一大特点是使用多个尺寸为 3×3 的卷积层,在减少参数的同时,增加了非线性映射,提高网络的拟合能力。此外,相比 AlexNet 的 3×3 的池化核,VGGNet 全部采用 2×2 的池化核。网络第一层的通道数为 64,后面每层都进行了翻倍,最多到 512 个通道,通道数的增加使得更多的信息可以被提取出来。池化缩小了特征的尺寸,卷积核提高了通道的数量,网络架构实现了更深更宽的设计,同时控制了网络计算量的规模。

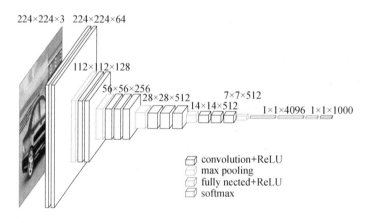

图 4-17　VGGNet 模型

### 3. GoogLeNet

GoogLeNet 的设计准则是增加网络的尺寸,包括增加网络的深度和宽度,即网络的卷积层数和每层应用的神经元的个数。然而直接增加网络的深度和宽度会提高网络尺寸和参数量,因此就会需要更多的计算资源,同时网络训练也会更加容易产生过拟合。

为了解决以上问题,GoogLeNet 中提出了 Inception 结构,如图 4-18 所示。该结构应用一系列的稠密子结构近似和覆盖了卷积网络的局部稀疏结构。Inception 结构中包含不同大小的卷积操作和一个池化操作,该结构在不增加计算负载的情况下,能够更好地利用计算资源,增加其深度和宽度。同时,GoogLeNet 采用了多尺度处理和 Hebbian 原理,优化了网络质量。

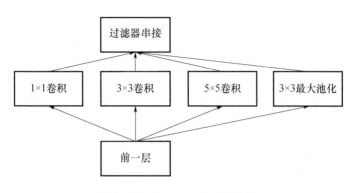

图 4-18  Inception 结构示意图

### 4. ResNet

自 AlexNet 以来,为了提高网络的性能,通常会不断加深网络的层数,但简单地叠加层会带来模型训练时"梯度消失"的问题。这是因为随着网络层数的提高,梯度在进行反向传播时,重复的相乘使得梯度无限变小。梯度消失问题会加大深度网络的训练难度,逐渐降低网络深度增加带来的性能增益,导致性能逐渐饱和,甚至下降。

为了解决梯度消失问题,ResNet 引入了跳层连接(Shortcut Connection),如图 4-19 所示。ResNet 并不是第一个利用跳层连接的,Highway Network 引入了门跳层连接(Gated Shortcut Connection),其中带参数的门控制了跳层结构中可通过的信息量。此外,长短期记忆网络(Long Short-term Memory,LSTM)里也有类似做法。ResNet 可以被看作是 Highway Network 的一个特例。通过利用残差模块,ResNet 成功训练了一个深度为 101 层和 152 层的神经网络,成为后续各类计算机视觉任务中常用的基础主干网络。

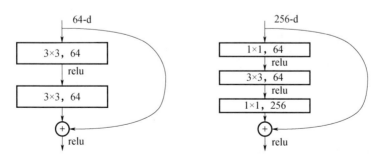

图 4-19  ResNet 中的残差模块

### 5. You Only Look Once(YOLO)/Single Shot Multi Box Detector(SSD)

传统的目标检测方法主要分为三部分,分别是区域选择、特征提取、分类器。传统检测方法的主要问题有:①区域选择的滑窗策略没有针对性,导致窗口冗余,时间复杂度高;②特征提取一般应用手工设计的特征,鲁棒性差。

随着深度学习的发展,在目标检测领域实现了重大突破,基于设计思路的不同,主要分为两种:①基于回归的方法,如 YOLO、SSD 等;②基于 Region Proposal 的方法,如 RCNN 系列等。

(1) YOLO。

YOLO 模型的网络结构如图 4-20 所示。如图 4-21 所示,利用 YOLO 进行目标检测的方法流程如下:

① 对输入的检测图像进行网格划分,一般设置为 7×7(像素)大小;

② 对网格进行边框预测,预测数量一般设置为每个网格 2 个,分别预测该边框的目标置信度和属于每个类别的概率;

③ 网络得到 7×7×2 个预测边框,去除阈值较低的结果,并应用非极大值抑制(Non-Maximum Suppression, NMS)方法去除冗余。

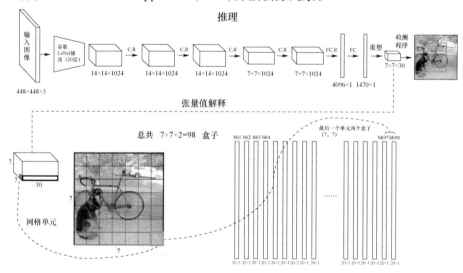

图 4-20 YOLO 模型

YOLO 算法特点可以概括如下:

① 将图像目标检测问题转化为回归问题,并设计了端到端的深度卷积网络,完成对输入图像重目标位置和类别的输出。输入图像仅需要一次前向传播,即可预测出所有目标的所属类别及概率和定位结果。

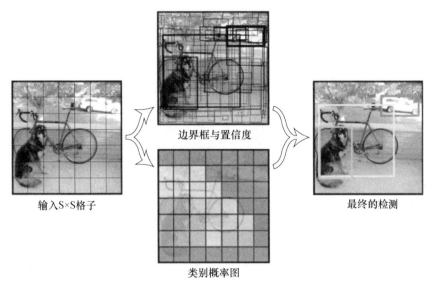

图 4-21 YOLO 检测过程

② YOLO 网络的检测速度快,尤其是 Fast YOLO 网络,减少了卷积层的数量,速度更轻快,最高每秒帧率(Frame Per Second,FPS)可达 155。

③ 应用了输入图像全局的上下文信息,减少了将背景预测为目标的背景错误。

④ YOLO 泛化能力较强。在自然图像上进行训练,然后迁移到人工合成图像中,依然具有较好的性能。

YOLO 虽然在检测速度上较以往模型有很大提升,但仍然存在一些问题。首先,YOLO 对靠得很近的物体和小物体检测性能较差。其次,YOLO 对长宽比不常见的同类目标的性能较差泛化能力偏弱。此外,YOLO 定位误差较大,尤其是小物体,影响检测效果。

(2) SSD。

SSD 的网络结构如图 4-22 所示。其核心思想是利用卷积核预测一系列预设目标框的坐标偏移和类别。SSD 应用了不同尺度的特征图上进行目标的预测,提高了准确率。由于 SSD 结合了预设锚框(Anchor)机制和回归思想,使得该网络实现了速度和准确性的较好权衡。SSD 主要有以下特点。

① 多尺度特征图。在骨干网络的基础上,将全连接层替换为卷积层,并额外增加了 4 个卷积层。卷积层的尺寸逐渐减小,进行多尺度预测。

② 卷积预测器。使用卷积层进行结果预测。在图像的每一个位置,都会预测属于每个类别的概率和相对于预测目标框的偏移量。

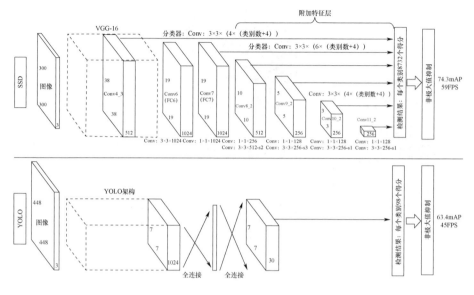

图 4-22　SSD 与 YOLO 模型比较

③ 默认框和比例。特征图的每个位置预设了 $k$ 个默认的目标框。对于每个目标框,预测属于每个类别的概率,以及相对于目标框的偏移量,即 $(C+4) \times k$ 个预测器,假设特征图尺寸为 $m \times n$,则产生 $(C+4) \times k \times m \times n$ 个预测结果。默认目标框如图 4-23 所示。

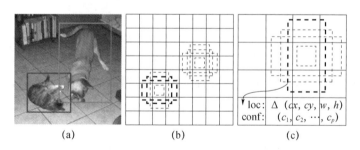

图 4-23　SSD 目标检测原理示意图

(a)带有真实检测框的图像;(b)8×8 特征图;(c)4×4 特征图。

### 6. Regions with CNN features(RCNN)系列

(1) RCNN。

RCNN 是卷积神经网络应用于图像目标检测的里程碑算法,借助卷积神经网络强大的特征学习和分类能力,通过区域推荐(Region Proposal)的设计思路完成目标检测。

RCNN 网络预测的流程图如图 4-24 所示,算法可以分为候选区域选择、CNN 特征提取和分类与边界回归三步。候选区域选择应用了区域推荐的方法,应用选择性搜索(Selective Search)算法获得潜在的目标区域,然后对提取的目标区域进行归一化操作,作为卷积神经网络的输入;CNN 特征提取则是通过卷积神经网络对输入图像进行特征提取的操作;分类与边界回归主要分为两个子步骤,第一个步骤是对输出的特征向量进行分类获得所属类别概率,第二个步骤则是通过边界回归得到目标定位结果。另外,一个实际目标可能会产生多个子区域,需要对预测的目标进行合并操作,避免一个目标多个结果的检出。

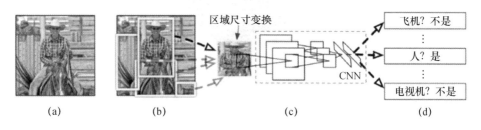

图 4-24 RCNN 网络预测流程图
(a)输入图像;(b)提取候选区域;(c)计算 CNN 特征;(4)区域分类。

RCNN 网络存在一些明显的缺陷:①候选区域选择部分需要对潜在目标进行预提取,该操作需要使用大量的存储空间;②提取的潜在区域尺寸各异,为了满足卷积神经网络固定尺寸的输入要求,需要进行缩放或裁剪等操作,导致目标发生形变,影响卷积神经网络特征提取的效果;③一张图像可能产生大量的潜在目标区域,需要分别进行卷积神经网络的计算,增加了计算资源的浪费。

(2) Spatial Pyramid Pooling Network(SPP – Net)。

CNN 的特征提取过程中,由于要做大量的卷积计算,因此整个过程非常耗时。为了解决这个问题,SPP – Net 首先提取整个输入图像的特征,在此基础上,得到每个候选区域的特征,进而提高了整个过程的时效性。其流程图如图 4-25 所示。

SPP – Net 取消了 RCNN 网络进行图像缩放或裁剪的操作,避免了目标形变对特征提取的影响。此外,SPP – Net 提出了空间金字塔池化(Spatial Pyramid Pooling)层,在不同尺寸输入图像的情况下实现相同维度特征向量的输出。该层针对不同分辨率的特征图,基于预先定义的尺寸划分方法进行池化,得到固定长度输出,有效解决了卷积层的重复计算问题。

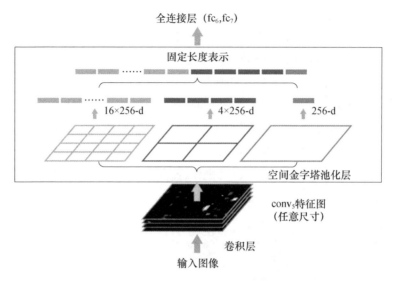

图 4-25 SPP-Net 流程图

SPP-Net 在一定程度上解决了 RCNN 网络的缺陷,但是整个训练过程仍然和 RCNN 网络一样是多阶段的,需要存储大量的中间结果信息,难以完成网络的整体训练。另外,SPP-Net 仍然没有解决区域推荐的耗时问题。

(3) Fast-RCNN。

Fast-RCNN 是对 RCNN 网络的一种加速改进,为了达到这个目的,Fast-RCNN 的改进主要在以下几个方面:

① 提出了感兴趣区域(Region of Interest,ROI)池化层,并预设了不同的候选框,加入候选框映射功能,解决网络的反向传播,实现了网络的整体训练。

② 提出多任务损失函数(Loss)。分别使用 Softmax 损失函数和 Smooth L1 损失函数代替了 SVM 分类以及边界框(Bouding box)回归,实现了分类和边框回归的统一,将分类和回归部分进一步整合至深度网络中,统一训练过程,提高了算法准确性。

③ 全连接层应用奇异值分解(Singular Value Decomposition,SVD)方法进行加速。

通过以上改进,模型训练时可对所有层进行更新,除了速度提升外,得到了更好的检测效果。如图 4-26 所示,多任务损失函数层是其核心思路。其计算方式为

$$L_{cls} = -\log p_l$$

式中：$p_l$ 为目标类别标签对应的概率值，且有 $p_l = 1$ 时，损失为 0。$L_{reg}$ 表示目标回归误差，可表示为

$$L_{reg} = \sum_{i=0}^{3} g(t_i^u - v_i)$$

这是回归框与目标框之间的误差，$i$ 对应了描述边框的 4 个参数（上下左右或者平移缩放），$g$ 对应相应参数的误差值，应用了 Smooth L1 损失函数，在 $|x| > 1$ 时，使用线性计算降低离群噪声的影响，即

$$g(x) = \begin{cases} 0.5x^2, & |x| < 1 \\ |x| - 0.5, & \text{其他} \end{cases}$$

$L_{total}$ 表示整体加权目标损失函数：

$$L_{total} = \begin{cases} L_{cls} + \lambda \times L_{reg}, & \text{前景} \\ L_{cls}, & \text{背景} \end{cases}$$

其中，$L_{total}$ 表示整体加权目标损失，$L_{cls}$ 表示分类损失，$L_{reg}$ 表示目标回归损失。

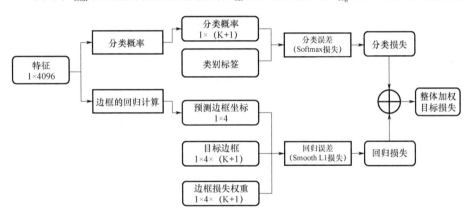

图 4 - 26　Fast - RCNN 损失函数示意图

（4）Faster - RCNN。

Faster - RCNN 进一步改进了提取候选框部分，提出了区域推荐网络（Region Proposal Network，RPN），将候选框提取过程在特征图上实现，避免了直接在原始图像上进行候选框提取带来的高计算量，从而进一步提高效率。

提出的 RPN 网络，将提取候选框操作整合到卷积神经网络中。RPN 网络应用卷积操作，在输入图像的特征图上进行滑动操作实现候选框的提取，特征图的每个位置生成 9 个不同尺度和宽高比的候选窗口。提取候选窗口的特征进一步应用于目标的回归和分类，网络流程图如图 4 - 27 所示。

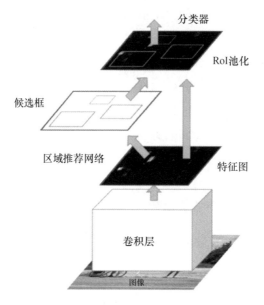

图4-27 Faster-RCNN 流程图

最后,图4-28展示了 RCNN 网络的演进过程。随着 Faster-RCNN 的提出,基于卷积神经网络的实时目标检测方法取得了显著的突破,很多研究基于该框架提出了适用不同情况的改进。

图4-28 RCNN 系列网络的演进历史
(a) RCNN;(b) SPP-Net;(c) Fast-RCNN;(d) Faster-RCNN。

### 7. DeepLab 系列

回顾之前的全卷积网络(Fully Convolutional Networks,FCN),因为卷积核步长的存在,使得网络中的特征图会变得越来越小,而全卷积网络通过反卷积还原到原图尺寸的方式是非常粗略的。所以 DeepLab 将步长改为1,这样得到的特征图会更加密集,但是与此同时又出现了一个问题,就是图像感受野(Receptive Field)的缩小,这不利于对特征的提取。因此,DeepLab 提出了空洞卷积(Atrous Convolution),采用带孔算法,在卷积核中增加"孔",如图4-29所示。

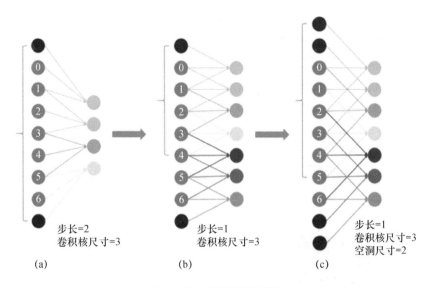

图 4 - 29 空洞卷积示意图

这种卷积方式既得到更密集的特征图,又保证了在步长减小时感受野大小的不变,图中大括号的范围代表感受野的大小。这样的操作相当于卷积时跨过了一些像素值,这个扩大了的卷积核可通过填零来实现。空洞卷积可以保证卷积后的感受野大小不变,相比于全卷积网络,保证了输出结果更加精细,如图 4 - 30 所示。

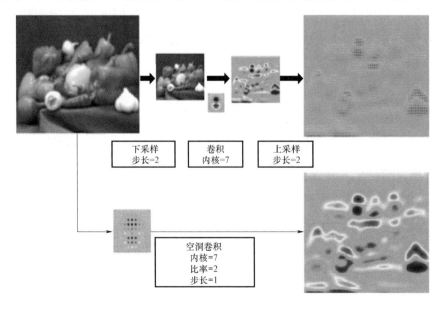

图 4 - 30 空洞卷积结果对比

此外,如图 4-31 所示,DeepLab 在后端增加了一个全连接的条件随机场(Conditional Random Fields,CRF),在图像处理中做平滑处理,在决定某一像素值时,参考周围的像素值,以降低局部噪音对结果的影响。同时,DeepLab 通过引入全连接的条件随机场,实现对图像全局信息的有效利用,并采用双线性插值恢复到原始图像分辨率,这样可以有效地改善输出结果,提高精度。

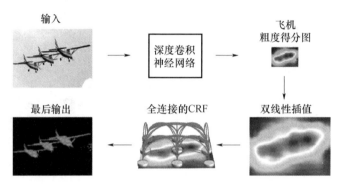

图 4-31　全连接条件随机场示意图

以上是 DeepLab V1 中所采用的主要方法,在随后出现的 DeepLab V2 中,在 DeepLab V1 的基础上,从感受野的角度出发,采用了多尺度处理,如图 4-32 所示。提出了金字塔型的空间池化(Atrous Spatial Pyramid Pooling,ASPP)结构。具体来说,采用多个不同采样率的并行空洞卷积层进行图像处理,就会有多个大小不同的感受野,最后将多个图像叠加在一起得到输出结果,这里的采样率可以理解为空洞卷积"孔"的大小。

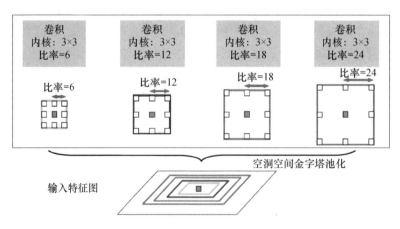

图 4-32　金字塔型的空间池化结构示意图

DeepLab V2 提出了利用金字塔型的空间池化结构获取图像多尺度特征,但是需要注意采样率的选择,对于某一尺寸的特征图,有效权值随着采样率的提高而不断减小。如图 4-33 所示,将不同采样率的 3×3 卷积核应用在尺寸为 65×65 的特征图上,当采样率逐渐接近特征图尺寸时,卷积核只有中心点的权值有效,退化为 1×1 卷积,此情况下无法捕捉全局上下文信息。

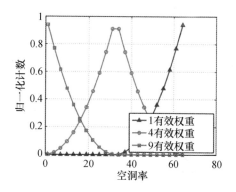

图 4-33 有效权重衰减示意图

针对这一问题,DeepLab V3 提出了改进的金字塔型的空间池化结构,如图 4-34 所示。一方面,该结构采用了采样率为 6、12、18 的空洞卷积和批标准化(Batch Normalization,BN)层组成。另一方面,考虑使用图像级特征,对图像进行全局平均池化以及卷积后再融合。连接所有结构,最后输入到一个 1×1 的卷积,加入批标准化层,得到最终输出。值得一提的是,DeepLab V3 中不使用条件随机场进行后期处理就可以得到相当好的结果,这也是该模型的优势所在。

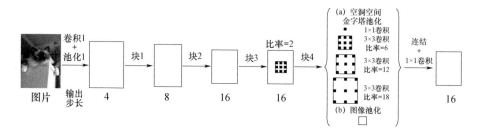

图 4-34 DeepLab V3 结构示意图

**8. Mask RCNN**

Mask RCNN 是一种实例分割算法,不仅可以检测目标,还可以对目标生成高质量的分割结果。Mask RCNN 是以 Faster RCNN 为基础,并行增加了一个预测分割结果的分支。Mask RCNN 应用范围广泛,在人体姿势识别、实例分割、目标检测、人体关键点检测等任务都取得了较好的效果。

图 4-35 是 Mask RCNN 的网络结构示意图,整个网络主要分成两部分:卷积主干结构用来提取整幅图像的特征,而分支网络用来对 ROI 进行识别和实例分割预测。实例分割分支是应用到每一个感兴趣区域上的一个小的全卷积网络,以像素级的方式预测实例分割结果。如何正确设计实例分割分支是结果好坏的关键。Mask RCNN 的要点如下。

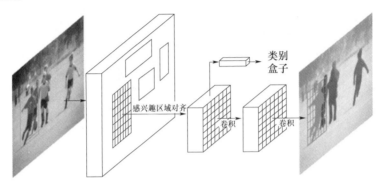

图 4-35　Mask RCNN 网络结构示意图

（1）多任务损失函数。多任务损失函数对于每一个感兴趣区域,损失函数由分类损失、位置回归损失和 Mask 损失三部分构成。其中分类损失和位置回归损失与 Faster RCNN 一样,Mask 损失只定义在第 $k$ 个 Mask 上,其他 Mask 输出对于损失没有贡献。

（2）Mask 特征表示。Mask 覆盖输入目标的空间位置,所以不能像类别标签和边界框一样通过全连接层降维成较短的向量。提取空间结构利用了全卷积网络的像素到像素结构。具体来说,利用全卷积网络对每一个感兴趣区域预测一个 $m \times m$ 大小的 Mask。这能保证 Mask 分支的每一层都保持 $m \times m$ 大小的空间布局,不会坍塌成缺少空间维度的向量。

（3）感兴趣区域对齐(ROI Align)。池化是对感兴趣区域提取小的特征映射所进行的一般性操作。然而,这样的池化导致了感兴趣区域和特征层上对应位置的偏差,这种偏差对像素级的分割任务有很大的影响。通过感兴趣区域对齐层,可以有效解决因池化产生的位置偏差,提升像素级分割的精度。

### 4.3.4　深度学习主要框架

随着基于深度学习的各类应用的快速发展,为了使深度学习相关方法的编码和应用更加便捷,各种各样的深度学习框架也如雨后春笋般涌现出来,如TensorFlow、Caffe、Theano、Torch/PyTorch、Keras、MXNet、PaddlePaddle等。

**1. TensorFlow**

TensorFlow由谷歌大脑(Google Brain)团队开发和维护。TensorFlow是一款比较高阶的机器学习或深度学习第三方库,给普通用户设计神经网络带来了极大的方便,用户不必思考诸如C++或CUDA之类过于底层的实现。TensorFlow的核心代码是用C++实现的,C++程序会极大地简化线上部署工序,在手机等移动设备上也可以运行大型深度网络。TensorFlow框架除了C++程序的接口,还包括官方的Python、Jave和Go语言以及非官方的R语言、Julia和Node.js等。对这些高阶编程语言,TensorFlow是通过SWIG(Simplified Wrapper and Interface Generator)来实现的。SWIG目前可以支持C或C++程序的接口,所以未来其他高阶脚本语言的接口也可以通过SWIG添加进来。在如Python之类的高阶脚本语言中,有一个严重影响执行效率的问题,即每个批(Batch)都要Python送入到深度学习模型中去,可能会有较大的延迟。因此用户在开发和部署时可以分别使用Python和C++进行,开发时用Python快速调试,部署时用C++来降低延迟并减轻对计算资源的消耗。

Tensorflow内置一个可视化工具Tensorboard,可以将输出的日志文件信息可视化,便于对程序的理解和进一步优化。可视化界面如图4-36所示,Tensorboard界面栏中包含了EVENTS、IMAGES、GRAPH和HISTOGRAMS多个监控指标。其中,EVENTS栏目可以显示各标量在训练过程中的变化曲线,图4-36显示的是loss标量的变化情况。除此之外,IMAGES栏目可以显示使用的图片数据,一般用于可视化训练或测试图片;GRAPH栏目可以显示网络结构;HISTOGRAMS栏目可以显示训练过程中参数的分布情况。

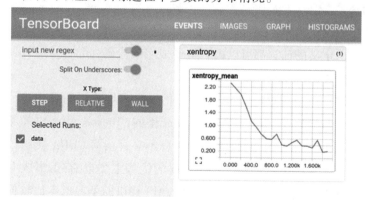

图4-36 TensorBoard的loss标量的可视化

## 2. Caffe

在 TensorFlow 出现之前,Caffe 是一个被广泛使用的开源深度学习框架,是深度学习领域 GitHub star 最多的项目。Caffe 框架的创立者贾扬清,同时也是 TensorFlow 的开发者之一,贾扬清在学生阶段曾实习于一些知名企业,如 MSRA、NEC 和谷歌大脑,2016 年他离开谷歌就职于 Facebook FAIR 实验室。Caffe 框架主要包括以下几方面优势:

(1)上手简单,用户可以用配置文件(＊.prototxt)定义深度学习模型,而不必通过大量的代码。

(2)有较快的训练速度,能够训练性能优良的大型深度网路。

(3)Caffe 框架将组件变为单独的模块,具有良好的迁移能力。

除此之外,Caffe 的模型库(Model Zoo)中已经包含了非常多的训练好的模型权重,如 AlexNet、VGGNet、ResNet 等(github.com/BVLC/caffe/wiki/Model-Zoo)。在使用 Caffe 将模型训练完毕后,用户可以把权重文件制作成接口,方便 Python 或 MATLAB 等高阶语言的调用。但是,Caffe 框架也有其不足,在配置文件中设计网络结构有一定的限制,不如 TensorFlow 或 Keras 等框架方便。Caffe 的配置文件无法通过编写程序来调整超参数,同时也没有像 Python 第三方库 Scikit-learn 的 estimator 工具来进行网格搜索的操作。Caffe 在 GPU 上有良好的训练能力,同时也能支持通过第三方框架(如 Spark)实现 Caffe 的分布式训练。

## 3. Theano

Theano 框架是一个高性能的符号计算及深度学习库,该框架是由蒙特利尔大学的 Lisa Lab 团队于 2008 年创立的。因为该框架的出现时间较早,曾一度被该领域的众多专家学者看作是深度学习的一个重要标准。Theano 的核心模块为一个数学表达式编辑器,该编辑器的功能是专门处理大型深度学习模型的计算。用户自己定义的计算都可以被它编译成底层代码,同时链接到可以进行加速的库,例如 CUDA、BLAS 等。

Theano 可以支持用户定义、优化和评估包含多维数组的表达式,并且允许将计算转移到 GPU 上。与 Scikit-learn 相同,Theano 也可以较好地兼容 NumPy,而且该框架对 GPU 的透明也让用户不必直接写 CUDA 代码,可以比较方便地进行深度学习模型的设计。Theano 的优势主要包括:①集成 NumPy,用户可以直接调用 NumPy 库的 ndarray 类型,API 接口的学习成本比较低;②有较好的计算稳定性,可以精确地计算输出值非常小的函数;③具有动态生成 C 或

CUDA 的代码的能力,可以编译成比较高效的机器可读代码。

**4. Torch/PyTorch**

PyTorch 是著名企业 Facebook 的 AI 研究团队开源的一个 Python 库,专门面向可以进行 GPU 加速的大型神经网络的编程。Torch 作为一个经典的可以对多维复杂矩阵数据进行计算的张量(Tensor)库,在机器学习和一些数学密集型场景有着非常广泛的应用。不过由于 Torch 程序采用的是 Lua 语言,这导致其在国内的受众一直很小,渐渐地被 TensorFlow 抢走了大量的用户。PyTorch 作为 Torch 机器学习库的端口为 Python 用户提供了非常优秀的代码编写选择。PyTorch 具有十分明显的优势,主要包括以下几方面:

(1)动态计算图表。大部分使用计算图表的深度学习框架都会在运行之前生成和分析图表。相反,PyTorch 在程序执行期间使用反向模式的自动微分来构建计算图表。因此,用户对模型的更改并不会带来执行时间的延迟与模型重建的计算开销。PyTorch 的动态图表模式除了更容易调试之外,还使得其能够处理可变长度输入和输出,这对文本和语音的自然语言处理特别有用。

(2)后端十分精简。PyTorch 并没有使用单一的后端,而是专门针对 CPU 和 GPU 不同的功能特点使用了不同的后端库。例如,针对 CPU 的张量后端为 TH 库,而针对 GPU 的张量后端为 THC 库。类似地,针对 CPU 和 GPU 的神经网络后端分别是 THNN 库和 THCUNN 库。利用单独的后端可以获得更为精简的代码,这些代码会高度关注在特定种类的处理器上以比较高的内存效率运行的特定任务。单独后端的使用使得在资源受限的系统上部署 PyTorch 变得更容易,如嵌入式应用程序中使用的系统。

(3)Python 优先。虽然 PyTorch 是 Torch 的一种衍生产品,但它被开发者特意地设计为一个单独的 Python 库。PyTorch 的所有功能都可以看作 Python 语言中的类,因此 PyTorch 的代码能够与 Python 的内置函数和其他 Python 第三方库完美兼容。

(4)命令式编程风格。因为对程序状态的直接更改会触发计算,所以代码执行不会延迟,而且会生成简单的代码,这避免了可能扰乱代码执行方式的大量异步执行。处理数据结构时,这种风格不但直观,而且容易调试。

(5)高度可扩展。用户可以使用 C/C++ 来编程,只需使用一个针对 CPU 进行了编译的扩展 API,或者使用 CUDA 操作即可。此特性有助于针对新的试验用途而扩展 PyTorch,使得 PyTorch 对研究人员很有吸引力。

### 5. Keras

Keras 使用 Python 语言进行网络结构的设计,该框架是一个高度模块化的深度学习库,可以封装在 TensorFlow 和 Theano 之上。Keras 能够极大简化科研想法的变现过程,方便用户快速高效地进行原型实验。

在通用的计算上,Theano 和 TensorFlow 优势明显,但在深度学习方面,Keras 则更胜一筹。Theano 和 TensorFlow 类似于深度学习中的 Numpy 库,而 Keras 则更像是 Scikit-learn。Keras 提供了非常简洁的 API,用户仅仅需要将一些集成的高级模块像搭积木似地拼接在一起,就能够设计出一个深度神经网络模型。这种开发模式对于编程开销(code overhead)和他人阅读代码时的理解开销(cognitive overhead)都是极大的简化。Keras 可以支持循环神经网络和卷积神经网络,并且支持级联网络或图结构模型。同时,CPU 到 GPU 之间的切换也并不需要做任何代码改动。由于 Keras 是 Theano 或 TensorFlow 更进一步的封装,在模型训练时,Keras 并不会带来性能上的损耗,只是大大简化了代码编写的复杂过程,节约了开发时间。Keras 在越复杂的模型设计中越会有更大的收益,特别是那些非常依赖多任务、多模型、权值共享的网络上。

### 6. MXNet

MXNet 是由 DMLC(Distributed Machine Learning Community)研发的一款开源深度学习框架,具有可移植、灵活性高等特点。符号编程模式和指令式编程模式都可以在 MXNet 中使用,以最大化用户的设计效率,并增强开发的灵活性。

相比于其他框架,MXNet 是最先支持多 GPU 和分布式训练的框架,而且 MXNet 在进行分布式训练时也有较好的性能。动态的依赖调度器是 MXNet 的核心部分,它能够自动地把计算任务并行到多个 GPU 或分布式集群中。在它上层的计算图优化算法能够使符号计算非常快地被执行,当启动镜像(mirror)模式后,内存占用会更小,能够训练在其他框架下因显存不足而无法训练的网络,并且该框架也能够在移动端(Android、iOS)执行图像识别任务。另外,如图 4-37 所示,对于多程序语言封装的支持,如 C++、Python、R、MATLAB、Go、Julia、JavaScript 和 Scala 等,也是 MXNet 框架的一大优势。

### 7. PaddlePaddle

2013 年,PaddlePaddle 平台的前身由百度自主研发成功,该平台自创立以来一直都在百度内部使用。当前全球几大科技公司的深度学习开源框架都表现出了各自的技术特点,因百度在搜索引擎、机器翻译、用户推荐、图像识别等领域都有业务和技术需求,PaddlePaddle 的功能也较为齐全,在众多任务上都有着不俗的表现。

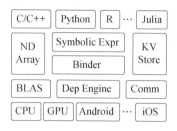

图 4 - 37　关于 MXNet 的系统架构

## 4.4　地理空间大数据智能分析技术

发展地理空间大数据智能分析技术的目的是将长期积累的地理空间数据转化为对观测对象的整体观测、分析、解译,获取丰富准确的属性信息,挖掘目标区域的演化规律。本节将从可见光遥感图像分析、SAR 图像分析、地理空间文本数据分析、电子信号数据分析四个方面介绍地理空间大数据智能分析的发展现状。

### 4.4.1　可见光遥感图像分析技术

#### 4.4.1.1　技术简介

可见光遥感图像能够直观呈现丰富的地物信息,在涉及国计民生的多个领域都具有重要的应用。近些年来,可见光遥感图像的数量累积速度越来越快,分辨率也越来越高。最初,可见光遥感图像信息获取主要依赖于人工判读,但随着遥感图像数量的增多,人工判读很难保证获取信息的时效性。因此,研究人员开始逐步关注可见光遥感图像自动解译方法的研究。图像自动解译是指通过计算机算法自动从原始图像中获取感兴趣信息的过程。相对于人工判读方法,图像自动解译技术不但能将判读人员从繁重的工作中解放出来,而且能够提升处理效率,保证获取信息的时效性,对于需要快速反应的侦测任务或自然灾害场景有重要的意义与价值。

**1. 可见光遥感图像目标检测**

近年来,深度卷积网络模型在图像目标检测的各项指标上取得了很大的进步。这些算法主要分为两类。

第一类为双阶段目标检测算法,其主要代表为 RCNN、SPP - Net、Fast RCNN、

Faster RCNN 等算法。此类算法主要分为两个步骤:①构建目标预检测算法,根据图像中的颜色、纹理、边缘等特征信息,在图像中寻找存在潜在目标的区域,一般称其为待检测区域;②构建卷积网络模型,并在每个待检测区域中提取目标特征,进而基于这些特征确定每个待检测区域是否存在目标,并确定目标的类别以及精确位置。目标预检测算法的主要目的是快速高效地在图像中获取存在潜在目标的区域,但不对每个区域内目标的类别进行区分。为了保证后续算法对目标的召回率与准确率,目标预检测算法需要在保证目标召回率的前提下,尽可能减少返回待检测目标的数量,为后续网络模型的训练保证良好的数据条件。

第二类为单阶段检测算法,如 SSD 与 YOLO 系列算法。此类算法不再事先获取待检测区域,而是使用网络模型直接从图像上预测目标位置。SSD 算法直接在图像中每个位置预测是否存在指定大小与长宽比的目标;YOLO 算法将输入图像划分为 7×7 的网格,在每个网格中预测是否存在目标。此类算法由于采用直接预测的方式,因而一般速度较快,但是,由于此类算法放弃了特征提取的过程,预测过程中使用的特征与目标的相关性较弱,因而模型对目标的召回率与准确率稍低,目标位置的预测精度稍差。

上述两类算法均在自然图像目标检测任务中取得了非常优秀的结果,但是难以适应在可见光遥感图像上的目标检测任务。遥感图像幅宽非常大,图像上地物众多,尺度不一,而人们所关心的多为人造遥感图像目标,如飞机、舰船等,一般数量较少,尺度较小。由于背景与目标数量相差非常大,数据集中正负样本极不均衡,因此上述算法会出现较为严重的虚警(False Alarm)。此外,遥感图像中存在大量小尺度目标及密集排布的目标,而上述算法受特征图分辨率所限,难以有效对上述目标进行区分,会形成大量的漏警。

**2. 可见光遥感图像地物要素分类**

可见光遥感图像地物分类具有重要意义,在环境建模与监测、地理数据库建立和更新、基础设施规划等方面都发挥着重要作用。地物要素分类结果可进一步用于描述地面上物体的表面材质,反映了一片土地上的社会经济功能。而这些数据通常存储于地理数据库,但这些数据经常无法跟上城市的快速建设而导致数据过时。因此,利用遥感图像地物要素分类技术,对实现自动数据库更新、自动环境和城市监测等具有重要意义。

可见光遥感图像地物分类技术通常是指为图像中每一个像素分配一个地物要素类别标签,通常也称为语义分割。如图 4 - 38 所示,不同的颜色代表不同的地物类别。

 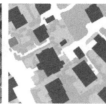  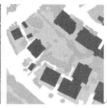

图 4-38　可见光遥感图像地物要素分类示例

传统的遥感图像地物要素分类通常基于设计和使用复杂的手工特征和有监督的机器学习分类器，分类性能很大程度上受限于特征的表征能力与区分度以及分类器的性能。早期工作主要使用简单的分类器和特征，甚至仅使用光谱和灰度值。对于低空间分辨率多光谱图像而言，仅使用频谱数据能得到较好的分类性能，但随着空间分辨率的提高，仅使用频谱特征是不够的，应当考虑空间表面信息。依赖于简单的灰度共生矩阵等特征，虽然能够将上下文信息与纹理信息考虑在内，与贝叶斯分类器或人工神经网络之类的简单分类器进行联合使用，但得到的分类结果差强人意。

研究者逐渐意识到特征的表征能力和区分度的重要性，因此各种复杂的手工特征不断被提出和使用，甚至使用多种手工特征组成的特征集合作为高维度的特征表述，以期包含更多的信息来应对因单一特征或简单特征无法有效对图像进行表述的问题。在这一过程中，输入图像会经历一个特征提取的过程，通常将一个特征提取算子应用于图像中的局部区域，如一小块切片区域或超像素区域等，该算子将空间信息重新编码成一个维度较高的向量用来代表这一局部区域。常见的特征算子包括纹理统计、数学形态学、梯度算子等。还有一些算法依赖于词带模型。完成特征提取后，将常用的分类器应用于这些高维的特征表述进行分类，常用的分类器包括随机森林（Random Forests）、条件随机场（Conditional Random Fields，CRF）、支持向量机（Support Vector Machine，SVM）或者 boosting 等集成算法。

尽管这些传统的方法在遥感图像自动解译方面取得了巨大的成功，但是这些方法的性能很大程度上受限于特征的表征能力。这些特征的设计和选择本身需要丰富的先验知识和经验，而有些特征本身含有许多超参数，这些超参数的调节依赖于验证集的反复试错和验证，这是一个耗时费力的工作，且分类器和特征提取是两个独立的过程，在有限的时间内取得最优解几乎不可能。

近年来，卷积神经网络被广泛应用于遥感图像地物要素分类中。基于 UC

Merced 数据集,GoogLeNet 等经典网络被用于遥感图像分类。研究表明,通过在大数据集上进行预训练,在目标数据集上微调(Fine-Tuning)和数据增强(Data Augmentation),能有效提高预测结果。通过将 GoogLeNet 和 ResNet 网络进行融合,可以在 UC Merced 数据集上达到 99.3% 的高准确率。除了切片级别的遥感图像分类,像素级别的遥感图像地物要素分类研究也是非常重要的研究课题。

全卷积网络的出现改变了遥感图像地物要素分类的思路,传统方法复杂的过程被逐步放弃,手工特征更少地被使用,传统机器学习分类器的使用也变得更少。研究者们更愿意把所有的过程在一个端对端可训练(End-to-End Trainable)的网络中完成。一方面,这使得所有的参数可在全局上实现优化,理论上可以达到更好的优化效果;另一方面,使用全卷积的方式实现更容易,无须花太多的精力在特征工程和分类器上。

#### 4.4.1.2 典型数据集

**1. 目标检测**

常用的光学遥感图像目标检测数据集如表 4-1 所列。接下来对各个数据集简要介绍。

表 4-1 常用的光学遥感图像目标检测数据集

| 数据集 | 类别数 | 图像数 | 实例数 | 图像宽度 | 对齐方式 | 年份 |
| --- | --- | --- | --- | --- | --- | --- |
| TAS | 1 | 30 | 1319 | 792 | 水平矩形框 | 2008 |
| SZTAKI-INRIA | 1 | 9 | 665 | ~800 | 有向矩形框 | 2012 |
| NWPU VHR-10 | 10 | 800 | 3775 | ~1000 | 水平矩形框 | 2014 |
| VEDAI | 9 | 1210 | 3640 | 1024 | 有向矩形框 | 2015 |
| UCAS-AOD | 2 | 910 | 6029 | 1280 | 水平矩形框 | 2015 |
| DLR 3K Vehicle | 2 | 20 | 14235 | 5616 | 有向矩形框 | 2015 |
| HRSC2016 | 1 | 1070 | 2976 | ~1000 | 有向矩形框 | 2016 |
| RSOD | 4 | 976 | 6950 | ~1000 | 水平矩形框 | 2017 |
| DOTA | 15 | 2806 | 188282 | 800~4000 | 有向矩形框 | 2017 |
| DIOR | 20 | 23463 | 190288 | 800 | 水平矩形框 | 2018 |

(1)TAS 数据集。TAS 数据集用来对光学遥感图像中对汽车目标进行检测。该数据集共包含 30 张图像,1319 个人工标注的任意方向的汽车目标。数据集中图像分辨率相对较低,且存在许多由于建筑或者树木造成的阴影对目标的检测产生影响。

(2)SZTAKI-INRIA 数据集。SZTAKI-INRIA 数据集是一个建筑物检测

的数据集,包含 665 个使用有向矩形框人工标注的建筑物目标。这些建筑物图像分布在来自曼彻斯特(英国)、萨达和布达佩斯(匈牙利)、蔚蓝海岸和诺曼底(法国)和博登湖(德国)的 9 幅遥感图像中。全部图像只包含 RGB 三个通道,其中萨达和布达佩斯图像是航拍图像,其余图像来自于 QuickBird、IKONOS 和 Google Earth 的卫星图像。

(3) NWPU VHR-10 数据集。NWPU VHR-10 数据集包含飞机、棒球场、篮球场、桥梁、港口、田径场、船舶、存储罐、羽毛球场以及机动车共 10 类地物目标。数据集包含 715 张 RGB 图像以及 85 张锐化处理后的彩色红外图像。其中,715 张 RGB 图像来源于 Google Earth,分辨率在 0.5~2m 之间;85 张锐化处理后的彩色红外图像来自于 Vaihingen 数据集,分辨率为 0.08m。数据集中共包含 3775 个使用水平矩形框人工标注的目标。

(4) VEDAI 数据集。VEDAI 数据集是用于多类别机动车检测任务的数据集,包含 3640 个目标,共计 9 个类别,分别为船、汽车、露营车、飞机、皮卡车、拖拉机、卡车、货车和其他类别。数据集从 1210 张 1024×1024 像素大小的 Utah AGRC 图像中获取,分辨率为 12.5cm。数据集中全部图像均包含 4 个通道,其中包括 RGB 三个颜色通道以及一个近红外通道。

(5) UCAS-AOD 数据集。UCAS-AOD 数据集用于飞机以及机动车检测,包括 600 张飞机图像和 310 张机动车图像,共计 3210 个飞机目标以及 2819 个机动车目标。图像经过仔细挑选,使得目标在各方向上均匀分布。

(6) DLR 3K Vehicle 数据集。DLR 3K Vehicle 数据集是用于机动车检测任务的数据集,包含 20 张空间分辨率为 13cm,大小为 5616×3744 像素的图像。这些图像是在德国慕尼黑距离地面 1000m 以上的 DLR 3K 摄像机系统获得的。图像中使用有向矩形框标注了 14235 个机动车实例。

(7) HRSC2016 数据集。HRSC2016 数据集包含从 Google Earth 中获得的 1070 张图像以及共计 2976 个船舶目标,用于船舶检测任务。图像大小从 300×300 到 1500×900 像素不等。不同目标实例之间具有较大的旋转、尺度、位置、形状以及表观上的差异。

(8) RSOD 数据集。RSOD 数据集包含 976 张从 Google Earth 以及 Tianditu 中获取的图像,图像空间分辨率范围为 0.3~3m。数据集中共标注了 6950 个物体实例,分为以下 4 类:1586 个储油罐目标;4993 个飞机目标;180 个立交桥目标;191 个运动场目标。

(9) DOTA 数据集。DOTA 数据集是目前为止最大的开源遥感航拍图像多类别标注数据集,包含2806张由不同的传感器以及平台获得的航拍图像,包含了各种尺度、方向以及形状的物体。近期在DOTA_v1.0数据集的基础上又发布了DOTA_v1.5数据集,用于2019年CVPR航拍图像目标检测竞赛。DOTA_v1.5数据集共标注了40万个物体实例,分为16个类别,其中小物体的面积在10Pixel以下,与DOTA_v1.0相比,除了飞机、棒球场、桥梁、操场跑道、小机动车、大机动车、船舶、羽毛球场、篮球场、存储罐、足球场、十字路口、游泳池、直升机以及港口这15类目标外,新添加了集装箱起重机类别。

(10) DIOR数据集。DIOR数据集包含23463张从Google Earth中获取的光学遥感图像以及190288个物体实例,所有的目标使用与坐标对齐的水平矩形框进行人工标注。数据集中目标分为20个类别,图像大小均为800×800像素,图像分辨率范围为0.5~30m。数据集中的图像是在不同的天气、季节、图像条件以及图像质量的条件下获取的,因此,对于每个物体类别,不同物体实例之间存在一定的表观差异。

**2. 地物要素分类**

(1) Vaihingen数据集。

Vaihingen数据集是ISPRS 2D语义标注竞赛中的Vaihingen部分。该数据集拍摄于德国一个小乡村Vaihingen,包含一些独立建筑物和多层建筑物。该数据集包含33张不同尺寸的正射航空图像(True Orthophoto,TOP),图像均来自于同一张正射航空图像。正射图像包含近红外(Near – Infrared)、红(Red)和绿(Green)三个波段FFOC数据类型为[0, 255]范围内的8位无符号整型数据类型。

Vaihingen数据集中除了包含正射图像,还提供了对应的32bit浮点数类型数字表面模型(digital surface model, DSM)。正射图像和数字表面模型的地面采样距离(Ground Sampling Distance, GSD)均为9cm,并且16张图像(1、3、5、7、11、13、15、17、21、23、26、28、30、32、34 和 37)提供了真值,标注的真值类别包括非渗透地表(Impervious Surface, IS)、建筑物(Building, B)、低矮植被(Low Vegetation, LV)、树(Tree, T)、汽车(Car, C)和背景(Clutter/Background, CB),背景类中包含网球场、游泳池等其他物体。其余图像未提供真值,作为测试集用作对不同算法性能进行评估。

(2) Potsdam数据集。

Potsdam数据集是ISPRS 2D语义标注竞赛中的Potsdam部分。Postdam数据集包含38个6000×6000像素的切片,每个切片包含从较大的正射图像中提取的正射图像(TOP)和数字表面模型(DSM)。数据集样例如图4-39所示。

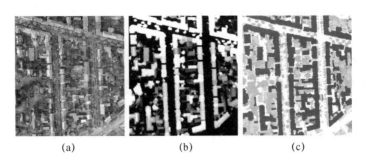

图 4-39 Potsdam 数据集样例

正射图像(TOP)和数字表面模型(DSM)的地面采样距离都为 5cm。DSM 是通过与 Trimble INPHO 5.6 软件的密集图像匹配来生成的,同时使用 Trimble INPHO OrthoVista 来生成整体的 TOP 图像。由于要避开 TOP 和 DSM 中没有数据的区域,切片选自 TOP 的中心部分,在边界处并没有进行使用。TOP 和 DSM 中剩余的比较小的空洞部分通过插值填充。TOP 作为不同通道组合中的 TIFF 文件,每个通道的光谱分辨率为 8bit:

① IRRG 格式为 3 通道(IR-R-G);
② RGB 格式为 3 通道(R-G-B);
③ RGBIR 格式为 4 通道(R-G-B-IR)。

(3) 高分一号云检测数据集。

高分一号(GF-1)云检测数据集由武汉大学发布,包含 108 幅覆盖全球不同地区的光学遥感图像。图像中包含了不同的下垫面地物类型,例如植被、海洋、山区、城市、冰、雪等。图像分辨率为 16m,存储格式为 TIFF 格式,图像尺寸均在 15000×15000 像素左右,包含 RGB 三个可见光波段和一个近红外波段,每幅图像包含一幅专家手工标注的标注图,数据集样例如图 4-40 所示。标注图中共有 4 种地物类型,用不同的像素值标记。

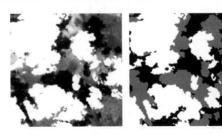

图 4-40 GF-1 云检测数据集样例

#### 4.4.1.3 基于多模型集成算法的目标检测

遥感图像一般幅宽较广,人们所关心的一些人造目标如飞机、舰船等,数量较少,而背景却较为繁杂,存在大量农田、道路、建筑物等无效目标。因而对于检测任务来说,遥感图像正负样本的数据规模差距很大,且不同类型的负样本之间特征差异性较强,算法难以学习到表征能力足够强的特征,难以有效地将正样本与所有负样本进行区分,因而会出现大量的虚警,即误将背景识别为有效目标的情形。

针对上述问题,本节介绍了一种基于多模型集成算法的大场景目标检测算法,模型框架如图4-41所示。为了保证算法对有效目标的检测性能,采用了双阶段检测模型,并对预检测模块与卷积神经网络进行了改进。而针对遥感图像中正负样本数据规模相差较大、负样本种类繁多、内部差异大的特点,设计了一种模型集成算法实现对虚警的抑制。首先,采用数据抽样的方式,构建子数据集,并使用子数据集进行子模型的训练。依据集成学习相关理论,为了获取能力更强的集成模型,每个子模型的性能应该好而不同。因此,在数据抽样过程中,为了保证对有效目标的检测能力,子数据集中应当充分包含目标样本。

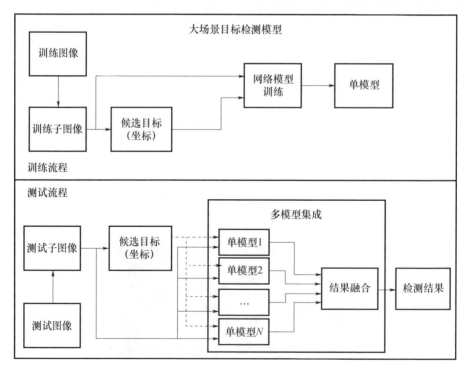

图4-41 大场景飞机目标检测模型框架

而为了平衡正负样本之间的差距,并增大不同子模型在负样本上表现的差异,子数据集的负样本数量应当适当削减,并且不同子数据集中的负样本应当存在较大区别。在此基础上,设计了一种模型集成算法,在保证子模型对目标检测能力的同时,利用子模型在负样本判别上的差异对虚警进行抑制。

双阶段目标检测模型主要包含两个部分:目标预检测模块与使用卷积神经网络构建的目标分类及位置判定模块。目标预检测模块负责从图像中提取有潜在目标的区域,其目的是保证对感兴趣目标保持较好的召回率。遥感图像的幅宽一般较大,存在很多与检测任务无关的背景,如道路、建筑物等,因而需要一种能够在复杂场景中快速进行目标提取的算法,这里选择 Edge boxes 作为目标预检测模型。Edge boxes 对图像中的边缘点进行检测,然后根据每个检测框内由边缘点构成的轮廓数量来判断该检测框内是否存在目标。由于 Edge boxes 算法只需要对图像中的边缘点进行提取,计算速度较快,但是存在明显的缺陷。由于 Edge boxes 算法根据检测框内轮廓的数量来判定是否存在目标,若检测框越大,则内部存在的轮廓的数目越多,因而该算法极容易将大检测框判定为具有潜在目标的区域。与自然图像不同,遥感图像目标相对于图像而言尺度较小,Edge boxes 将生成大量无用的预检测目标,不但增加了后续网络模型的学习负担,而且增大网络收敛的难度,因此根据遥感图像目标尺度分布信息,对 Edge boxes 算法提取的检测框进行约束。首先,依据目标形状信息,设定待检测框长宽的最大值 $H_{max}$ 和 $W_{max}$,然后将尺寸超过上述阈值的待检测目标进行删除。值得注意的是,除了设定检测框尺度上限以避免 Edge boxes 算法的缺陷外,同时设定检测框长宽的下限 $H_{min}$ 和 $W_{min}$。该算法将只针对尺度较大的遥感图像目标进行检测。

在目标预检测完成之后,利用卷积神经网络从图像中学习与待检测目标相关的特征,并利用得到的特征判断目标的类别与位置,因此网络学习到的特征的质量将对网络的性能具有重要的影响。由于遥感图像的尺度较大,背景复杂,为了兼顾训练速度与学习能力,需要参数量较小,学习能力较强的卷积网络结构作为特征提取器与目标分类器。依据上述原则,选择 GoogLeNet 作为特征提取网络。在 GoogLeNet 中大量使用小尺度卷积核,对网络的深度与宽度进行扩展,以提升模型的特征学习能力。虽然网络的深度被极大提升,但由于小尺度卷积核参数量较少,所以模型整体参数量仍少于 AlexNet 与 VGG 等经典网络。在检测任务中,需要网络模型能够提取到与每个待检测目标相关的特征,因而在网络中添加感兴趣区域池化层(ROI pooling layer),如图 4-42 所示。每个预检测目标的位置会按照网络对图像的缩放比例被映射到最后的特征图上,被称为感兴趣区域(Region Of Interest,ROI)。假设某个 ROI 尺度为 $W \times H$,该 ROI 将被分割为 $w \times h$ 个栅格,每个栅格将包含 $W/w \times H/h$ 个特征值。在每个栅格中,提取其中特征值的最大值作为这个栅格的代表特征,最后所有栅格的代表特征将被连接在一起作为该待检测目标的特征向量,进而依据特征判断该待检测目标的类别及位置。

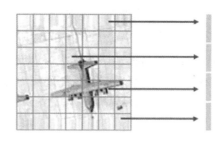

图 4-42　感兴趣区域池化

#### 4.4.1.4　基于深度编解码网络的遥感图像地物要素分类方法

由于自然场景非常复杂,有着多变的地物形态、高度、光照、阴影和遮挡等都会让同一个物体在不同空间和不同时刻表现出截然不同的特性,所以经典的人工特征设计方法在现代遥感图像地物要素分类任务中已经变得越来越不适用。

在对汽车等小物体的分类上,现有的基于卷积神经网络的性能并不理想,一个重要原因是这种模型仅仅通过普通的上采样方法,把卷积层处理的特征图复原到与输入图像相同的尺寸。但是,卷积神经网络在特征提取阶段会把特征图的尺寸不断缩减,图像中的边缘和细节信息等都会不断丢失,仅靠简单的上采样并不能有效复原它们。所以,为了较好地解决以上问题,提升卷积神经网络对于小物体的分类性能,本节介绍一种基于特征平铺的深度编解码卷积神经网络,该模型有以下优势:

(1) 该模型可以对空间的维度信息进行压缩,将其压缩至通道维上,并在上采样时有效地还原被丢失的细节信息;

(2) 将基于全连接的条件随机场作为后处理方法,以此更进一步地提高上采样性能。

这种网络分为两部分,即编码模块和解码模块。编码模块和通常的卷积神经网络相同,一般由卷积层和池化层构成,特征提取是其主要功能,把输入图像映射为多维特征图。不过,地物要素分类任务与目标分类和目标检测等计算机视觉任务不同,它不仅要把输入图像的语义特征提取出来,还要把与输入图像相同大小的分割结果进行输出,因此仅仅提取特征信息是不充分的。所以需要在编码模型的顶部设计一个与其作用相反的解码模型,解码模型可以将编码模型得到的特征图转换成最终的物体分割结果。解码模型主要包括特征图平铺层、反卷积层和反池化层。反卷积层其实也是一种卷积运算,如图4-43所示。在进行前向传输时,卷积层聚合多个像元信息获取单个激活值;反向传播时,卷积层再把单个激活值传回到被卷积核覆盖的区域中。相反,反卷积层的前向传播会把单个输入转换到卷积核尺寸覆盖的区域以获取激活值,而在反向传播阶段,将整合卷积核所覆盖区域的梯度至相应的单个输入位置上。当观看时,若卷积核的步长比1大,则特征图的尺寸将会被卷积层缩小,反卷积层则会恢复特征图的大小,以达到上采样的效果。

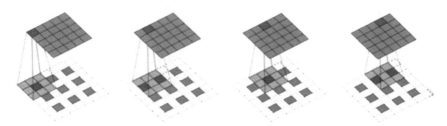

图 4-43 反卷积原理图

因为池化运算并不可逆,所以编码模型中的逆运算并不是解码模型中的反池化,但两者之间依然有着密切的联系。在池化运算时,将输出值的相对位置记住,并在反池化时把该值放入原来的位置,其余位置则进行补零,然后再进行卷积运算,如图4-44所示。编解码模型的最终输出是与输入图像尺寸相同且包括每个像素类别信息的概率图。

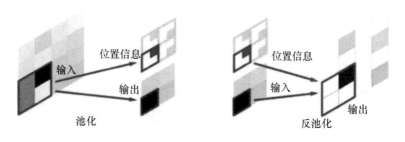

图 4-44 池化和反池化示意图

对于深层的卷积编解码模型,本方法在经典的 VGG-16 模型的基础上建立编码模块,移除了 VGG-16 网络的全连接层,并且在每个卷积层和非线性激活函数(ReLU)层之间加入了批量归一化(Batch Normalization,BN)层。加入 BN 层的主要原因是抑制网络模型过拟合、防止梯度消失问题,加快模型的收敛速度。更为具体地,BN 层在训练时将每一批数据的均值和标准差进行统计,然后把前层的输出减去均值之后再除以标准差,将激活值进行归一化,这样能够避免出现卷积神经网络每一层的输出值过大或过小的问题。为了能够将卷积神经网络的容量进行还原,BN 层还有两个可更新的参数,即均值参数和标准差参数,经过归一化的激活值乘上标准差参数并与均值参数相加,把激活值恢复到未经过归一化时的取值范围。因此,在卷积神经网络的实际训练过程中,需要被优化的参数仅为均值参数和标准差参数,并非网络的全部权重。需要训练的参数数量减少,训练卷积神经网络的过程也会变得更稳定。

VGG-16 模型设计起初是为了图像分类任务,该模型只需要对物体的语义特征进行提取,之后再进行识别即可,并不需要反池化运算。因此,本方法对原始的 VGG-16 网络的最大池化层进行改动,让模型能够在池化运算中同时记录最大激活值的位置信息,在反池化层把每个激活值再恢复到之前的位置上,然后在其他位置进行补零操作。这种反池化运算能够非常有效地复原输入物体的结构信息。每个反池化操作后边都会接入一组反卷积运算,避免前一层的输出过于稀疏。这种对称的解码模块与编码模块模型可以让输出的分割结果图在能够获取充足的物体信息的同时,还保持了和输入图像相同大小的尺寸。

模型整体结构如图 4-45 所示。模型包括三部分,即特征下采样、特征上采样以及全连接条件随机场。下采样的主要作用是将地物特征从图像中提取出来,主要由三个步长为 2 的均值池化层构成,该部分得到的特征图会将原始

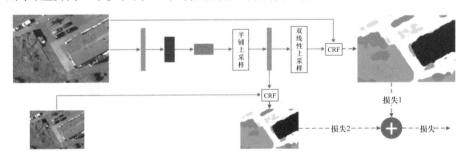

图 4-45　整体网络结构

的输入图像尺寸减小8倍；最后，下采样得到的特征图会进入条件随机场进行后处理，根据像素的空间与色彩关系微调分类结果，并将最终的分类结果进行输出。

全卷积网络等模型所使用的反卷积与反池化运算主要是在特征图激活值之间进行补零，随后通过卷积由非零值"推测"出补零部分的特征值。由于这些在上采样过程中的零值并非来自遥感图像本身的信息，而是人为地进行插入的，所以这种做法的实际效果通常与直接应用双线性插值差不多。本质上讲，很多全卷积模型的上采样能力并非完全在数据中"学习"得到，例如，全卷积网络中的反卷积层的学习率就是0，即反卷积层的参数在网络的训练过程中并不会被更新，这就类似于双线性插值；DeepLab模型为了降低参数量，也采用了双线性插值进行8倍上采样。实际中，特征上采样可以被看作是在输入为低分辨率特征图时，尽可能准确地"推测"高分辨率特征图。本方法提出了一种特征图平铺上采样方法，这种方法通过下采样方式进行特征提取，把信息"折叠"至通道维，在结束特征提取阶段后把特征图从空间维度展开，来成倍地提升特征图的尺寸。所以，在地物要素分类任务的编码过程中，特征图的空间大小会被一直减小，但是空间信息的损失会被编码到通道维，这样可以保存损失掉的细节信息，当特征提取过程结束后，进行上采样运算时，通道维的特征就会被"平铺"开，把特征图的空间尺寸进行扩大。

如图4-46所示，假设输入特征图的大小为$h \times w$，需要通过上采样达到的尺寸$H \times W$，且$r = \frac{H}{h} \times \frac{W}{w}$，地物要素分类任务的类别数目为$C$；令输入特征图的维度为$h \times w \times c$，这里，$c = r^2 \times C$。上采样运算过程中将尺寸为$h \times w$的特征图分别在横向和纵向上都进行"平铺"，以获取维度为$H \times W \times C$的特征图。

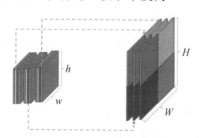

图4-46 特征图"平铺"上采样过程示意图

在训练模型期间，使用VGG-16网络的卷积权重作为初始化权重，使用带有动量的随机梯度下降算法进行训练，初始的学习率被设置为$1 \times 10^{-3}$，以20

轮迭代作为一个训练周期,每个周期学习率减小 10 倍,但当学习率达到 $1 \times 10^{-6}$ 时,则停止下降。为了加速模型的收敛,本方法采用的损失函数分为两部分:将模型输出的和原始输入图像尺寸相同的分割结果与真值计算损失;将真值尺寸缩小 1 倍,并与特征图平铺上采样结果计算损失;最后将两项的损失求和,并用梯度下降算法进行优化。

### 4.4.2 合成孔径雷达图像分析技术

#### 4.4.2.1 技术简介

本节将以海域舰船目标检测和建筑物分割为例介绍合成孔径雷达图像分析技术。

**1. 海域舰船目标检测**

在合成孔径雷达(Synthetic Aperture Radar,SAR)应用领域,海域舰船目标检测是很重要的一项工作。我国 SAR 发展迅速,可以获得多种分辨率的 SAR 图像。不同分辨率的 SAR 图像进行舰船检测时,具有不同的作用:低分辨率的 SAR 图像适于广阔海域的舰船目标检测;高分辨率的 SAR 图像适于舰船目标的精确定位。近年来,在计算机视觉领域,基于深度学习的算法在各个研究场景都具有很大的优势,用深度学习方法进行 SAR 图像的智能解译很有发展前景。

相比于传统手工方法提取的 SAR 图像特征,卷积神经网络提取的 SAR 图像特征具有更好的表现能力,但是存在以下问题:低层的卷积特征图虽然分辨率高,但是缺少语义信息,适于小尺度的目标检测;高层的卷积特征图由于经过了多次卷积,虽然语义信息丰富,但是分辨率低,小尺度的目标经过多次卷积仅能保留很少的信息,因此高层的卷积特征图仅适于大尺度的目标检测而不适于小尺度的目标检测。为了适应不同分辨率 SAR 图像下多尺度舰船检测任务,需设计相应的网络结构,提高小尺度舰船目标检测的召回率。基于密集连接的可适应于不同分辨率 SAR 图像中多尺度舰船检测的网络结构如下:首先采用密集连接的方式融合不同尺寸的卷积特征图;然后用 RPN 网络在多个融合的特征图上提取舰船检测的预选框;最后将预选框映射到分辨率最高且融合了最多语义信息的特征图上,并用轻量级的二阶段检测子网络进行更加精细的检测。

**2. 建筑物分割**

地理遥感图像中的建筑物分割是地理信息系统应用中一个重要的模块,也是一个具有挑战性的视觉问题。建筑物是城市中的重要的地形物体类,也是地理信息系统中重要的数据层。航空遥感图像中的建筑物自动化提取对地物测绘、非法建筑物检测、城市生态规划和区域开发有很大的促进作用。

随着机器学习方法和深度学习方法的快速研究推进,遥感图像的自动化地物要素提取达到了一定的水平,然而,目前大多数工作都是基于高分辨率光学遥感图像或航空图像的建筑物分割,其效果受制于光学遥感图像存在的很多缺点,例如不同时间和天气造成的光影变化与遮挡等。这导致了这些工作存在一定的瓶颈。相比于光学遥感图像,大气对 1~10GHz 的 SAR 影响较小,天气变化对雷达的成像结果影响甚微,因此 SAR 图像在阴影和遮挡问题上要优于光学图像,具有全天时、全天候的优点。然而,TerraSAR-X 以前发射的卫星,例如欧洲遥感卫星(ERS)和先进对地观测卫星(ALOS)提供的 SAR 图像分辨率较低,导致仅仅利用 SAR 图像难以确定建筑物的形状、大小和位置等信息。一些工作是通过融合 SAR 图像和光学遥感图像进行建筑物提取,还有些工作是对建筑区域或者城市区域进行检测提取。这些工作需要依赖光学遥感图像,也就不可避免地受光学图像的不足所限制,同时仅做了一些区域或者面积提取,当需要更深入地研究一些课题时,如非法建筑物检测、建筑物大小测量与估计、城市规划等,现有的这些研究便不能够满足这些需求,极大地限制了 SAR 图像在建筑物分割方面的应用。而随着 SAR 图像分辨率的增加,它的成像更加清晰,图像细节更加显著。基于高分辨率 SAR 遥感图像对建筑物进行精细化语义分割,可获得清晰的不同尺度的建筑物位置和大小。很多在中低分辨率的 SAR 图像上获得较好分割效果的 MRF 等算法,在高分辨率 SAR 图像上应用效果不理想,主要原因在于:①SAR 图像存在大量的斑点噪声,使得直接使用原始图像进行最大似然分割的效果很差;②高分辨率 SAR 图像中的建筑物表现出细致的亮斑纹理结构,传统的势函数模型已不能够描述。这些均对 SAR 建筑物精细分割任务造成了很大的阻碍。

传统的针对 SAR 图像的建筑提取可以分为基于特征的方法和基于模型的方法。第一种方法是从 SAR 图像中提取亮度、纹理、边缘及混合特征等,常用的分析方法有傅立叶功率谱法、基于模型的 Gabor 滤波分析法、马尔可夫随机场模型纹理描述、灰度共生矩阵纹理测度等。这些特征通常再与非监督聚类分析等方法结合进行分割,但是基于特征的方法很容易受到噪声的干扰且精度不令人满意。第二种方法是建立 SAR 图像的统计分布模型,将空间背景信息结合到分割中,包括马尔可夫随机场方法、Fisher 分布、对数正态分布和广义高斯分布等模型。早期的 K-means 和 gamma 模型等只考虑特征空间表达,没有考虑空间交互。采用基于区域的方法例如 MRF 模型,具有基本的空间上下文关系约束,通常有明显改进,然而它会导致过于强的图像分割,尤其是在建筑区域。基于模型的方法在建筑区域中会出现很多语义不一致的现象,而且在目标细节如边缘处等分割效果难以令人满意。

近年来,在大型深度学习模型的基础上,自然场景下的语义分割任务取得了很大的成就,能够适应各种输入尺寸的变化,速度和精度都达到了一定的水平,因此也适用于大规模图像处理。DCNN 同样也广泛应用于多光谱遥感图像或航空遥感图像中的地物要素分割。论文 *Semantic Segmentation Using Deep Neural Networks for SAR and Optical Image Pairs* 将 FCNN 成功应用到卫星 SAR 图像的语义分割,在低分辨率 SAR 图像上使用 FCNN 对土地使用、水体、建筑和其他自然区域进行分类,在土地利用和自然区域类别上取得了良好分割结果,但对建筑物的分割效果却不令人满意。*Multi-scale Convolutional Neural Network for SAR Image Semantic Segmentation* 提出一种多尺度 CNN 模型应用到 SAR 图像语义分割中,考虑了乘法噪声和 SAR 图像的多尺度特征,在大多数地形下都取得了标记一致性。然而这些方法在各个不同特征区域的提取效果不佳,且针对不同尺寸的建筑物或者其他地物的细节分割不良。

#### 4.4.2.2 典型数据集

**1. AIR-SARShip-1.0 数据集**

高分三号卫星是国家高分辨率对地观测系统重大专项中的民用微波遥感成像卫星,也是我国首颗 C 频段多极化高分辨率合成孔径雷达卫星。AIR-SARShip-1.0 数据集是基于高分三号卫星数据,构建的一个面向宽幅场景的 SAR 舰船目标公开样本数据集,命名为 AIR-SARShip-1.0。该数据集包含 31 幅 SAR 图像,场景类型包含港口、岛礁、不同级别海况的海面等,标注信息主要是舰船目标的位置,并经过专业判读人员的确认,目前该数据集以支持复杂场景下的舰船目标检测等应用为主。该数据集已可通过《雷达学报》官网的相关链接(http://radars. ie. ac. cn/web/data/getData? dataType = SARDataset)免费下载使用。

AIR-SARShip-1.0 数据集按照 PASCAL VOC 数据集格式标注,结果保存文件为 XML 格式。图 4-47 展示了数据集中某幅图像的舰船标注样例。XML 文件中包含对应图像文件名、图像像素大小、图像通道数、图像分辨率、每个目标的类别名称以及目标框的位置。以图像左上角点位坐标原点,每个目标所在区域按矩形框标注,依次包括矩形框 $X$ 轴坐标的最小值($x_{min}$)与最大值($x_{max}$)、$Y$ 轴坐标的最小值($y_{min}$)与最大值($y_{max}$)4 个坐标点,坐标值是矩形框在图像中实际像素的位置,标注文件的格式跟 VOC 数据集中标注文件的格式保持一致。图 4-48 则展示了该数据集的典型场景示例,可以发现图像不仅包含众多的舰船信息,还包括周围海域、陆地及港口相关信息。

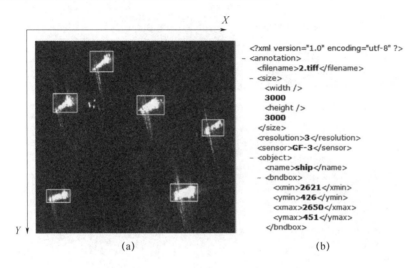

图 4-47　AIR-SARShip-1.0 数据集标注示例

(a)目标标注矩形框示例;(b)XML 标注文件内容示例。

实际训练过程中存在训练集与测试集的分配问题,一般建议按照大约 2∶1 的比例,将 21 幅图像作为训练数据,其余 10 幅图像作为测试数据。AIR-SARShip-1.0 数据集目标矩形框的像素面积分布图如图 4-49 所示,图中横轴代表矩形框的面积所属区间,纵轴代表该面积范围内舰船数量占总数量的比重,例如第 1 个柱状条代表有 6% 的舰船矩形框面积在 1000 像素以下,第 2 个柱状条代表有 13% 的舰船矩形框面积在 1000~2000 像素之间。鉴于每张大图的尺寸是 3000×3000pixel,从图 4-40 可以看出大多数目标矩形框都分布于 2000~5000 之间,在整张大图中占比例较小,即使把整张大图做出 500×500pixel 的切片,舰船矩形框在切片中的占比也仅仅在 0.008~0.020 之间,因此该数据集的场景大、目标小的特性十分显著。对比视觉领域中最具挑战性的数据集之一 COCO,其小目标的比例也仅为 41%,因此 AIR-SARShip-1.0 数据集重点考验算法模型对小目标的检测性能。

图 4-48  AIR-SARShip-1.0 数据集中场景示例

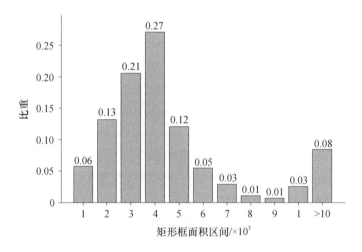

图 4-49  数据集舰船矩形框面积分布

**2. SSDD 数据集**

SSDD 数据集是 SAR 图像分析领域的公开数据集,包含从 RadarSat－2、TerraSAR2、TerraSAR－X 和 Sentinel－1 收集的 1～15m 多分辨率的 SAR 图像,其中包括近岸、远岸不同尺度船只的切片。由于一些小型舰船,在低分辨率的 SAR 图像中仅占非常少的像素,很难区分是不是舰船,因此 SSDD 数据集仅标注了像素点超过 3 的舰船。SSDD 公开数据集的详细信息如表 4－2 所列,该数据集中包括 1160 个舰船切片,共 2456 个舰船。平均每张图片有 2.12 个舰船。

表 4－2　SSDD 数据集的详细信息

| 卫星传感器 | 极化方向 | 分辨率 | 位置 |
| --- | --- | --- | --- |
| RadarSat－2 | HH,VV<br>VH,HV | 1～15m | 靠岸<br>离岸 |
| TerraSAR－X | | | |
| Sentinel－1 | | | |

**3. 其他数据集**

针对建筑物分割以及地物要素提取的分析数据通常使用 TerraSAR－X、Envisat、ERS、ASAR、Radarsat 等卫星拍摄的 SAR 图像。比较常见的数据集有从 TerraSAR－X 和高分三号卫星上选取的 SAR 图像以及从星载系统(加拿大航天局 RADARSAT－2)和机载系统(NASA/JPL－Caltech AIRSAR)中选取的四幅 PolSAR 图像等。AIRSAR 机载系统可以支持 C、L 和 P 波段的全极化模式。RADARSAT－2 星载系统工作在 C 波段,并且支持全极化模式。选定的四幅 PolSAR 图像分别来自两个不同的地区,即荷兰的弗莱福兰地区和美国加利福尼亚州的旧金山湾区。在以下四幅 PolSAR 图像中,图 4－41 和图 4－42 来自加拿大航天局的 RADARSAT－2,图 4－43 和图 4－44 来自 NASA/JPL－Caltech AIRSAR。

如图 4－50 所示,圣弗朗西斯科湾周围有金色的区域门桥,或许是过去很长一段时间里极化 SAR 图像分类任务中最常用的场景之一。它包括多种自然(例如水、植被)和人造目标(例如高密度、低密度和发达)。该全极化 SAR 图像于 2008 年 4 月 2 日拍摄(8m 空间分辨率)。所选择的场景是 1380×1800pixel 分区域。在地面真值表中有五种物体,按照颜色代码顺序分别为发达的(Developed)、高密度城市地区(High－Density Urban)、低密度城市地区(Low－Density Urban)、水(Water)和植被(Vegetation)。原始图像的尺寸为 2820×14416pixel,这是一个非常大的场景,具有极其重要的研究意义。

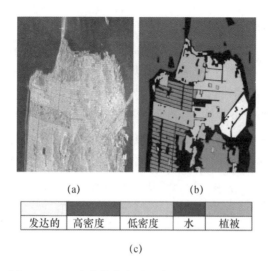

图4-50 旧金山伪像和地面实况,RADARSAT-2
(a)旧金山图像;(b)地面真实图像;(c)颜色代码。

图4-51所示的RADARSAT-2全极化SAR图像是在2008年4月2日拍摄的,原始图像的大小为2820×12944pixel,拍摄模式为荷兰弗莱福兰的一个四

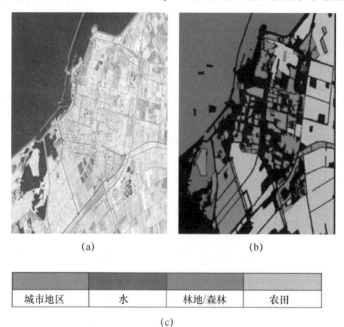

图4-51 弗莱福兰伪图像和地面实况,RADARSAT-2
(a)弗莱福兰图像;(b)地面真实图像;(c)颜色代码。

波模式(8m 空间分辨率)。选择的场景是一个 1635×2375 像素的亚区,主要包括四个地形类别,按照颜色代码顺序分别为:城市地区(Urban)、水(Water)、森林(Forest)和农田(Cropland)。

图 4-52 显示了旧金山海湾 POLSAR 图像的 PauliRGB 图像,地面真实地图和颜色代码。该图像的大小为 900×1024 像素。20 MHz 的空间分辨率为 10m。该图像中的像素可被分类为五个类别,按照图中颜色代码顺序分别为:山(Mountain)、海洋(Ocean)、城市(Urban)、植被(Vegetation)和裸露土壤(Bare soil)。

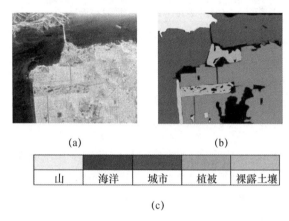

图 4-52　旧金山伪像和地面实况,AIRSAR
(a)旧金山图像;(b)地面真实图像;(c)颜色代码。

弗莱福兰的 PolSAR 图像如图 4-53 所示,地面真值图中有 15 类,它是目前公共极化 SAR 数据采集中具有最多种目标的图像。20 MHz 的空间分辨率为 10m。该 PolSAR 数据的大小为 750×1024 像素。按照图中颜色代码顺序,识别对象分别为:茎豆(Stembeans)、油菜(Rapeseed)、裸地(Bare Soil)、马铃薯(Potatoes)、甜菜(Beet)、小麦 2(Wheat2)、豌豆(Peas)、小麦 3(Wheat3)、苜蓿(Lucerne)、大麦(Barley)、小麦(Wheat)、禾草(Grasses)、森林(Forest)、水(Water)和建筑(Buildings)。

### 4.4.2.3　基于密集连接的网络结构的 SAR 图像舰船目标检测

在整个 SAR 图像舰船检测流程中,卷积神经网络的设计和训练是重点和难点。设计一种基于密集连接的网络结构,融合不同尺度的卷积特征图,使低层高分辨率的特征图拥有丰富的语义信息,在多个融合的特征图上提取目标检测预选框,适应多尺度舰船目标的检测任务。

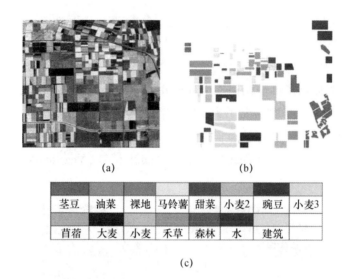

图 4-53 弗莱福兰伪像和地面实况，AIRSAR

(a)弗莱福兰图像；(b)地面真实图像；(c)颜色代码。

基于密集连接的、适用于多分辨率 SAR 图像中多尺度舰船目标检测的网络结构如图 4-54 所示。网络结构由 RPN 子网络和检测子网络组成，两个子网络共享 SAR 图像的卷积特征。在一阶段用 RPN 子网络生成目标检测的预选框，在二阶段用轻量级检测子网络，根据 RPN 网络生成的预选框进行更加精细的检测，同时可以减少计算量。在 SAR 舰船目标检测算法中，首先采用 ResNet101 基础网络提取 SAR 图像特征，在 ResNet101 网络结构中将具有相同尺寸的特征图作为一个阶段。在同一个阶段中，由于最后一个特征图具有最强的特征，因此在每个残差块最后一个特征图后面加上激活函数作为每个残差块的输出。将每个残差块的输出定义为 conv2、conv3、conv4、conv5，即 $C_2$、$C_3$、$C_4$、$C_5$。在用 ResNet101 提取特征的过程中，由于大尺度的特征图分辨率高，位置信息丰富，但是缺少语义信息，小尺度的特征图虽然分辨率低，位置信息少，但是语义信息丰富。因此，大尺度的特征图适用于小尺度的目标检测，小尺度的特征图适用于大尺度的目标检测，为了能够适应不同分辨率 SAR 图像中多尺度目标检测任务，采用 Dense 的连接方式将特征图进行融合。在多个融合的特征图上应用 RPN 网络提取预选框，最后将 RPN 网络提取的预选框映射到分辨率最高且融合了最多语义信息的特征图上进行更加精细的二阶段检测。下面将对网络结构的不同部分进行详细的介绍。

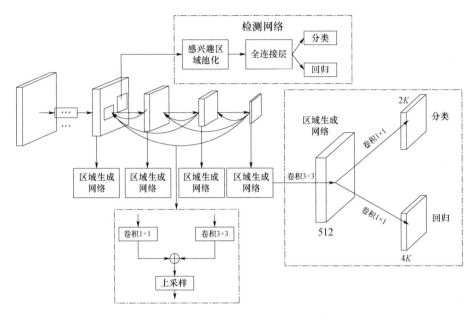

图 4-54　SAR 舰船检测算法总体网络结构

### 1. 采用密集连接的方法融合特征图

设计双阶段的目标检测网络时，一阶段 RPN 子网络用于提取预选框，二阶段的检测子网络用于对一阶段得到的预选框进行精修获得最终的检测结果，两个子网络共享卷积特征。用 ResNet101 作为基础网络结构，对于每一个残差块的输出，图片经过多次卷积之后，从下到上，随着卷积网络的加深，特征图有越来越多的语义信息，但是分辨率越来越低，位置信息越来越少。尤其对于小目标来说，经过多次卷积后，在高层特征图仅保留很少的信息，不利于检测。为了使高分辨率的低层特征图同时拥有高层特征图的语义信息，采用图 4-55 网络结构，通过基于密集连接的方式融合特征图。

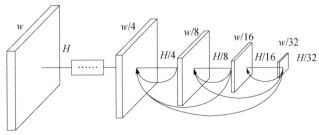

图 4-55　基于密集连接融合特征图

连接方法是一个从高层特征图到低层特征图的迭代过程。首先,对于当前的特征图,采用一个 1×1 的卷积来降低通道数;然后,采用最近邻的上采样方法将比当前特征图高一层的特征图上采样到当前特征图的尺寸;接着,将降低了通道数的当前特征图和经过了上采样的高一层的特征图进行叠加;最后,将叠加后的特征图,经过一个 3×3 的卷积生成最后融合的特征图。对于特殊的没有更高层的 $C_5$ 特征图采用 1×1 的卷积获得特征图 $P_5$。具体的过程可表示为

$$P_i = \text{Conv}_{3\times3}[\sum_{j=i+1}^{5} \text{Upsample}(P_j) + \text{Conv}_{1\times1}(C_i)]$$

$$P_5 = \text{Conv}_{1\times1}(C_5), i = 4,3,2$$

这是一个迭代的过程,$C$ 是残差主干网络中每一个残差块的最后一个特征图,$P$ 是与 $C$ 对应的融合之后的特征图,$\text{Conv}_{1\times1}(\cdot)$ 是一个 1×1 的卷积将特征图的通道数降低到 256,$\text{Upsample}(\cdot)$ 是最近邻的上采样。将 $P$ 上采样到对应的 $C$ 的相同尺寸,最后经过一个 $\text{Conv}_{3\times3}(\cdot)$ 卷积,将融合的特征图的通道数降到 256。融合的特征图为接下来的分类和回归提供更加丰富的信息,以适应于多尺度多场景的 SAR 图像舰船检测任务。

**2. 适应于多尺度目标的 RPN 子网络设计**

如图 4-56 所示,RPN 子网络是由一个 3×3 的卷积网络后面接着一个 1×1 的卷积分类网络和一个 1×1 的卷积回归网络组成。RPN 子网络用于每一个融合的特征图提取预选框。由于低层的特征图有更高的分辨率,高层的特征图有更丰富的语义信息,因此不同层的特征图适用于不同尺度的目标检测,低层的特征图适合小目标的检测,高层的特征图适合大目标的检测,将 RPN 网络应用在不同层的特征图上提取目标检测预选框能够适应多尺度的目标检测。

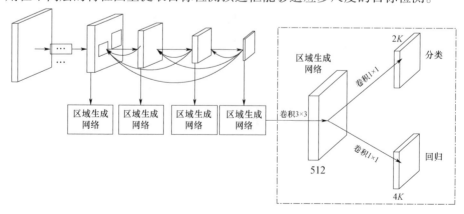

图 4-56 RPN 子网络

在 RPN 网络中,定义了一系列的参考框——锚。所谓锚,是一系列在特征图上以像素点为中心的滑动框,每个像素点可以有多个锚,每个锚可以定义不同的尺寸和长宽比,RPN 网络可以对每个锚进行分类,并且对于分类结果是目标的锚回归出目标的位置。锚之所以有多个不同的尺寸和长宽比,是为了适应多尺度的目标检测,覆盖不同尺度的目标。由于不同层的特征图,具有不同的特点,适用于检测不同尺度的目标,为了适应多分辨率 SAR 图像中多尺度的舰船目标检测,将 5 个尺寸的锚分别应用到不同分辨率的融合的特征图上,其中不同的锚尺寸 $\{32^2,64^2,128^2,256^2,512^2\}$ 分别对应不同的融合的特征图 $\{P_2,P_3,P_4,P_5,P_6\}$ ($P_6$ 是 $P_5$ 经过步长为 2 的最大池化得到的)。每个锚有三个长宽比例 $\{1:1,1:2,2:1\}$,因此对于每一个融合的特征图的每一个采用锚的像素点有 $k=3$ 个锚。

由于低层特征图和高层特征图的特性分别适用于小尺度和大尺度物体的目标检测,因此低层的特征图对应的锚的尺寸小一些,高层的特征图对应的锚的尺寸大一些。在训练 RPN 的时候,对于每一个锚定义一个二分类的标签。当一个锚与一个真值预选框有最大的交叠比,或者一个锚与任意一个真值预选框的交叠比大于设定的阈值 0.5 时,这个锚是正样本。值得注意的是,一个真值预选框可能对应多个正锚。当一个锚与所有的真值预选框的交叠比都小于设定的阈值 0.4 时,这个锚被认为是负样本。对于每一个图片按照正负样本 1:1 的比例抽取 512 个锚进行训练,忽略那些既不是正样本又不是负样本的锚,这些锚将不参与训练。对于这些正负样本,分类层输出 $k$ 个置信分数表征每个锚是目标的概率。对于回归层输出 $4k$ 个预测的坐标参数,用 $x$、$x_a$、$x^*$ 分别表示对应预测的检测框的坐标、锚的坐标、真值检测框的坐标,将预测的检测框和锚,以及真实的检测框和锚。

**3. 轻量级检测子网络的设计**

以卷积神经网络模型作为目标检测的算法主要包括两类:单阶段检测模型和双阶段检测模型。单阶段检测模型具有速度快的优势,但是精确度相对较低;双阶段的目标检测网络虽然精度高,但是检测速度较慢。双阶段的目标检测网络分为两步:第一步来生成预选框;第二步用来识别预选框并回归出目标的位置。通常为了获得更高的准确度,在双阶段目标检测网络的检测子网络中采用了两个通道数很大的全连接层,因此网络比较厚重,训练过程需要较大的内存,计算速度相对较慢。

如图 4-57 所示,二阶段的检测子网络分为感兴趣区域池化(ROI pooling)

和用于分类和回归的全连接层两个部分,为了能够在提升速度,降低内存占用的同时,又能保证检测精度,针对 ROI pooling 和用于分类和回归的全连接层两个部分进行改进,提出了一个轻量级的检测子网络。具体地讲,在 ROI pooling 之前用大尺寸的卷积核进行卷积,得到通道数较少特征图,进行 ROI pooling 之后,经过一个全连接层后再进行分类和回归。采用这种大尺寸卷积核得到的小通道数的特征图可以有效地减少二阶段检测子网络的计算量,使目标检测算法在内存上更加友好,既保证了精确度,又提高了检测速度。

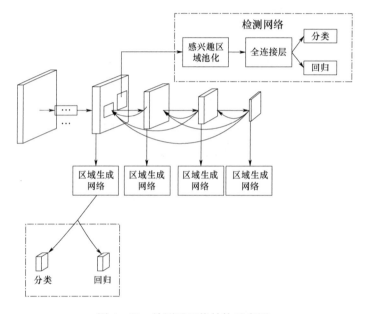

图 4-57　检测子网络结构示意图

在 SAR 图像舰船检测算法的二阶段检测子网络中,每一个经过 ROI pooling 的特征图都要经过两个全连接层用于分类和回归,当预选框数量很大时,网络就会占用很大内存,计算速度就会很慢。对于全连接层的计算速度和内存占用主要与 ROI pooling 之后特征图的通道数有关,可以通过降低 ROI pooling 之前特征图的通道数,采用轻薄的特征图连接全连接层来改善。在小通道数的特征图上进行 ROI pooling,可以有效地降低内存,提高检测速度。

在基于密集连接的网络结构中,可以知道特征图 $P_2$ 具有最高的分辨率,同时又融合了最多的语义信息,因此将一阶段 RPN 子网络生成的预选框映射到分辨率最高又结合了最多语义信息的特征图上,用 ROI pooling 提取 7×7 的特征图。在 ROI pooling 提取的特征图上进行二阶段的分类和回归,可以获得更加精细的检测结果。因此在进行 ROI pooling 之前,在 $P_2$ 层上应用的大尺度可分离的卷积进行卷积获得轻量级的特征图。将对于通道数为 $C_{in}$ 特征图的卷积核拆分成如图 4 – 58 所示的两路大尺寸卷积,一路卷积的卷积核依次为 $k \times 1 \times C_{in} \times C_{mid}$ 和 $1 \times k \times C_{mid} \times C_{out}$,另一路卷积的卷积核依次为 $1 \times k \times C_{in} \times C_{mid}$ 和 $k \times 1 \times C_{mid} \times C_{out}$,最后将两路大尺度卷积的结果进行相加得到通道数为 $C_{out}$ 的轻量级特征图。该大尺寸卷积核的计算复杂度可以通过调节 $C_{in}$ 和 $C_{out}$ 来控制。这里 $k$ 取 15,$C_{mid} = 256$,$C_{out} = 512$。大尺度的卷积核,具有更大的感受野,得到的特征图具有更好的表现能力,用具有更好的表现力的特征图进行分类和回归可以得到更好的效果。

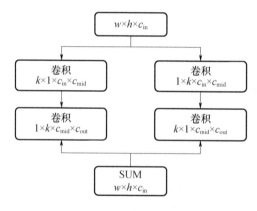

图 4 – 58 大尺度可分离卷积

在得到的轻量级特征图上,用 ROI pooling 得到尺寸为 $7 \times 7$ 的轻量级特征图,送入一个通道数为 1024 的全连接层,之后再连接两个全连接层用于分类和回归。用于分类的全连接层是 2 通道的,用于回归的全连接层是 4 通道的。

由于 RPN 网络生成的预选框彼此之间有很多的重合,可以根据 RPN 网络生成预选框的分数,选取 top – N($N = 12000$)个预选框,并对这些 top – N 个预选框采用阈值为 0.5 的 NMS,得到 1000 个高质量的预选框。对于每一幅图片,按照正负样本 1 : 1 的比例抽取 256 个预选框来训练二阶段的检测子网络。

**4. 将 RPN 网络应用到不同尺寸特征图的实验结果对比**

由于不同尺寸的特征图有不同的分辨率和语义信息,为了适应多尺度的舰船检测,在多个融合的特征图上应用 RPN 网络。不同尺寸的特征图适用不同尺度的目标检测,为了能够覆盖不同尺度的目标,定义了多个尺寸和长宽比的预设锚框。每个特征图上的锚具有一个尺寸和三个长宽比。为了验证将 RPN 网络应用到不同尺寸的特征图上更加适合多尺度的目标检测,分别进行如下实验:将 RPN 网络应用在多个融合的特征图上以及将 RPN 网络分别应用在 $\{P_2, P_3, P_4, P_5\}$ 单一的特征图上进行实验。为了保证不同实验中锚的数量的一致,应当将 RPN 网络映射在单一特征图时,锚的尺寸为 $\{32^2, 64^2, 128^2, 256^2, 512^2\}$ 长宽比为 $\{1:1, 1:2, 2:1\}$。在不同的实验中采用相同的检测子网络。检测结果的置信分数设为 0.9。表 4-3 显示了将 RPN 网络应用到不同尺寸特征图时的评价指标时,RPN 网络应用在多个融合的特征图时有最好的性能,准确率高达 92.8%。RPN 网络映射到 $\{P_2, P_3, P_4\}$ 有相似的性能,将 RPN 网络映射到 $P_5$ 时有更高的准确率,但同时会拥有最低的召回率。

表 4-3 将 RPN 网络应用到不同特征图的评价指标

| 方法 | 准确率 | 召回率 | $F_1$ 分数 |
| --- | --- | --- | --- |
| $P_2$ | 88.7% | 75.9% | 81.8% |
| $P_3$ | 87.9% | 75.1% | 81.0% |
| $P_4$ | 87.0% | 75.3% | 80.8% |
| $P_5$ | 90.1% | 70.3% | 80.0% |
| multi | 92.8% | 83.4% | 87.9% |

图 4-59 中显示了将 RPN 网络映射到不同特征图的检测结果,图 4-59(a) 是标注的 label,图 4-59(b)~(e) 分别是将 RPN 网络应用到 2~5 层特征图的检测结果,图 4-59(f) 是将 RPN 网络应用到多层特征图的检测结果。可以看出,将 RPN 网络应用到低层特征图时适合小目标的检测,但同时会丢失一些大目标;将 RPN 网络应用到高层特征图时适合大目标的检测,但是会丢失一些小目标;将 RPN 网络应用到多个融合的特征图时会适合多尺度的舰船目标检测。

**5. 轻量级检测子网络的实验结果对比**

为了验证不同尺寸的特征图有不同的分辨率和语义信息,将 RPN 网络提取的预选框映射到不同的尺寸的特征图进行 ROI pooling,然后把得到的特征图送进相同的检测子网络进行实验。所有实验采用密集连接的网络结构,RPN 网络在多个融合的特征图上生成预选框。检测结果的置信分数设为 0.9。表 4-4 中显示了将 RPN 网络提出的预选框映射到不同特征图时的评价指标。结果表明,将 RPN 网络提取的预选框映射到 $P_2$ 时有最好的性能;将 RPN 网络提取的预选框映射到 $P_5$ 时有最差的性能;将 RPN 网络提取的预选框映射到 $P_3$ 和 $P_4$ 时有相似的准确率,但是映射到 $P_4$ 时比映射到 $P_3$ 时的召回率高 2.5%。

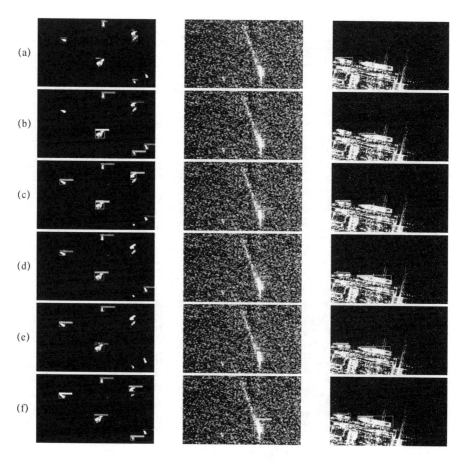

图 4-59　RPN 网络应用到不同特征图的检测结果

表 4-4　将预选框映射到不同特征图的评价指标

| 方法 | 准确率 | 召回率 | $F_1$ 分数 |
| --- | --- | --- | --- |
| $P_2$ | 92.8% | 83.4% | 87.9% |
| $P_3$ | 89.3% | 73.9% | 80.9% |
| $P_4$ | 89.9% | 75.4% | 82.0% |
| $P_5$ | 86.8% | 69.1% | 77.0% |

图 4-60(a)是标注的 label,图 4-60(b)~(e)分别是将预选框映射到不同特征图的检测结果。可以看到,将预选框映射到尺寸最大、融合最多语义信息的特征图上进行二阶段的检测效果最好,同时不同尺寸的特征图适合不同尺寸的舰船目标检测。

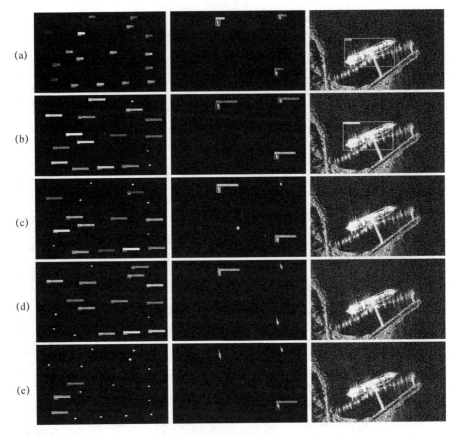

图 4-60  将预选框映射到不同特征图的检测结果

为了验证二阶段检测子网络的有效性,与采用单阶段的网络进行检测的实验结果对比,如表 4-5 所列,虽然单阶段网络具有很高的召回率,但是准确率却很低,这样会在检测结果中出现很多的虚警目标。采用二阶段的检测子网络进行精修可以使准确率提升 48.7%。

表 4-5  具有检测子网络和没有检测子网络的评价指标

| 方法 | 准确率 | 召回率 | $F_1$ 分数 |
| --- | --- | --- | --- |
| 单阶段 | 62.4% | 85.3% | 72.1% |
| 双阶段 | 92.8% | 83.4% | 87.9% |

为了验证采用大尺度可分离的卷积获得小通道数特征图的有效性,与采用普通 1×1 卷积获得的小通道数特征图进行对比实验,实验结果如表 4-6 所列。采用大尺度可分离卷积可以增加特征图的表达能力,通过获得小通道的特

征图,可以降低二阶段检测子网络的计算量,节省内存。实验结果表明采用大尺度可分离卷积可以使 $F_1$ 性能提升 1.4%。

表 4-6　采用普通卷积和大尺度可分离卷积的评价指标

| 方法 | 准确率 | 召回率 | $F_1$ 分数 |
| --- | --- | --- | --- |
| 普通卷积 | 91.3% | 82.1% | 86.5% |
| 大尺度可分离卷积 | 92.8% | 83.4% | 87.9% |

**6. 方法小结**

基于密集连接的网络结构的 SAR 舰船目标检测识别算法描述如下:①在用卷积神经网络提取 SAR 图像特征时,采用密集连接的方式对卷积特征图进行融合;②针对不同尺度进行融合而获得的特征图分别适合不同尺度的舰船目标的问题,为了适用于多尺度的 SAR 图像舰船检测,用 RPN 网络在不同尺度的融合的特征图上提取适应多尺度目标检测的预选框,之后用二阶段轻量级的检测网络进行更加精细的检测;③在 SSDD 公开数据集上进行相关的实验,验证不同尺度的特征图能够适应不同尺度目标的检测,采用 Dense 的连接方式融合特征图可以使具有较高分辨率的特征图同时拥有更多的语义信息。小尺度和大尺度的特征图适合检测的目标尺度正好相反,分别对应大尺度和小尺度的目标。将 RPN 网络应用到多个融合的特征图上可以适合多尺度目标的舰船检测,可以有效提升小尺度目标的召回率。将 RPN 网络提取的预选框映射到分辨率最高又融合了最多语义信息的 $P_2$ 特征图上进行 ROI pooling 会获得最好的性能,$F_1$ 值高达 87.9%。采用大尺度可分离卷积实现的小通道数特征图的轻量级检测子网络,在减少计算量的同时,还能对一阶段的检测结果进行精修。

### 4.4.3　地理空间文本数据分析技术

#### 4.4.3.1　技术简介

地理空间数据是一种特殊类型的空间数据。这种数据通常带有地理上的坐标,包括资源、环境、经济和社会等领域的所有包含地理坐标的数据,是一种针对地理实体的属性特征和空间特征的数字描述。

地理空间数据包括多种模态的数据类型,包括遥感图像、矢量数据、文本数据、城市三维、基础专题、电子信号、重力磁力等。其中,文本数据隶属于承载大数据的类型,蕴含着包括地理空间时空属性的海量信息,但数据的表达形式、组织关系、内在关联等深层次信息往往并不明显,因此需要综合多种手段方法对地理空间文本数据进行分析、挖掘、载体关联、时空关联、业务关联等进行处理,实现有价值信息的最大化。

地理空间文本数据的挖掘与关联技术包含两个技术领域:自然语言处理技术和知识图谱构建技术。其中,依据百度百科的定义,自然语言处理是人工智能与语言学领域的一个分支学科,探讨如何处理及运用自然语言,包括对语言的认知、理解、生成等部分。按照对语言理解层次的不同,自然语言处理可以分为句法级、词法级以及篇章级三个层级。句法级是指对单一句子句法方面的理解,包括分词、词性标注、句法分析、词向量等领域;词法级主要是对句子中的词语进行分析和处理,包括命名实体识别、同义词转换、实体链接等;篇章级主要是对一段文本的整体含义进行理解,属于自然语言处理的高阶内容,需要以句法级和词法级的处理结果为基础,包括关键词抽取、摘要提取、情感分析、情绪分析、问答系统、文本匹配、推荐系统等。

自然语言处理技术的起源来自于 20 世纪 50 年代的文本翻译,自此以后,自然语言处理领域的核心方法是一套复杂、人工制定的规则。从 20 世纪 80 年代末期开始,因为计算机运算能力和自然语言处理理论的不断发展,机器学习算法逐渐成为主流手段。基于机器学习的自然语言处理的理论架构减轻了对语料库的依赖,最早期使用的机器学习算法,例如决策树等,是硬性的、"如果-则"规则组成的系统,类似既有的人工制订的规则系统。随着隐马尔可夫模型的引入,自然语言处理技术在以概率模型为基础的统计模型上获得了长足的发展,概率模型对数据质量要求降低,对缺失、错误的数据有了更强的适应能力,因此相应的自然语言处理系统有了更好的鲁棒性。

近年来,计算资源的突破性增长,深度学习方法逐渐成为自然语言处理领域的主流手段。以 RNN、LSTM、注意力机制等技术为基础,各种针对自然语言处理特定任务的网络模型层出不穷,在各个自然语言处理的分支领域都取得了显著的进展,如命名实体识别、语言模型、语法分析等。同时,为解决多任务同时训练问题,2018 年谷歌公司基于 Transformer 架构提出了 Bert 模型,提出预训练方法得到语言模型,在 11 项自然语言处理任务中刷新记录,可以广泛应用于问答系统、情感分析、垃圾邮件过滤、命名实体识别、文档聚类等任务中,成为目前自然语言处理领域应用最广泛的技术手段。

自然语言处理仅仅是对单一文本内容进行智能分析与提取,而针对海量地理空间文本数据的挖掘与分析则需要利用更为强有力的工具,才能总结、归纳、发现、演绎出不同模态下海量数据间实体之间关系、事件之间的关联,继而支撑高阶的关系推演、趋势预测等大数据分析。在这种应用需求背景下,知识图谱构建技术应运而生。知识图谱是由谷歌公司在 2012 年提出来的一个新的概念,本质上是语义网络的知识库。从应用角度来看,可以把知识图谱理解成多关系图,包含着多种类型的节点和边。在知识图谱中,用实体表达图里的节点,用关系表达图里的边。

知识图谱的构建是后续应用的基础,对于地理空间大数据分析领域的知识图谱来说,它的数据源主要来自两种渠道:一种是结构化的数据,这部分的地理空间数据通常以数据库的形式存在;另一种是分散的、公开的非结构化数据,这部分的地理空间数据通常来源不定、质量不定,难以直接应用。针对结构化的数据,可以直接进行关系的抽取和知识的提炼。针对非结构化数据,往往需要多种自然语言处理手段的结合,包括命名实体识别、关系抽取、实体统一和实体消歧等。

命名实体识别又称为"专名识别",是指对文本中具有特定意义的实体进行识别,主要涉及地名、人名、专有名词、机构名等。命名实体识别是对非结构化数据进行处理的第一步,核心是提取出能够在知识图谱中进行统一表征的实体。在提取出实体的基础上,针对非结构化的文本数据,利用关系抽取的技术提取出实体之间的关系,形成实体 – 关系 – 实体的三元组,是组成知识图谱的基本元素。实体统一是指识别出在不同的文本数据中不同写法指代的同一实体,实体统一不仅可以减少实体的种类,也可以降低图谱的稀疏性。实体消歧是指分辨出在文本数据中不同的指称代词所指代的实体,提高对文本数据的理解能力。

近年来,随着计算能力的显著增长和技术的不断发展,在自然语言理解和知识图谱构建技术领域都已经取得了明显的进展,但是距离真正的智能和信息挖掘依然存在不小的差距。在自然语言理解领域,针对单句的智能分析已经有了长足的进步,但是对于单词的边界界定、词义的精确理解、句法多样性模糊性判断、不规范输入等方面的处理依然存在问题。同时针对高阶的自然语言处理方面,例如问答、推荐、语义理解、语义分析等,目前只能处理较为简单的情形,复杂场景下多元交互系统的表现依然不尽如人意。目前各互联网公司以及其他专业垂直领域已经建了对应的知识图谱,并取得了一定的经济效益和社会效益。但是针对地理空间大数据领域,因为涉及的数据质量参差不齐、数据模态不统一、时空基准框架不一致等问题,因此目前尚没有较为成熟和权威的知识图谱。与此同时,在构建知识图谱的过程中,需要很多人工智慧的参与。在地理空间大数据的垂直领域知识图谱的构建上,甚至需要更多专家智慧的参与。尽管学术界与工业界都在努力尝试自动抽取实体与发现实体之间的关系,但是其精准度的局限性导致在对错误容忍性很低的情况下可能并不能很好地应用。最后,知识图谱目前在知识演化、关系推理等方面的应用成熟度和精准度依然有提升空间,无法满足全部的应用场景需求。

#### 4.4.3.2 典型数据集

随着自然语言处理领域的不断发展,国内外已经积累了数量可观的数据集。典型的自然语言处理数据集如维基百科类数据集、点评类数据集、斯坦福问答数据集、亚马逊评论数据集、论文数据集、社交媒体数据集、爬虫语料库、电子邮件数据集等。典型的各类数据集都已经划分完毕,标注完全,能够应用于各自然语言处理领域。

在地理空间大数据领域,因为地理空间数据涵盖领域较广,数据格式多样,因此目前存在的各数据集都针对某细分领域,例如:联合国环境数据资源管理器涵盖的淡水、人口、林业、尾气排放、灾害、健康、GDP空间数据与非空间数据;我国国家地球系统科学数据共享平台;地理空间数据云;人地系统主题数据库;地理资源与生态专业知识服务系统等。利用这些成熟的地理空间数据,可以方便地针对某一细分领域进行模型建模、模型训练以及数据的挖掘分析。

除已经成熟的数据库之外,可以利用网络爬虫进行数据的采集。网络爬虫是一种程序或脚本,可以依据某些规则对互联网上的信息进行自动抓取。根据关注领域和话题的不同,在网站上进行数据的爬取,数据可以是文本、图片等多模态数据。爬取的数据往往质量不高,需要对数据进行清洗和标注。针对海量地理空间文本数据,需要对文本数据进行预处理。预处理包括对数据错误纠正和缺失填补以及重复性检测。数据的错误纠正和缺失填补包括三个阶段,首先利用概念的相关信息对实体进行匹配,主要解决实体歧义问题;然后,利用消歧后的实体信息,对不同文本数据中的同一对象进行信息消歧与填补空白;最后,利用聚类算法对错误数据进行过滤,并利用表示模型填补缺失信息。针对文本数据的重复性检测,可以利用基于特征匹配的方法和基于特征统计的方法进行重复文本检测,这样最大化地去除重复信息,突出文本数据的信息量。

#### 4.4.3.3 基于深度学习的文本规范语义提取与知识图谱构建技术

围绕地理空间大数据构建的知识图谱是进行多源数据关联分析与知识挖掘的关键,需要综合利用自然语言处理的多种手段,包括命名实体识别、实体链接、关系抽取等。伴随着深度学习技术的持续发展,该方法已然在自然语言处理领域成为了核心技术手段,在多个领域都取得了显著的成果。同时,在建立的知识图谱的基础上,需要对实体关系推理技术充分应用,把地理空间中不同实体和实体关系的推演与演化进行实现。

**1. 基于深度学习的领域命名实体识别技术**

命名实体识别可视为序列标注任务。中文命名实体识别与英文命名实体识别相比,存在着更多的难点:①中文的词组之间并没有分隔符号,而在英文语料中,单词和单词之间都会以空格隔开,这无疑会增加对实体边界识别的困难。②中文的词语具有歧义性,即使是相同的词语在不同的语境下也会呈现出不同的词性,而英文单词的词性就较为固定并且是有一定规律可循的。③中文命名实体识别相较于英文命名实体识别来说起步较晚,带有标注的语料较少,这也制约了中文命名实体识别的发展。

在命名实体识别任务中,字符特征 + BiLSTM – CRF 系列模型表现最为突出。该类模型的突出优势在于,双向 LSTM 网络在学习单词级别上下文信息的过程中,融合了对应单词的字符级别特征,如采用循环神经网络获得对应单词的深度字符特征,包含大小写、N – gram 等信息。借鉴该类模型在特征融合上的贡献,在基于字符级别的 BiLSTM – CRF 模型的基础上,加入输入数据的分词特征,使其更加适用于中文文本数据。算法框图如图 4 – 61 所示,主要包括词向量、分词及特征获取、双向 LSTM 学习上下文信息、CRF 层进行标签概率预测。

(1) 词向量。

在用深度学习方法解决自然语言中的问题时,词向量是一个举足轻重的内容。在深度学习方法中,模型使用的词向量都是低维稠密的,同时词向量要将词的语义信息都包含进来。词向量基本都是语言模型的一个副产物,目前流行的词向量模型主要有谷歌提出的 Word2Vec 以及斯坦福建立的 GloVe。相较于传统的语言模型,这两种词向量模型在训练的效率上都有了大幅度的提高,而且能够训练出包含着非常丰富的语义信息的词向量,在词的相似度上也有着不俗的表现。相比于随机的词向量初始化方法,通过使用在 Word2Vec 和 GloVe 上训练而得到的预训练词向量的初始化方法,深度学习模型的性能会在命名实体识别任务上得到大幅度的提升。

(2) 分词及特征获取。

分词是将连续的字序列按照一定的规范重新组合成词序列的过程。分词一般采用主流的分词工具,其特征为词语中字的位置信息,如 BIE 分别表示词的第一个字、中间字以及结尾字。每个字所对应的分词特征均以向量的形式进行表示,可以方便地与词向量进行拼接,送入到双向 LSTM 网络中进行上下文信息的学习。

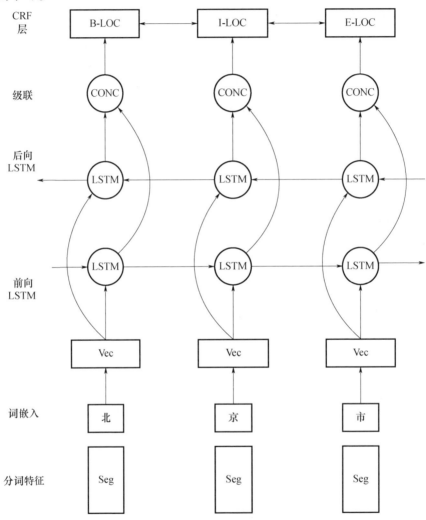

图 4-61 分词特征 + BiLSTM - CRF 模型算法框图

(3) BiLSTM 层对上下文信息进行学习。

BiLSTM 由两层不同相反方向的 LSTM 网络构成,其中前向网络的隐层单元输出序列的上文信息,后向网络的隐层单元输出序列的下文信息,这两部分输出向量级联就是 BiLSTM 学习所得的序列上下文信息,CRF 层借助该信息完成标签预测。

(4) CRF 层标签概率预测。

条件随机场（CRF）是一种判别模型，与隐马尔可夫模型相比，该模型并不需要非常严格的独立性假设，同时也解决了最大熵模型本身存在的标记偏置的问题。条件随机场比较适合做序列分析，近年来一直被广泛应用在序列标注的任务中，其中在命名实体识别任务中，表现得更加出色。在本模型结构中 CRF 层接收 BiLSTM 学习所得的上下文信息，并引入标签转移概率参数，其损失值为整体句子的标签预测得分，并适当平滑对标签的预测结果，可以更为合理地预测整体句子的标签。

**2. 基于网络多源百科信息的实体链接**

实体链接主要包括候选实体生成、指称—实体相似度度量、共现实体消歧等步骤。候选实体生成由于知识库中包含大量实体，若对于待消歧的指称项在整个知识库中搜索消歧结果，将会导致过高的时间复杂度，因此有必要对指称项进行候选实体生成，缩小实体消歧的范围。采用基于名称词典的方法，从网络多源百科信息中提取指称-实体映射，通过提取百科类信息源中的超链接-锚文本、重定向、消歧义页面，并融合百科类搜索引擎的推荐结果，将从指称到实体的一对多映射关系整合成字典结构，得到指称的候选实体集合，从而完成候选实体的生成。

指称—实体相似度度量主要采用基于上下文的相似度，是指基于指称的上下文环境，和上下文中出现的其他实体指称项等信息的相似度度量。一个带歧义的指称项，只有在特定的上下文环境中才能确定其含义，因此基于上下文的相似度相比于前两者包含更丰富的语义信息，也是实体消歧最主要的判据。采用基于神经网络的方法计算候选实体与指称所在上下文的相似度度量，其流程框架如图 4-62 所示。

神经网络的输入分别为指称上下文的词嵌入矩阵和知识库中候选实体描述文本的词嵌入矩阵。网络结构包括 LSTM 层、Intra-attention 层、co-attention 层以及预测层。

实体消歧在得到指称项与每一个候选实体的相似度评分后，一种简单的做法是选择相似度最高的候选实体作为消歧的结果。但是，在同一篇文档中，共现的实体往往具有相似性或主题相关性，因此，为了在一篇文档中得到更高的消歧精度，需要对文档中共同出现的实体进行协同消歧，并选择主题一致性最高的实体集合，作为文档的消歧结果。由于在所有指称项的候选实体集上全局搜索最优解时间开销过大，可以采用 pair-wise 的方法，按照置信度从高到低的顺序，两两确定指称项的消歧结果，从而得到一篇文档的实体集合。

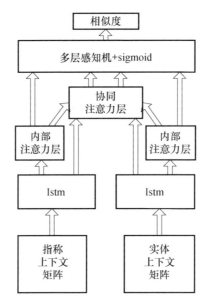

图 4-62　上下文相似度计算流程

**3. 基于远监督技术的实体关系抽取**

在早期的关系抽取研究中,大多都是通过人工构造语法和语义规则进行的,这些方法使用模式匹配对实体间的关系进行识别,这些做法的特点为:①对于制定规则者的语言学造诣有较高的要求,并且在特定的领域有较为深刻的认知和理解;②制定规则的过程需要很大的工作量,并且对于丰富的语言表达风格适应性不高,同时也很难进行拓展。因此研究者着手尝试统计机器学习的方法,在实体关系的模式上建模,代替预先定义好的语法语义规则。不过,有监督学习方法也有着显著的不足,即需要依靠人工标注充足的语料对模型进行训练,以此保证算法的有效性。为了解决这一问题的制约,主流做法是采用基于自监督学习方式的开放信息抽取原型模型,通过较少的人工标注数据作为训练集训练一个实体关系分类模型,再在该模型的基础上对开放数据进行分类,根据最终的分类结果去训练统计机器学习模型,对"实体—关系—实体"三元组关系进行识别。

远监督是一种弱监督的数据标注和训练方式。给定一条知识库中包含的实体关系三元组$\langle e_1, r, e_2 \rangle$,基于远监督的实体关系抽取首先找到同时包含实体$e_1$和$e_2$句子,并简单地认为这个句子就表示了$e_1$和$e_2$两个实体具有关系$r$。显然这种简单的假设会在模型训练的过程中引入大量的噪声,所以在基于远监督的实体关系抽取过程中,如何减少噪声的影响是一个重要的研究课题。

实际使用过程中,由于远监督的方法会引入大量的噪声,难以直接使用这些标注数据训练句子级的分类器,因此利用注意力机制对远监督噪声进行抑制。基于注意力机制的多样例学习方法首先分别在每一个样例上进行实体关系的表示学习,得到对应的向量化表示 $X = \{x_1, x_2, \cdots, x_n\}$,在此基础上,使用注意力机制学习每个样例对这个实体关系的表示能力,即

$$\alpha_i = \frac{\exp(a_i)}{\sum_j \exp(a_j)}$$

式中: $a_i = x_i W$ 为计算样本重要性的方法。在得到每个样本的重要性后,再使用这些样本的加权求和作为整个集合最终的表示,即

$$s = \sum_{i=1}^{n} \alpha_i s_i$$

然后再使用这个加权后的句子集表示去预测两个实体之间的关系。

**4. 基于关系补全的实体关系推理技术**

在一个知识图谱中,给定一个头实体和一个关系能够推理出最有可能的尾实体,或者给了一个头实体和一个尾实体能够推理出最有可能的关系。通过图谱表示学习得到的各个实体和关系的向量表示,使用打分函数计算相似度,如果相似度低于某个阈值,则判定是一个正确的三元组,给定一个头实体和一个关系经过计算相似度得到的可能的多个尾实体,按照得分从小到大排列。关系补全算法主要有 TransE、TransH、TransR 三种算法。

TransE 算法核心思想是使头实体($h$)、关系($r$)和尾实体($t$)尽量满足 $h + r = t$,该算法在训练的时候所使用的打分函数(Score Function)为

$$\|\boldsymbol{h} + \boldsymbol{r} - \boldsymbol{t}\|_{l_{\frac{1}{2}}}, r \in R^k$$

即头实体向量与关系向量的求和后减去尾实体向量后求 $L_1$ 或 $L_2$ 范数,将所得范数作为 Score 来确定相似度,在训练的过程中应该使 Score 逐渐变小。算法优化目标为

$$L = \sum_{(h,r,t) \in S} \sum_{(h',r',t') \in S'_{(h,r,t)}} [\gamma + d(\boldsymbol{h} + \boldsymbol{l}, \boldsymbol{t}) - d(\boldsymbol{h}' + \boldsymbol{l}, \boldsymbol{t}')]_+$$

式中,$\gamma$ 为边际,决定了正例与负例的分开程度,$\gamma$ 越大,正例与负例距离越远; $d(\boldsymbol{h} + \boldsymbol{l}, \boldsymbol{t})$ 与 $d(\boldsymbol{h}' + \boldsymbol{l}, \boldsymbol{t}')$ 为距离函数,也称为打分函数。算法在不断地优化迭代过程中,$d(\boldsymbol{h} + \boldsymbol{l}, \boldsymbol{t})$ 会不断地趋于 0,$d(\boldsymbol{h}' + \boldsymbol{l}, \boldsymbol{t}')$ 会不断地趋于 1。

TransE 算法在知识表示的应用中因为其简单、高效的特性而广受欢迎,但

是在处理自反关系以及一对多、多对一、多对多的关系时存在一些不足,原因是出现在多个关系中的同一实体的表示是相同的。基于以上不足,TransH 算法在 TransE 算法上进行改进,其核心思想为将实体投影到关系所在的超平面中。

TransH 通过引入映射特定关系所在的超平面的机理,既可以使同一个实体在不同的关系中扮演不同的角色,也能区分同一个关系中不同的实体,使每一个实体根据不同的关系有不同的表达。对于一个关系 $r$,将一个关系特定的翻译向量 $d_r$ 放在关系特定的超平面上,而不是与实体表示在同一个空间中。具体地说,对于一个三元组 $(h,r,t)$,表示 $h$ 和 $t$ 首先映射到超平面 $w_r$,并可以表示 $h'$ 为 $t'$。假设在超平面上,$h'$ 和 $t'$ 可以与翻译向量 $d_r$ 联系起来。通过定义一个得分函数 $\|h' + d_r - t'\|^2$ 来衡量三元组是否正确的可能性。通过约束 $\|w_r\|_2 = 1$,可得

$$h_\perp = h - w_r^\mathrm{T} h w_r, t_\perp = t - w_r^\mathrm{T} t w_r$$

于是,可以得到得分函数,即

$$f_r(h,t) = \|(h - w_r^\mathrm{T} h w_r) + d_r - (t - w_r^\mathrm{T} t w_r)\|_2^2$$

该得分函数对于黄金三元组较低,对不正确的三元组较高。因此可以得到 TransH 的训练方法。实体和关系都被映射到相同的空间中是 TransE 和 TransH 的一个重要假设,但是,一个实体是一个综合体,包含了多种属性,不同关系对实体的不同属性有着不同的关注度。直觉上一些相似的实体在实体空间中应该彼此靠近,但是同样地,一些特定的不同方面在对应的关系空间中应该彼此远离。为了解决这个问题,TransR 将实体和关系投影到不同的空间中,也就是实体空间和多元关系空间(也是特定关系的实体空间),在对应的实体关系空间上实现翻译。

### 4.4.4 电子信号数据分析技术

#### 4.4.4.1 技术简介

电子信号数据一般是指对电子辐射源(能发射电磁信号的装置或设备,如雷达装置、通信装置、光电装置等)由设备产生或者由其他设备进行探测所产生的数据。随着计算能力的提升与智能分析方法的发展,电子信号处理和分析技术得到了快速的发展。由于新的智能分析方法的引入,使得研究人员可以从新的角度考虑现有的电子信号处理的模式,提升信号处理的能力,同时也为细微的指纹级别的信号分析提供了算法和理论基础。

电子辐射源识别是指对各类辐射源信号进行处理分析,识别出信号的调制方式、目标类型、搭载平台及工作模式等信息。电子辐射源调制识别,也称为电

子辐射源脉内有意调制识别,是通过对电子辐射源信号进行分析,获取辐射源的调制类型信息。电子辐射源信号识别是电子信号数据分析中一类重要的任务,目的是通过对辐射源信号进行处理和分析,识别出信号来源的具体信息。

从20世纪70年代开始,国内外开始进行电子辐射源信号识别的研究。早期的研究主要集中在比对和匹配提取到的电子辐射源特征参数与已有的特征参数模板。把特征向量和特征模板之间的距离计算出来,并设置一定的阈值来进行判决。这种方法原理简单,计算起来也很快,但它同样存在不足:①这种方法完全依赖于已有的模板数据库,难以处理实际中出现的复杂的参数类型;②该方法提取特征模板的过程存在较多不确定的因素,不能保证模板的准确性和全面性;③该方法容错能力较差,对于噪声等处理能力差,阈值的设置也是一个模糊难以界定的问题。早期的电子辐射源由于具有体制单一、频域覆盖范围小的特点,信号波形设计比较简单,参数相对稳定,辐射源的数量不多,依靠模板匹配法来对辐射源信号进行识别的做法通常是有效的。在20世纪70年代到80年代中,特征参数模板匹配法一直都是电子辐射源信号识别的主要方法,并且90年代至今在一些特定的电磁条件下也仍在继续使用。

自20世纪90年代开始,人工智能技术获得了空前的发展,各种机器学习和模式识别的技术开始不断被应用到辐射源识别领域,专家系统、神经网络、模糊理论、支持向量机等新方法在电子辐射源识别中都取得了不错的效果。人工智能方法的不断应用,将电子辐射源识别方法带入了自动学习的新领域,有效地提升了辐射源识别方法的鲁棒性和泛化能力。但是这一阶段的研究,更多地集中在对机器学习算法的应用和改进上,而对于特征的处理相对简单,输入一般是相对简单的脉冲描述字信息,主要的识别任务也集中在型号识别领域。尽管机器学习新方法层出不穷,但是由于样本量不足和数据处理能力有限两方面的限制,辐射源识别的效果无法取得较大的突破,同时受限于传统的人工设计特征的限制,辐射源识别的效果也很难进一步提升。

近年来,随着计算能力、存储资源的不断增长,信号处理和分析的能力也在不断提升。20世纪90年代,研究人员开始研究从单个脉冲中抽取大量细微的脉内特征,用于辐射源的识别。由于对更精细化的辐射源识别的需求,特别是对辐射源个体识别的应用需求,基于脉内特征的辐射源识别被大量研究,多种特征被提出和验证。电子辐射源识别得以从电子辐射源调制类型识别、型号识别,逐步转变至电子辐射源个体识别的新阶段。近年来将脉内特征用来进行电子辐射源的识别逐渐成为人们的一种共识,也是目前业界的一个研究焦点。

脉内有意调制特征和脉内无意调制特征是脉内特征的两个主要方面。电子辐射源的脉内有意调制特征,也称为电子辐射源的功能性调制特征,是指电子辐射源在对脉冲信号进行频率、幅度、相位等调制过程中产生的特征。电子辐射源脉内有意特征的提取,主要用来识别出电子辐射源具体使用的调制方式,从而为新体制新类型电子辐射源的识别提供有力的信息支撑。在脉内有意调制特征提取方面,国内外都进行了很多研究。传统的特征提取方法使用一些数学变换的手段来提取信号中的幅度、频率、相位变化信息,包括时域自相关法、谱相关法、双谱变换等。近年来,随着信号处理技术的不断发展,又涌现出了时频分析法、星座图法等众多方法。电子辐射源调制类型识别依赖于脉内有意调制特征,识别方法主要有:①依据设计提取的特征,利用参数匹配、人工神经元网络等方法进行识别;②针对时频变换之后的图像进行提取特征,使用图像处理的手段来进行电子辐射源调制类型的识别。

电子辐射源的脉内无意特征是指由电子辐射源系统中调制器、发射机等不同设备的元器件所产生的无意噪声信息,是一种细微特征,在电子辐射源信号中无法避免。随着电子辐射源技术的逐步提升,相同体制的电子辐射源可能会采用不同的工作模式来实现不同的功能。同时,辐射源信号的调制规律和脉内参数也会发生变化,甚至会有随机变化的可能。这给有意调制特征参数识别辐射源信号造成了困难。此后,脉内无意调制特征(Unintentional Modulation On Pulse, UMOP,又称电子辐射源信号"指纹"特征)被研究人员发现,它是一种附带的调制特征,由信号发射机电路或电子元器件产生,并且不易消除。然而,对于不同的发射机,其调制形式和调制量又有很大的差异,纵然是同一设计方式的一批电子辐射源发射机,其无意调制的分布也无法避免地存在着些许差异。但是无意调制特征在识别辐射源个体上的前景十分广阔,在国内和国外的相关研究领域都引起了广泛的关注。

国内的科研人员在特定辐射源识别(Specific Emitter Identification, SEI,或称辐射源个体识别)领域的研究主要分为以下几个方面:①对电子辐射源系统发射机、磁控管、放大器等器件进行建模,分析硬件差异对外表现的外在形式,作为一个相对稳定的指纹特征;②基于数理统计方法对包络参数如脉幅、上升沿、下降沿、顶降、脉宽进行分析,视为区分不同辐射源的指纹特征;③针对目前电子辐射源体制日趋复杂的情况,传统的分析做法已经无法准确地完成对电子辐射源信号的特征提取任务,于是近年来涌现了许多崭新的特征提取思路,它们大都集中于时频分析及频域分析中的分形算法和高阶统计量方法。总的来说,由于电子辐射源个体间无意调制特征差异较小,且特征受到噪声、具体型号的影响较大,尽管目前已经提出了许多被认为有效的特征,但是依然较难被应用到实际工程中。

深度学习是近年来较为引人注目的研究热点,深度学习方法特别是卷积神经网络方法的发展十分迅速,经过十多年的快速发展,深度学习技术取得了巨大的进步,在图像处理、文本处理、语音识别等多个领域都取得了非常突出的成就。深度学习能自动地从数据中提取特征,学习数据中的高层次抽象表示,特征提取与分类识别实现了端到端的连接和训练。同时,深度学习模型深度的不断增加,使得模型的表征能力也不断提升,在训练数据和计算资源充足的情况下,深度学习模型的性能具有明显的优势。从目前已经发表的研究成果来看,深度学习在电子辐射源识别方面的研究并不多,目前处于探索和起步阶段。有学者将深度学习方法应用到基于有意调制特征的调制类型识别上,但这些方法都一定程度上依赖人工设计和提取特征,由于提取到特征已经是抽象的、高级的信息,实际上深度学习方法对于识别效果的提升很有限。还有学者采用卷积神经网络来对时频图进行分类,从而达到对辐射源信号进行调制识别的目的。这种方法在高信噪比时具有比较好的效果,但是实质上当信号的信噪比很低时,其时频变换图像变得十分难以分辨,尽管可以通过图像处理的手段来进行适当的图像增强,但是效果依然有限。

电子辐射源识别依赖于前端的测量、分选、定位等复杂的信号处理工作,通常采用人工设计的各类特征,然后使用机器学习方法来对信号进行识别分类。随着信息处理技术和电子器件的高速发展,众多新体制、新型号的电子辐射源层出不穷,参数模式的变化往往较为复杂,空间电磁环境也因为各类电磁信号的大量使用而变得嘈杂。这无疑会影响到电子辐射源识别的效果,也对当前和未来电子辐射源识别的研究提出了巨大的挑战,如何更快更准地识别电子辐射源信号是当前以及未来一段时间内需要面对的一个重大难题。当前辐射源型号识别所处的多类别、大数据的场景下,传统的方法面临四个方面的挑战:

(1)当前的特征提取的手段难以保证多类型、高噪声等背景下特征的区分度,人工设计的多维的脉间特征难以全面准确描述电子辐射源脉冲信号的参数信息和变化规律。

(2)对于多类别、大数据的电子辐射源型号分类识别,传统的机器学习手段难以取得更泛化、更准确的结果,需要引入分类性能和准确率更佳的模型和方法。如何在多类别、大数据的场景下,对电子辐射源型号进行快速、准确的识别,是当前电子辐射源型号识别亟待解决的一个重大问题。

(3)在典型的应用场景中,电磁目标样本数量往往较少,进一步限制了深度学习等大数据方法的应用,而小样本学习及类似的技术目前则需要得到进一步适应性的设计和改进。

(4)不同电子设备个体之间差异较小,理论上讲,在不同设备之间的信号产生过程中,由于硬件系统机理产生的差异,或者设备老化或者维修引起的差异等情况,会导致不同的个体之间产生不同的差异。但是,现实情况中这类差异表现得并不明显,挖掘这类指纹特性存在着许多技术上的困难。

#### 4.4.4.2 典型数据集

**1. 数据源介绍**

(1) RadioML 数据集。

RadioML 数据集为基于 GUN Radio 软件无线电的仿真数据,数据中包含 20 种信噪比下( -20 ~ 18dB)的 11 种调制方式(8 种数字调制方式为 BPSK、QPSK、8PSK、QAM16、QAM64、BFSK、CPFSK、PAM4,3 种模拟调制方式为 WB - FM、AM - SSB、AM - DSB)的复信号数据,数据长度为 $2 \times 128$,图 4 - 63 为高信噪比(10dB)时不同调制方式数据中的一个样本时域波形。图中信号分为实部深色和虚部浅色,因此在实际进行辐射源识别时,对复信号的实部和虚部先分别进行特征提取,将二者特征串联起来作为最终的特征。

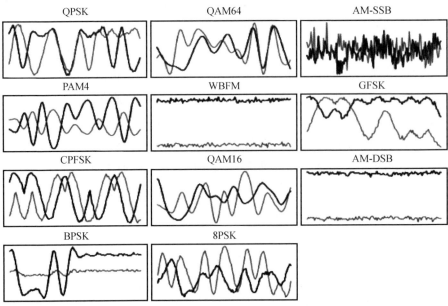

图 4 - 63 Radid ML 数据集样本实例

(2）实测雷达中频数据集。

导航雷达数据每一类包含数据样本 400~500 条,该实测数据为实信号,每个信号的长度为 4096。该数据集中的数据已经提前做好脉冲对齐,并且每个脉冲波形的长度也做了某种处理。图 4-64 展示了 4 个辐射源各随机挑选的一条样本。每个类别的样本中存在大量噪声,仅凭肉眼无法识别这几个信号属于哪一个辐射源,因此需要提取辐射源信号的脉内细微特征。同时可以发现,这几个辐射源的波形形状很相似,如果仅仅通过提取包络特征,则可能会丢失很多有用的信息。

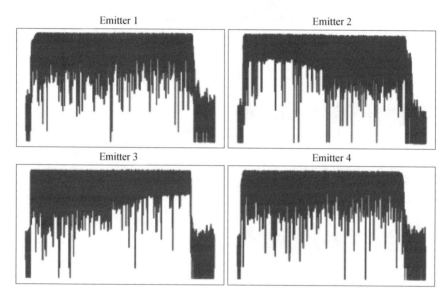

图 4-64　实测雷达中频信号样本

实测 K 波段线性调频连续波数据为包括 7 个同型号不同个体的辐射源数据。图 4-65 为雷达信号收发装置实物图。图中:①为实际的微型雷达收发模块组,内置 8 个微型雷达收发模块,②为直流供电电源,③为频谱仪。该装置包括 8 个辐射源模块,每个模块均有收发功能,选择其中一个模块作为接收机,其他剩余的 7 个模块为发射机。

设置每个发射机发射线性调频波,并保证其调制信号和载频完全一致,为了更接近实际的场景,发射的信号需要经过 150m 的光纤到达接收机,同时对信号增加一定量的高斯噪声。在对接收到的信号进行采样时,每 5000 个采样点构成一个完成 Chirp 波形,7 个辐射源时域波形以及对应的频谱图如图 4-66 所示。

图 4-65  K 波段线性调频连续波收发装置

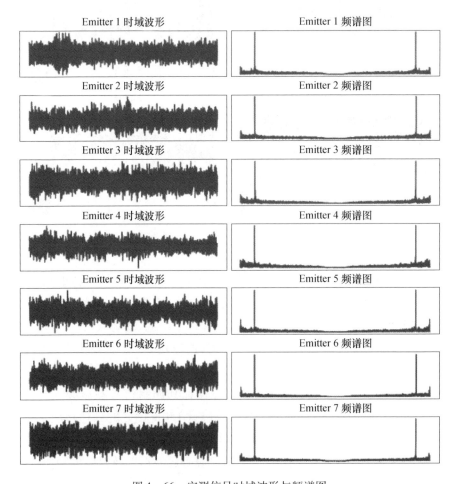

图 4-66  实测信号时域波形与频谱图

(3)雷达描述字及脉冲描述字数据集。

雷达描述字与脉冲描述字数据集是对原始的雷达中频信号进行特征提取,针对不同的雷达体制和工作模式,对雷达当前状态用对应的参数进行描述,常见的参数类型有载频、脉宽、脉幅、重复间隔及脉内特征等。图4-67所示为辐射源描述字示例。

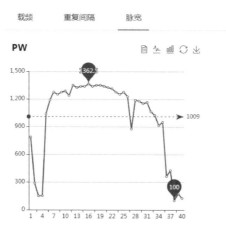

图4-67 辐射源描述字示例

**2. 数据清洗**

仿真类型的数据一般是比较规整的格式化类型的数据,针对不同的仿真条件及噪声添加水平,利用不同的滤波方法进行去噪处理,然后基于不同的任务类型对数据进行对应的数据预处理。对于实侦数据集,由于环境背景噪声等因素,需要对数据进行数据异常点去除、数据去噪。此外,数据集的制作需要大量的人工辅助识别,使得数据标注的维度及置信程度都存在着人为设定的影响,得到的数据中往往含有错误信息。由此,针对不同指标要求的任务场景,需要设计不同类型的清洗策略。

在数据挖掘任务中,数据清理和预处理决定了数据挖掘任务的质量,是数据挖掘任务的关键步骤。在电子辐射源数据挖掘相关的任务中,主要涉及数据异常值去除,数据缺失值处理,特征变换与编码以及多源数据融合问题。

(1)异常值去除。

异常点检测和去除是数据清理工作的重要步骤,数据中的异常点表现为与其他的主要数据有显著不同的数据点。一般来说,数据中异常点只占数据总量很少的一部分。异常点一般可以分为三类:全局异常点、条件异常点和集体异常点。全局异常点是指显著偏离数据集中其他数据的点,是最常见也是最容易检测的一种异常点;条件异常点是在给定的某种特定情况下,显著与其他对象偏离的点;集体异常点是指数据集的某个子集作为整体偏离了整个数据集,这种情况下,集体异常点中的个体有可能不是异常点,因而这种异常点的检测比其他类型的异常点检测较为困难。

按照是否有标注数据以及标注数据量的多少,异常点检测的方法可分为有监督方法、无监督方法和半监督方法。当所有的训练数据点都带有正常点或者异常点的标注时,采用有监督方法,此时异常点检测等同于对数据进行分类,由于通常异常点在数据中的比重较小,因而需要考虑样本的抽样和权重分配。当数据都未被标注时,异常点检测问题可转换为聚类问题。而当只有部分数据标注时,可借助半监督学习的方法进行异常点检测。

按照对数据集的假设,异常点检测算法可以分为基于统计的方法、基于近邻性的方法和基于聚类的方法。基于统计的方法通常会假设正常的数据对象由某种随机模型产生,不服从该模型分布的点就是异常点。基于近邻性的方法认为异常点的最近邻点远离该异常点,即该点与它的最近的点的近邻性显著偏离数据集中其他点与最近邻的近邻性。基于聚类的方法认为正常点属于大的、稠密的簇而异常点属于小或稀疏的簇。在辐射源数据中,因为电子辐射源本身发射的信号通常较为稳定,而电子信号在接收过程中易受到电磁干扰的影响,因而数据异常点多出现于电子信号的采集和生产过程中。而异常点类型主要是全局异常点和集体异常点,由于辐射源数据异常点难以标注,因而在处理上通常使用基于聚类的方法。

(2)缺失值处理。

电磁空间易受干扰,辐射源信号的属性特征会有缺失的现象,对辐射源信号特征向量的缺失值进行处理是辐射源信号清理和预处理的一个重要步骤。在数据挖掘领域,根据统计分析,数据的属性缺失可以分为三种情况:

① 完全随机缺失。这种情况下,数据属性的缺失完全是随机产生的,不依赖于该特征实际值的大小或者其他观测数据的大小。

② 随机缺失。这种情况下,数据属性的缺失与该属性的实际值无关,但与观测中的其他的属性值有关。

③ 非随机缺失。这种情况下,属性缺失与非观测到的变量有关。

对缺失属性的处理需要对缺失属性进行统计意义上的最小偏差估计,在实际数据挖掘应用中,对属性缺失的处理通常有三种方法,包括直接删除、单一插补和基于模型的缺失属性填充。

直接删除是一种简便的处理方式，它又分为两种情况：配对删除和成列删除。配对是在单独计算全体样本某个属性的统计量例如属性均值、方差等时，如果某个样本的该属性缺失，则不计算该样本的这个属性（删除），但是不删除该样本其他的未缺失属性，这样保留了数据样本尽可能多的信息。成列删除是指一旦某样本有属性缺失，则直接删除该样本，这样在估计数据统计量时没有偏差，但会缺失部分数据信息。

单一插补是指利用数据的整体信息对缺失的数据进行估计，用某种估计量来填充缺失的属性，例如用该属性的均值、中位数等统计量填补。利用估计量填补不会给数据带来额外的信息，又降低了数据的自由度。其中，线性回归的填充方法利用了观测数据对缺失值进行回归预测。

基于模型的缺失属性填充是指为缺失的属性建立模型，通过求解极大似然或者其他某种指标来优化模型，从而得到缺失属性的估计值进行插补。典型的方法有基于关系马尔可夫模型的缺失值估计方法，基于随机森林模型的缺失值插补方法等。在辐射源数据中，数据缺失原因多种多样，数据缺失值的处理对辐射源数据的预处理具有十分重要的意义。

**3. 数据特性**

电子辐射源来源手段多样，并且受环境因素、背景噪声及侦测手段的灵敏度影响，数据呈现复杂的状态，如数据缺失、数据尺度不一、数据特征抽象、存在异常点取值等情况。具体的有如下几种情况。

（1）电子辐射源数据受到目标区域周围电磁杂波影响，可靠性会受到影响。在恶劣的电磁环境下，辐射源数据会有很大的误差，会出现异常点，也会造成部分数据或者属性缺失的问题，这就需要对电子数据进行异常点检测和属性补齐等工作。

（2）相对于遥感图像数据，电子辐射源数据属性特征简单，处理起来更加快速、高效。遥感图像尺寸大、特征多，在进行处理时要考虑图像的灰度、纹理、角点等特征，这些特征在提取时需要大量的运算，尤其是使用深度学习自动提取特征时，计算量会成为解译任务的负担。而电子辐射源数据通常属性较低，在进行分选处理之后，只有少量描述电子辐射源脉冲的基本参数，例如射频（Radio Frequency，RF）、到达时间（Time Of Arrival，TOA）、脉宽（Pulse Width，PW）、重复脉冲间隔（Pulse Repetition Interval，PRI）等，这使得电子辐射源数据维度不高，蕴含信息较少，但也因此给电子数据的分析和挖掘带来了很大的麻烦。

(3) 电子辐射源数据不能确保稳定和连续。由于电子信号获取依靠的是被动的监听目标区域中的电磁信号,当目标区域中的电子设备停止工作后,就无法得到数据,因而电子信号获取数据不能保证连续性和稳定性,所得到的信息置信度不高。这给时序性分析和挖掘工作带来了很大的麻烦。

### 4.4.4.3 基于拒识策略多尺度卷积神经网络的辐射源调制类型识别

辐射源调制识别是辐射源识别的核心之一,它是获取电子辐射源体制信息的主要依据,也是进行电子辐射源的型号、个体识别的基础。针对当前电子辐射源调制类型识别中存在的特征通用性差、计算量大且耗时、低信噪比下分类效果不好的问题,结合当前流行的深度卷积神经网络模型,设计了一种基于深度多尺度卷积神经网络模型和拒识策略的电子辐射源调制类型识别方法。该方法主要采用一种对电子辐射源信号自动提取脉内调制特征并进行分类的深度模型,通过多尺度卷积的引入,使得模型能更好地学习信号中的局部和全局特征,通过多层卷积结构的堆叠设计,提升模型的分类能力。同时,结合分类问题中的拒识理论,引入了基于概率后验的拒识策略,通过对不确定的判决进行拒识,提升目标辐射调制识别的精度。

辐射源调制识别的输入通常是经过采样之后的原始脉冲信号,通过设计的多尺度卷积神经网络模型进行特征的自动提取和分类识别,将分类的结果以概率分布的形式输出给判识模块,拒识模型通过拒识规则判别后,输出最终的辐射源调制类型识别结果。其中,多尺度卷积神经网络模型使用训练数据来进行训练,拒识模块则在验证数据上,使用训练好多尺度卷积神经网络的输出,进行拒识参数的计算。图4-68给出了具体的算法流程。

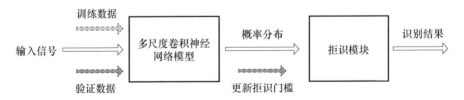

图4-68 基于深度多尺度卷积神经网络和拒识方法的电子辐射源调制识别算法流程

电子辐射源调制识别问题,在实际的应用中往往较为复杂,相似信号、未知类型信号的出现会使模型的识别准确率大大降低。因此,对于电子辐射源调制识别这种与应用连接紧密、识别精度要求高的领域而言,引入拒识方法来处理上述问题十分重要。在多尺度卷积神经网络输出的分类概率基础上,结合概率统计的理论,设计电子辐射源调制识别的拒识方法。

图4-69展示了电子辐射源调制识别拒识方法的流程。拒识方法包括两大部分:拒识阈值的生成、拒识判决。拒识阈值的生成依赖于模型在验证数据集上的识别结果,通过对验证集中单个类别的样本进行有放回的抽样,得到模型对该类别预估的概率分布,在给定拒识比例的情况下,计算拒识阈值。得到类别的拒识阈值之后,在实际进行测试时,拒识判决算法将类别阈值与模型预估的概率进行比较,并给出拒识的结果。

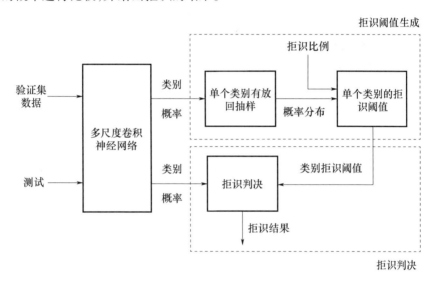

图4-69 电子辐射源调制识别拒识方法

为了解决辐射源调制识别问题,设计并实现了一种针对电子辐射源采样信号的多尺度卷积神经网络,通过一维卷积和多尺度卷积模块的引入,从原始信号中自动提取局部和全局的特征信息。同时,将不同卷积层的输出结果输入到全连接层进行分类,让分类器能得到浅层和深层的特征信息。在多尺度卷积模型的输出部分,通过加入针对多分类问题的拒识规则,以提升辐射源调制识别的准确率。通过实验仿真,生成了实验数据,在实验数据上进行实验并与已有方法对比效果。实验结果证明,基于多尺度卷积神经网络和拒识规则的电子辐射源调制识别方法,相比已有方法,大幅度提升了识别的准确率,特别是在低信噪比的情况下,通过引入拒识规则,识别的准确率也有了明显提升。

#### 4.4.4.4 基于卷积神经网络的电子辐射源型号识别

电子辐射源型号识别的输入是从脉冲信号中提取到的脉冲描述字矩阵(Pulse Description - Word Matrix,PDM)。为了保持特征维度的统一,便于机器学习模型进行分类识别,通常对 PDM 进行脉间特征提取得到统一的形式。这种处理流程,存在信息的模糊和缺失,不利于后续的识别分类。

针对当前电子辐射源型号识别中存在的问题,提出了一种新的处理流程和识别方法,如图 4-70 所示。通过设计特征编码的方式对 PDM 矩阵进行变换,在特征维度统一的同时,保留特征信息。同时,设计了一维的卷积神经网络模型来对变换后的特征进行分类识别,以提升电子辐射源型号识别在大数据、多类别、辐射源参数相近的场景下的识别准确率。

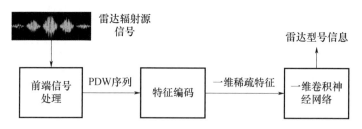

图 4-70  基于特征编码和一维卷积神经网络的电子辐射源型号识别算法流程

每个分箱的区域,对应一个 0-1 的取值,因此,对于上述 $L$ 个箱,对应一个 one-hot 编码的向量 $V_{RF}$,用于表示特征编码后,RF 对应的特征向量。图 4-71 对 RF 进行编码得到向量 $V_{RF}$ 的过程进行了图解。

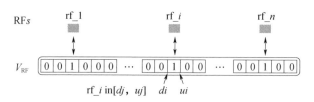

图 4-71  特征编码算法示意图

实质上,特征编码后的多个一维向量,与图像中的像素矩阵类似。电子辐射源的脉间特征,被编码到了一维向量的各个元素中间,元素的取值和相对关系,类似于图像中的像素之间的关系。

近年来,卷积神经网络在图像的分类任务中取得了重大的突破,相较于传统的手工设计特征然后使用机器学习手段分类的方法,卷积神经网络通过卷积的方式实现了特征的自动提取,并使用神经网络结构进行分类。卷积神经网络的方法适用于从稀疏、原始的数据中提取特征并分类。

本节设计一种一维的卷积神经网络模型,用于从特征编码得到的一维特征向量中自动提取脉间特征,并对电子辐射源型号进行分类识别。其模型结构如

图 4-72 所示,其输入是特征编码算法变换得到的三个一维的向量 $V_{RF}$,$V_{PRI}$,$V_{PW}$,分别输入三个对应的卷积模块。每个卷积模块,由多层一维的卷积层和一维的池化层堆叠而成,其作用是通过卷积核和池化作用,从输入的编码向量中,提取电子辐射源信号的脉间特征。三个卷积模块的输出,在模型中被拼接成一个一维的特征向量,输入到多个全连接层组成的分类模块中,进行分类识别。最后网络的输出是一个 Softmax 层,输出层节点的个数与分类识别的类别数对应。卷积模块通过一维的卷积操作,来对一维向量中的特征进行提取,一维池化操作也被引入到模型中,对一维卷积得到特征进行降维。

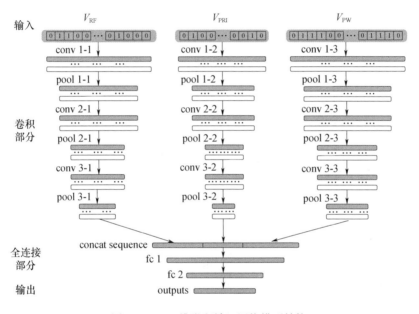

图 4-72 一维卷积神经网络模型结构

## 4.5 小结

地理空间大数据智能分析技术是将长期积累的地理空间数据转化为对观测对象的整体观测、分析、解译,获取丰富准确的属性信息,挖掘目标区域的演化规律。本节从人工智能技术的演变发展开始,细致分析了大数据智能分析技术的经典理论、模型方法和框架,在地理空间大数据分析技术方面,本节重点阐述了面向多任务的深度学习框架,以及支撑地理空间大数据分析的样本数据采集与模型调优方法等内容,最后简单分析了几类基于深度学习的遥感图像解译方法及应用。

# 第 5 章
# 地理空间大数据可视化

大数据具有大量化、多样化、快速化、价值密度低等显著特征。大数据可视化以数据分析、图形学、人机交互等技术为支撑,利用人眼的感知能力,对数据进行交互式的可视化表达,从而增强人的认知。

面向地理空间的大数据可视化以地理空间属性作为元素布局、关系映射、信息表达的重要依据,并用统一的时空框架进行数据综合展现、应用和分析。地理空间大数据既继承了大数据的特征,又具有自身的特质,其数据量大,高速变化并且隐含的信息大,这将导致可视化时存在一系列技术难点:数据形式各异甚至无法直接展现,显示效率低;时空标准不统一,无法简单叠加,融合显示难;可视化结果静态且彼此独立,交互分析难。因此,地理空间大数据可视化面临重要的挑战包括:提升多维关联数据的显示能力和精度、基于控制大规模大体量数据的显示复杂度以及构建地理大数据可视化引擎。

本章首先介绍了可视化的概念内涵,大数据可视化的机遇和挑战,接着依次介绍地理空间基础数据、承载数据以及融合数据的可视化,最后介绍地理空间数据的可视分析。

## 5.1 可视化基本概述

根据有关研究的结果,人类的眼睛可以看作是一对处理器,能够接收到高带宽巨量视觉信号,并且能够并行处理。人类的眼睛拥有远超过计算机的模式识别能力,并且能够和用于视觉感知处理的大脑同时配合,使得人类通过视觉获取的数据和数据中的信息比任何其他形式的获取方式更好更快。大量的视觉信息在人类的潜意识阶段就被处理完成,能够从中提取出相应的信息,使得人类对图像的处理速度比文本快 6 万倍。数据可视化正是利用人类天生技能来增强数据处理和组织效率。

视觉是获取信息的最重要通道,对数据、流程、结果进行合理的呈现,能够辅助数据分析与应用。同时增加数据识别效率,传递有效信息以及更好地帮助人寻找规律,预测趋势。其中最著名的一个例子是安斯库姆四重奏(Anscombe's Quartet)。它是由四组基本的统计特性一致的数据组成(见表 5-1),包括均值、方差,但它们绘制出的图表则截然不同(见图 5-1)。每一组数据都包括了 11 个 $(x,y)$ 点。这四组数据由统计学家弗朗西斯·安斯库姆(Francis Anscombe)于 1973 年构造,用来说明在分析数据前先绘制图表的重要性,以及离群值对统计的重要影响。

表 5-1 安斯库姆四重奏数据表

| 第一组 | | 第二组 | | 第三组 | | 第四组 | |
|---|---|---|---|---|---|---|---|
| $x_1$ | $y_1$ | $x_2$ | $y_2$ | $x_3$ | $y_3$ | $x_4$ | $y_4$ |
| 10 | 8.04 | 10 | 9.14 | 10 | 7.46 | 8 | 6.58 |
| 8 | 6.95 | 8 | 8.14 | 8 | 6.77 | 8 | 5.76 |
| 13 | 7.58 | 13 | 8.74 | 13 | 12.74 | 8 | 7.71 |
| 9 | 8.81 | 9 | 8.77 | 9 | 7.11 | 8 | 8.84 |
| 11 | 8.33 | 11 | 9.26 | 11 | 7.81 | 8 | 8.47 |
| 14 | 9.96 | 14 | 8.1 | 14 | 8.84 | 8 | 7.04 |
| 6 | 7.24 | 6 | 6.13 | 6 | 6.08 | 8 | 5.25 |
| 4 | 4.26 | 4 | 3.1 | 4 | 5.39 | 19 | 12.5 |
| 12 | 10.84 | 12 | 9.13 | 12 | 8.15 | 8 | 5.56 |
| 7 | 4.82 | 7 | 7.26 | 7 | 6.42 | 8 | 7.91 |
| 5 | 5.68 | 5 | 4.74 | 5 | 5.73 | 8 | 6.89 |
| 均值 | 9 | 7.5 | 9 | 7.5 | 9 | 7.5 | 9 | 7.5 |
| 方差 | 10 | 3.75 | 10 | 3.75 | 10 | 3.75 | 10 | 3.75 |
| 相关系数 | 0.816 | | 0.816 | | 0.816 | | 0.816 | |

人类能快速而轻松地进行视觉观察,是基于大脑感知规律性和无规律性的能力。这些能力大部分是在不知不觉中工作的。几乎就在人类开始思考之前,对事物的比较就完成了。人类大脑自动依据周围环境来观察物体,但正是由于与周围事物的对比,有时会因为环境的干扰会做出错误的判断。如图 5-2 所示,中间的横条右端颜色看起来较暗。其实横条两端的色度其实是相同的,但

是由于背景的色差而使人产生错觉。如果拿张纸盖住背景,就会很容易发现这一点。

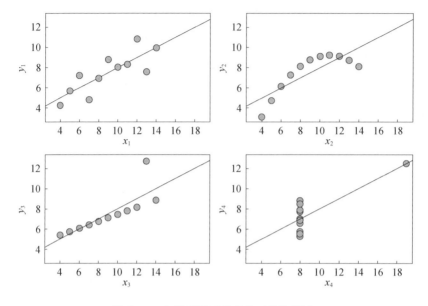

图 5-1 安斯库姆四重奏的四组数据图

图 5-2 同时对比的错觉示意图

这个例子说明人类大脑如何自动依据周围环境来观察物体。正是由于与周围环境对比,导致得出关于横条明暗的错误结论;消除环境影响后,更能获得正确的结论。该信息对可视化工作者的启示是:在生成统计信息的视觉展示产品时要务必小心。展示的背景可能会扭曲用户的感知。

### 5.1.1 可视化的概念内涵

可视化是一套拥有理论依据和算法模型的方法和技术,是以数据分析、图形学、人机交互为支撑的前沿学科,包括科学可视化、信息可视化和可视分析学三个主要分支。

可视化(Visualization)是对事物建立心理模型(Mental Model)或心理图像(Mental Image),利用人眼的感知能力对数据进行交互的可视化表达以增强认知的技术。可视化最简单的理解,就是数据空间到图形空间的映射过程,其中映射过程要符合认知学和美学的原则,图 5-3 展示了早期可视化阶段从原始数据到图像数据的处理流程,其中数据处理阶段包括数据分析、过滤、映射以及绘制。

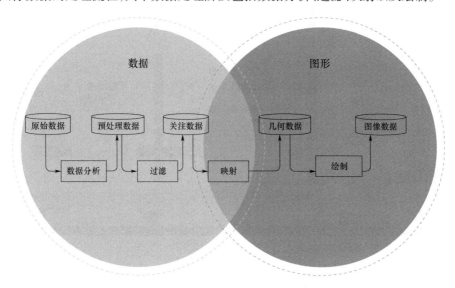

图 5-3 早期可视化数据处理流程

另一个经典的信息可视化实现流程如图 5-4 所示,接收到原始数据以后,先对数据进行处理加工过滤,转变成可以在视觉上表达的形式(Visual Form),然后再渲染成用户可见的视图(View),数据的表示和变换包括数据的预处理和数据的组织管理,其中:预处理涉及数据的清洗与精简、整合与集成;组织管理包括数据库和数据仓库的设计。数据的可视化呈现是整个流程的关键,涉及核心布局算法和视觉编码的设计,同时还需要考虑静态、动态以及时间连续性等因素对可视化效果的影响。在整个可视化流程中,最具有挑战的是用户交互部分,这一部分是一种能够在智能地接受不同数据类型的同时满足用户分析决策的交互方法。

## 5.1.2 大数据可视化发展现状

大数据分析分为两种类型:一种是使用机器(尤其是计算机),利用复杂精妙的算法进行自动分析;另一种是让人利用他们的领域知识进行交互式的分析。在第二种类型中,人的参与成为数据分析的重要组成部分,那么就有必要为人提供一个直观的、易于理解的界面,来帮助人了解数据背后所蕴含的信息,这种界面往往就可以看作是一种数据可视化系统。因此,大数据时代的可视化将迎来新的挑战和机遇。

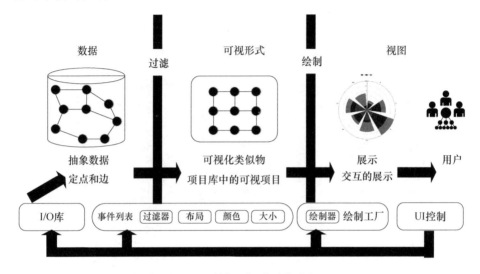

图 5-4 数据可视化系统流程

#### 5.1.2.1 新的可视化形式

为了适应大数据时代各类数据、特征、关系的显示需要,更多的可视化形式被提出,极大扩展了传统的统计图表类型。例如:树形图可以表达层次关系;网络图可以表现关联关系;主题河流则可以体现数据的演化关系。此外,一些新的布局方法也被提出,径向图可以节省更多的布局空间,平行坐标可以在多维度上展示数据,故事线能够展示包含时间的数据。大数据时代的新数据内容也有对应的可视化方法,标签云能够展示文本数据,视频条形码能够展示多媒体数据。图 5-5 中展示了一些新的可视化形式。

#### 5.1.2.2 大数据显示技术

数据量的增大使得控制场景的复杂度大大增加,因此多视图、分层、分块等可视化显示技术得以发展。图 5-6 展示了多视图可视化显示技术的应用。不同的视图可以展示数据不同的属性,通过控制显示角度,为用户提供最感兴趣内容的详细信息。由于在不同视图内可以展现数据不同维度,因此对于高维数据有更深刻的认识。基于分层的显示方法主要控制显示的细节,通过提供人眼分辨率能够识别的信息,从而对数据建立多尺度和多层次的可视化展示形式。

而基于分块的显示方法主要控制显示的范围,从而给用户提供当前关注区域和附近的信息,主要应用在和地理信息相关的数据上。

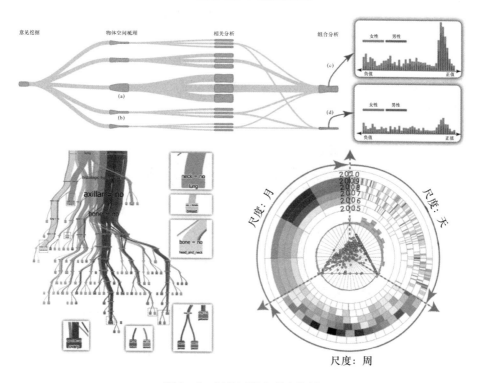

图 5-5 新的可视化形式举例

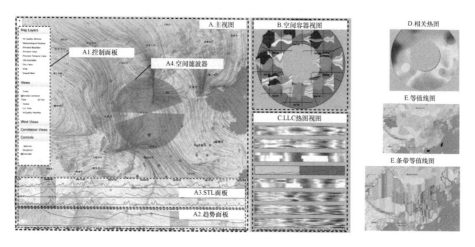

图 5-6 多视图空气污染相关性可视分析系统

### 5.1.2.3 可视分析技术

可视分析技术是指在大数据自动进行分析挖掘的同时,利用支持信息可视化的用户界面以及支持分析过程的人机交互方式与技术,把计算机的计算能力和人类的认知能力有效地融合在一起,来获得对于大规模的复杂数据集的分析与认知。在一个典型的可视分析流程中,用户通过可视化的方式接收来自系统的自动分析得到的结果,并且通过人机交互技术评价、修改和改进系统的自动分析模型,从而进一步得到修改后的系统自动分析的结果,循环迭代产生优化的结论,如图5-7所示。

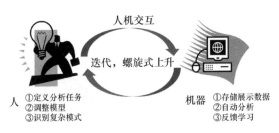

图5-7 可视分析流程图

近年来可视分析快速发展,根据不同的应用划分,可视分析可以划分为时空数据可视分析、文本可视分析、网络可视分析、深度学习可视分析以及多元数据可视分析等,如图5-8所示。

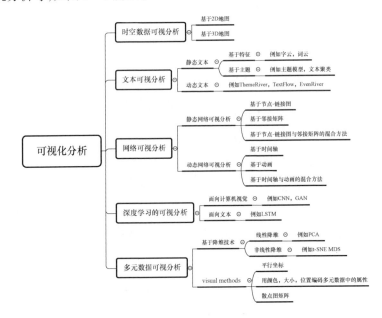

图5-8 可视分析分类图

## 5.2 可视化技术

可视化要实现数据空间到图形空间的映射,这个过程需要一些技术来支撑,本节主要介绍相关的可视化技术,首先介绍通用可视化技术,包括视觉感知与认知、可视编码、图形学渲染,在此基础上介绍当前大数据背景下的处理大数据的可视技术。

### 5.2.1 通用可视化技术

可视化有一些通用的技术,包括视觉感知与认知、可视编码、图形学渲染等,是可视化实现的基础。

#### 5.2.1.1 视觉感知与认知

在可视化与可视分析过程中,用户扮演至关重要的角色,是所有行为的主体。用户通过人眼获取可视化之后的信息,通过大脑内部的编码形成认知,并在交互分析过程中表现出来,从而获取解决问题的方法。心理学中的格式塔原则认为,结构比元素重要,视觉形象首先作为统一的整体被认知,其内容主要包括:接近性(Proximity);相似性(Similarity);连续性(Continuity);闭合性(Closure);共势原则(Common Fate);好图原则(Good Figure);对称原则(Symmetry);经验原则(Past Experience)。

接近性是指人们会将接近的物体认为是一个整体。如图5-9(a)所示,同样都是16个圆形,左图的16个圆形会被看成一个整体,但是右图的16个圆形通常会被分成上下两个整体。相似性是指如果对象之间的元素彼此相似,则在感知上会被组合在一起。如图5-9(b)所示,左图同行的正方形会被当成一个整体,其他圆形当成一个整体,右图中大正方形被当成一个整体,小正方形当成另一个整体。连续性是指如果一个图形的某些部分可以被看作是连接在一起的,那么这些部分在视觉层面上就更容易被人们感知为一个整体。如图5-9(c)所示,虽然是一些离散点,但人类视觉上会随着曲形的方向延伸。闭合性是指有些图形是一个没有闭合的残缺的图形,但人类的感知有一种使其闭合的倾向,能自行填补缺口而把其感知为一个整体。如图5-9(d)所示,熊猫虽然没有闭合,但仍然可以看出是一个熊猫。

共势原则是指如果一个对象中的一些组成部分都向着某一个共同的方向移动,那这些共同移动的部分就容易被感知为一个整体。如图5-10(a)所示,人们会倾向于认为鸟朝着一个方向飞。好图原则是指如果对象的元素形成规则、简单和有序的样式,则它们往往被认为组合在一起。如图5-10(b)所示,人们会倾向认为这是5个圆环的结构。对称性原则是指人的思想上将物体视为对称的,并且围绕中心点形成。如图5-10(c)所示,观察图像时,人们倾向于认为是三对对称的括号,而不是6个单独的括号。经验原则是指某些情形下视觉感知与过去的经验有关。如图5-10(d)所示,根据经验可以轻松分辨字母和数字之间的区别。

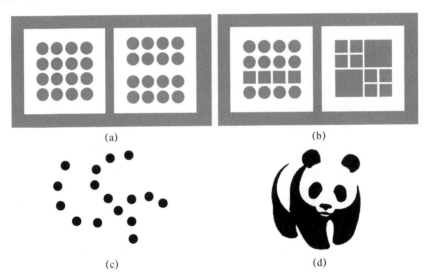

图 5-9  格式塔原则举例

(a)简单性举例;(b)相似性举例;(c)连续性举例;(d)闭合性举例。

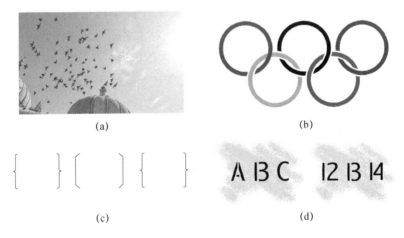

图 5-10  格式塔原则举例

(a)共势原则举例;(b)好图原则举例;(c)对称性原则举例;(d)经验原则举例。

#### 5.2.1.2 可视编码

就数据类型而言,可视化中的数据通常可以分为类别型(如男/女)、有序型(如老/中/青)、数值型(如 11/12/13/…)。可视编码由标记和用于控制标记的视觉特征的视觉通道组成。视觉通道是数据的值到标记的视觉表现属性的映射,主要包括空间、色调、标记、配色方案、位置、透明度、尺寸、方向、颜色、形状、亮度、纹理、饱和度、动画等,如图 5-11 所示。

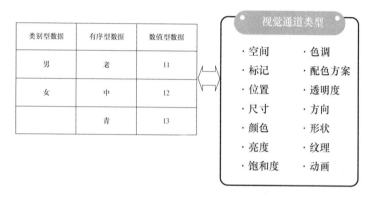

图 5-11　数据类型举例及视觉通道类型

#### 5.2.1.3 图形学渲染

现代基于计算机的可视化,其基础是计算机图形学,特别是渲染技术、实现从模型到屏幕的转换和最终呈现,因此早期的可视化技术被认为是图形学的一个分支学科。如图 5-12 所示,画面渲染可以分为实时渲染和离线渲染。实时渲染主要用于交互式应用如 3D 游戏,算法的实现需要在速度、资源和效果上折

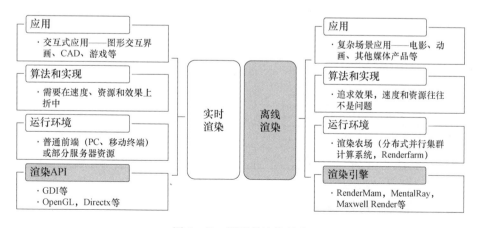

图 5-12　图形学渲染技术

中。实时渲染可以在普通前端包括 PC、移动终端或部分服务器资源上运行,可以使用的 API 包括 GDI、OpenGL、DirectX 等。离线渲染主要用于复杂场景应用如动画电影,其算法追求效果不需要考虑速度与资源,主要运行在分布式并行集群上,渲染引擎有 RenderMan、MentalRay、Maxwell Render 等。

#### 5.2.1.4 常见可视化工具

根据数据类型和性质的差异,可视化经常分为以下类型。

(1) 统计数据可视化:主要是用于对统计类型的数据进行展示、分析。统计数据一般都是以数据库表的形式提供,常见的统计可视化类库有 HighCharts、ECharts、G2、Chart.js 等,都是用于展示、分析统计数据。

(2) 关系数据可视化:主要的表现形式是图,包括节点和边的关系,如流程图、网络图、UML 图、力引导图等。常见的关系可视化类库有 mxGraph、JointJS、GoJS、G6 等。

(3) 地理空间数据可视化:地理空间通常特指人类真实的生活空间,地理空间数据描述了一个对象在空间中的位置。在当今的移动互联网时代,移动设备和传感器的广泛使用使得每时每刻都有海量的地理空间数据被收集和储存。常见类库如 Leaflet、Turf、Polymaps 等,最近 Uber 开源的 deck.gl 也属于此类。

(4) 时间序列数据可视化(如 Timeline)、文本数据可视化(如 Wordcloud)等。常见的可视化工具总结如表 5-2 所列。

表 5-2  常见可视化工具总结

| 分类 | 名称 | 运行环境 | 开源 | 特点 |
|---|---|---|---|---|
| 可视化开发库 | D3.js | 浏览器 | 是 | 功能全面,社区成熟 |
|  | Echarts | 浏览器 | 是 | 丰富的可视化效果 |
|  | Echarts-X | 浏览器 | 是 | 空间地理信息可视化,支持自主 web3D 框架 |
|  | leaflet | 浏览器 | 是 | 适合于 2D 地图信息可视化 |
|  | Three.js | 浏览器 | 是 | 适用于 3D 可视化 |
| 可视化软件 | Tableau | Windows | 否 | 更好的可视化方式和交互操作 |
|  | Spotfire | Windows、Mac | 否 | 与 Tableau 相比数据分析能力较强 |
|  | Gephi | Windows、Linux、Mac | 是 | 加快了大图可视化,有多种布局算法 |
|  | SNAP | Windows、Linux、Mac | 是 | 支持大图可视化 |

### 5.2.2 大数据可视技术

大数据具有数据量惊人、产生速度极快、品种非常多的特点,并且数据里面包含潜在的价值。大数据可视技术基于大数据,综合数据分析、图形学、人机交互等技术,通过对数据更好的呈现进行信息记录、传播、协同,并利用人的视觉能力,服务于数据分析应用。大数据时代可视化有新的可视化形式,如树形图、网络图、主题河流等;多视图、分层、分块等新的可视化显示技术,以及可视分析技术,在可视化分析的过程中结合人的认知能力,通过交互的方式获得对于大规模数据的分析和认知。

大数据可视化可以在大数据自动进行分析挖掘的同时,利用支持信息可视化的用户界面以及支持分析过程的人机交互方式与技术,把计算机的计算能力和人类的认知能力有效地融合在一起,来获得对于大规模的复杂数据集的分析与认知。流程图如图5-13所示。

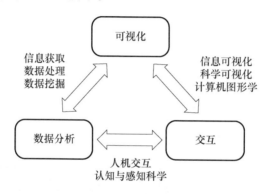

图 5-13 大数据可视化流程

大数据可视化可以通过控制场景的复杂度来控制显示的角度、细节和范围。也可以按照视点位置和用户需求,动态地加载用户需要看到的特定视图、特定范围、特定细节的数据,如图 5-14 所示。同时在显示场景中,还可以对呈现的方式进行选择,如用视觉通道表示统计特性,对显示位置进行最优化布局等。

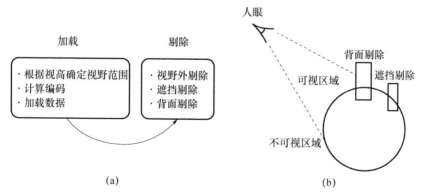

图 5-14 动态加载技术示意图

## 5.3 地理空间数据可视化

地理空间数据是指在三维空间中具有位置信息的数据,本节将介绍不同类别的地理空间数据以及其对应的可视化技术。

### 5.3.1 基础数据可视化

地理空间基础数据是与地理位置和自然形态强关联的数据类型,将这类数据映射到统一的时空框架,可以为各类应用提供可视化基础。地理基础数据的展现形式有多种,如底图(影像数据)、地形(DTM、DEM)、环境数据(光影、特效)、地貌(城市、植物)、矢量要素(点、线、区域),以及场数据(矢量、张量)等,如图 5-15 所示。

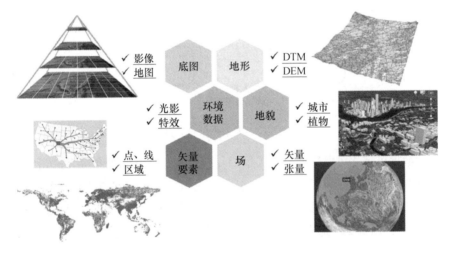

图 5-15 地理空间基础数据主要形式

#### 5.3.1.1 点数据

点数据描述的对象是指地理空间中离散的点。这些点具有实际的经纬度坐标,但不具备大小尺寸等具体属性,经常被用来表示符号化后的兴趣点,如建筑、餐馆等。

点数据的可视化主要分成两个步骤:点选择和点布局。常用的点数据的标识符号是圆点,圆点大小可以用来标识数值大小,圆点的颜色可以用于标识数据类型。除了圆点,图标(ICON)也可用作地图上的标识。ICON 的选取较为直观,而且可以作为图例,如图 5-16 所示。除此之外,向量型点数据可以采用箭头等图标表示。

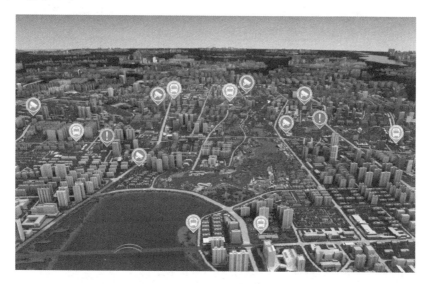

图 5-16　美旅客"无界"孪生城市平台中的地点标签

点数据的布局可以采用直接布局的方式,比较符合人们的习惯,可以在有限的空间里显示较多的信息。当数据分布不均匀时,会出现数据稠密处大量点相互重叠而数据稀疏处图像空白的现象。为了解决直接显示时堆叠的问题,可以采用合理布局、渲染融合的方式解决,通过布局算法实现更好的呈现效果,也可以利用分层分区的方式展现统计信息。

#### 5.3.1.2　线数据

在地理空间数据中,线数据是指连接两个或更多地点的线段或者路径,可以用来表示一些自然或者人为的地理对象,包括河流、铁路、公路、行政区域等。线数据的可视化可以采用不同颜色、宽度、线型等特征来表示各种数据属性,也可通过不同的符号、标注来展示信息,如图 5-17 所示。

与点数据可视化类似,当大量线数据聚集在同一区域时,会出现堆叠的情况。此时可以进行简化。点聚集是其中一种方法,通过出发—目的地的聚集,可以合并大量线段;也可以采用区域聚集的方法,将同一区域的线数据进行聚合。

边捆绑方法在地图绘制中出现很早,通过将出发、目的地相似的线段聚合,实现流程图和地图的结合,这样的图称为流型图,如图 5-18 所示。

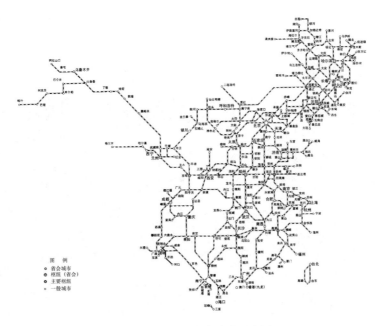

图 5-17  中国铁路线路示意图

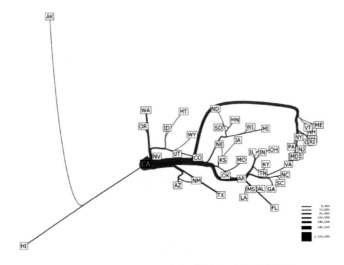

图 5-18  1995—2000 年加利福尼亚移民流型图

### 5.3.1.3  区域数据

区域数据包含了比点和线更多的信息,可以表示大到国家、省市,小到湖泊、街区,也可以表示感兴趣的某个地理范围或对象。

Cartogram 地图则按照地理区域属性对各个区域进行适当变形,使地图对空间使用更合理。地图的几何图形或空间有时会被严重扭曲,主要是为了强调或分析某些属性,如图 5-19 所示。

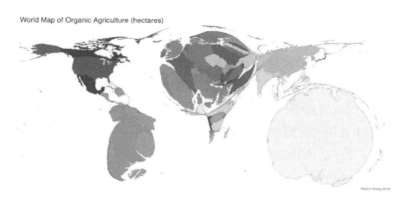

图 5-19 世界有机农业分布图。
每个国家的面积经过调整以展示有机农业公顷数比例

#### 5.3.1.4 影像地图

通过卫星或航拍获取并处理得到的影像数据和通过矢量地图栅格化得到的地图数据是带有位置信息的图像,为地理空间可视化提供基础底图,如图 5-20 所示。影像地图的划分方法可分为基于点区域划分、基于面区域划分和基于体区域划分。

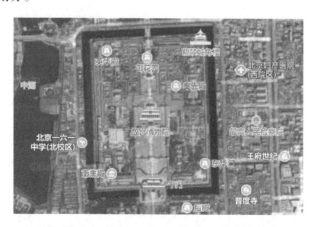

图 5-20 百度地图上获取的故宫遥感图像

#### 5.3.1.5 地形地貌

地形数据描述地表形态信息,常用的地形表达模型包括数字地形模型和数字高程模型。数字地形模型(Digital Terrain Model,DTM)通过 $x$、$y$、$z$ 表示地形模型点的属性从而表达地面形态。它是一种带有空间位置特征和地形属性信息的模型点的数字表达模型,是地形地貌的表面属性特征的数字描述模型。$x$、$y$值表示该点的平面坐标信息,$z$值表示高程、坡度、坡向等纵向信息。

DTM最初的提出是为了自动设计高速公路。此后,它被用于各种线路选线(铁路、公路、输电线)的设计以及各种工程的面积、体积、坡度计算。它能够满足任意两点间的通视判断及任意断面图绘制的要求,在测绘应用中被用于绘制立体透视图、绘制等高线、制作正射影像图、制作坡度坡向图以及地图的修测,在遥感应用中被用作遥感图像分类的辅助参数。它还是地理信息系统的基础数据,广泛应用于土地利用现状的分析、合理规划及洪水险情预报等。

数字高程模型(Digital Elevation Model,DEM)通过有限的地形高程数据实现对地面地形的数字化模拟(即地形表面形态的数字化表达)。它是DTM的一个分支,是用一组有序的数值阵列的形式表示地面高程的一种实体地面模型。

地形数据的可视化方式有多种多样,如Grid规则格网、不规则三角网(TIN)、等值线、晕渲图等。

Grid规则格网是一种地理数据模型。它将地理信息表示成一系列按行按列排列的统一大小的网格单元,每一栅格单元由其地理坐标来表示。如图5-21所示,Grid的数据结构是较为典型的栅格结构,特别适于通过直接采用栅格矩阵存储。通过提供某一格网中的$x$、$y$地理坐标,就可以定位一个网格。每一个网格都有一个值用于表示其地理特征。采用栅格矩阵好处很多,不仅结构简单,操作方便,而且还能借助其他简单的栅格数据处理方法,从而进一步进行数据压缩处理,如四叉树方法、行程编码、霍夫曼码法和多级网格法。

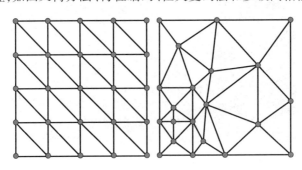

图5-21 规则格网

不规则三角网(Triangulated Irregular Network,TIN),也称作"曲面数据结构",是Peuker和他的同事在1978年设计的一个系统,它通过区域的有限个点集将区域划分成相连的三角面网络,不规则分布的测点的密度和位置决定了三角面的形状和大小,可以避免地形平坦时的数据冗余,也可以按地形特征点表示数字高程特征。TIN 常用来拟合连续分布现象的覆盖表面,如图 5-22 所示。

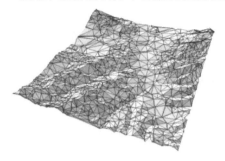

图 5-22 不规则三角网

等值线是生成网格数据的另一种表示形式。如图 5-23 所示,等值线地图可以用来表示具有连续分布特征的自然现象(例如地形、气压、气温),或者某些呈离散分布的社会经济现象的专题地图。

图 5-23 等值线地图

晕渲图是 DEM 地表形态表示形式中的一种形式,如图 5-24 所示,通过设置光源的高度角和方位角,以更形象或更符合人类视觉的方式展示一个地区的地形。通过晕渲图,能够较好反映地形地势的变化,有较好的立体感,方便用户使用。

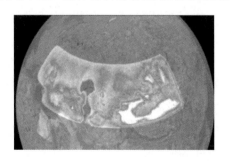

图 5-24 晕渲图

#### 5.3.1.6 环境特效

地理空间的环境信息包括光照、阴影、星空、天气和火焰、爆炸等特效,能使可视化效果更加真实。其中用到的光照、阴影、粒子特效等是图形学领域的重要研究方向。

光照模型可以利用局部模型、全局模型(光线追踪、辐射度、光子图)、基于图像(全光函数)等方式构建。阴影模型可以利用基于物体(阴影体)、基于图像(阴影图)和全局光照等方式构建。粒子系统如火焰、爆炸、雨雪等也可以用来构建环境特效,如图 5 – 25 所示。

图 5 – 25　环境雨雪特效

#### 5.3.1.7　场

向量场的每个采样点处的数据是一个向量,在地理空间中经常被用来进行气象预报、海洋大气建模、电磁场分析等。向量场数据在科学计算和工程应用中占有非常重要的地位,如飞机设计、气象预报、桥梁设计、海洋大气建模、计算流体动力学模拟和电磁场分析等。张量是向量的推广,将数据组织为张量可为分析三维空间数据提供有效工具。张量是有序数组成的集合,这个集合满足由若干坐标系改变时所对应的坐标转化关系。张量是矢量的推广。张量场被广泛用于数学、物理和工程领域。

简单直接的向量场数据可视化方法是采用图标逐个表达向量。图标法所采用的图标主要有线条、箭头和方向标志符。图 5 – 26 所示为利用箭头表示方向。

图 5-26 利用箭头表示方向

几何法是指利用多种不同类型几何元素,如采用线、面、体来模拟向量场的特征。基于曲线的可视化方法可以分为两类,一类针对稳定向量场,另一类针对不稳定向量场。基于曲面的几何法增加了种子点空间的维度,比基于曲线的方法提供了更好的用户体验和感知。基于体的可视化方法帮助用户探索向量场的拓扑结构。这一类的可视化方法主要包括流体等,如图 5-27 所示。

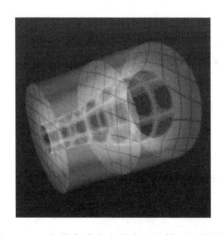

图 5-27 有着高清晰度的大型流体可视化结果

基于纹理法的可视化方法中,常采用纹理图像的形式显示向量场的全貌,能够解释向量场的关键特征和细节信息。纹理法主要包括三大类:点噪声(Spot Noise)、线积分卷积(Line Integral Convolution,LIC)和纹理平流(Texture Advection)。图 5-28 所示为利用平行点噪声方法对臭氧在风场中的扩散情况进行可视化的效果。

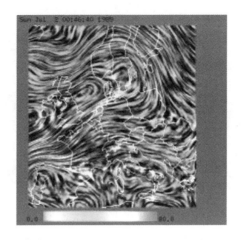

图 5-28　应用平行点噪声方法对臭氧在风场中的扩散情况进行可视化的结果

拓扑法主要基于临界点理论,是一种对向量场的抽象描述,让用户抓住主要信息,忽略次要信息,并且可以在这个基础上对向量场进行区域分割。

### 5.3.2　承载数据可视化

由于人类生活在地理空间里,其产生的各类数据都或多或少含有时空属性,能够通过地理空间进行承载。承载数据由轨迹数据、富媒体(例如文本、图像、音视频等)等数据构成,承载各类可视化应用。轨迹数据与地理位置强相关,富媒体与地理位置弱相关。文本是富媒体中一种最为普遍的数据形式,承载了丰富语义信息。以下主要介绍轨迹数据与文本数据的可视化。

#### 5.3.2.1　轨迹数据可视化

通过 GPS、雷达等多种手段能够获得移动对象的轨迹,例如出租车轨迹、候鸟迁移轨迹等,这是一类与地理位置强相关的数据类型,拥有时空特性,蕴含了移动对象的行为模式。轨迹可视化能帮助人们挖掘轨迹蕴含的复杂行为模式,在交通、城市规划等领域有着重要的应用。除了具有时空属性,轨迹数据还可能包括距离、方向、空间分布、加速度等属性,这使得对轨迹的可视分析变得困难。轨迹数据的可视化可以分为直接可视化、聚集可视化以及特征可视化三种方法。

**1. 直接可视化**

直接在地图上绘制轨迹点,并以线段连接相邻的点,从而得到一条直接的轨迹,如图 5-29 是秃鹰飞行轨迹的直接绘制。这种方法简单直接,保留了数据的完整性,适用于比较干净规则的轨迹数据,然而对于含有较多噪声的数据,绘制的轨迹可能会出现较大的偏差。另外,当轨迹数量较多时,可视化结果可能会非常混乱而难以对其进行分析。

图 5-29 秃鹰飞行轨迹的直接可视化

**2. 聚集可视化**

当轨迹数据较大时,直接可视化由于存在严重的视觉混乱而不再适用,这时聚集可视化成为一个好的选择。它先对轨迹数据进行聚集计算,然后将聚集后的结果进行可视化展示。按照聚集策略,聚集可视化可以划分成 3 类:时空和属性聚集,如图 5-30(a)所示;出发点—目的地聚集,如图 5-30(b)所示;路径聚集,如图 5-30(c)所示。时空和属性聚集关注轨迹数量随时间的变化、轨迹的空间密度以及属性的分布;出发点—目的地聚集则将轨迹转化成出发点—目的地流向数据,忽略轨迹的中间段;路径聚集先使用聚类算法对轨迹进行聚类,然后展示每类轨迹的路径。

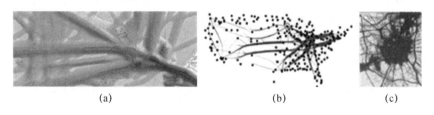

图 5-30 轨迹的聚集可视化

(a)时空和属性聚集;(b)出发点—目的地聚集;(c)路径聚集。

**3. 特征可视化**

特征可视化先提取轨迹数据的特征,再将这些特征可视化,分析特征随时空和属性的变化模式,例如道路通行状况随时间和路段的变化(见图 5-31)。这种方法帮助用户直接研究最关注的特征,给出最相关的结果。

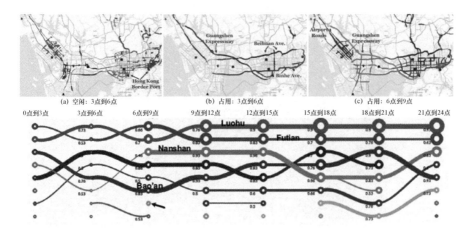

图 5-31　出租车移动模式分析

#### 5.3.2.2　文本数据可视化

文本无处不在,手机短信、邮件、新闻报道等都是人们日常生活经常接触的文本信息。文本中的实体往往蕴含时空属性,但不被显式地记录,需要对这些实体进行提取,再将它们与地理位置进行关联,最终可通过可视化表达(例如词云、主题河流等)对文本信息进行多维度分析。图 5-32 展示了从 Twitter 上获取文本数据,通过文本可视化来对未来事件进行预测的可视分析系统。其中,图 5-32(a)表示事件日历视图,圆点代表事件,不同颜色代表不同情感色彩,实线连接发生在同一地点的事件,虚线连接有相同关键字的事件;图 5-32(b)为地图视图,显示不同地点未来事件的数量和时间范围;图 5-32(c)为词云视图;图 5-32(d)为社交网络视图;图 5-32(e)为推文视图。

### 5.3.3　融合数据可视化

呈现多类数据时,各类数据之间并不是简单堆砌,可以用某些方式进一步组织呈现。这种呈现可以是并列式的,也可以是递进式的,能够使用户从不同角度、不同层面观察数据,发现不同数据间隐含的信息,为可视分析奠定基础。从数据来源看,可以将数据分为基础数据和应用数据,其中:基础数据包含影像地图、地形地貌、气象海洋数据、电磁场数据等;而应用数据则囊括更广的范围,包含文本、多媒体、关系型数据等。这两者可以组成融合数据,进而进行更丰富的展示。

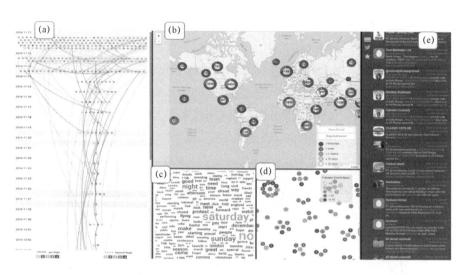

图 5-32 Twitter 文本数据可视分析系统

可以从两个视角来对融合数据进行可视化,如图 5-33 所示。一是宏观视角,从整体把握数据的特征和信息,该视角的展示可通过视图联动以及图层管理来完成。二是特定视角,对部分信息采用特定的方式进行展示,例如展现数据间关系的网络关联。不管采用何种视角或如何将视角进行组合,其目的都是为应用服务,在不同的应用中有不同的选择。

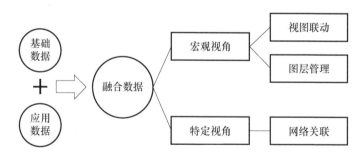

图 5-33 融合数据展示

### 5.3.3.1 视图关联

视图关联是指在多种不同的视图之间进行关联和切换,可通过某些信息将不同的视图联系起来,在查看其中一种视图时,可顺其自然地引入另一种视图,或采用多种视图展现同一组数据。视图关联能集合各类可视化方式的优点,展现数据的不同层面,方便用户查阅数据,并有助于用户理解数据。

最简单的视图切换方式包括三维视图与二维视图间的转换,如图 5-34 所示。在图的左半部分,地球通过三维球体展示,该方式模拟了地球的真实形态,可给用户一个直观的感受,但由于三维视角的关系,球体由中心向边缘延展的地图逐渐压缩变形,边缘处最为严重,并且球体背面的图像必须转动球体才能得以呈现。在实际应用中,常常将球体的三维展示和二维的平面展示相结合,进行联动。如图 5-34 右半部分所示,将地球的三维形态拉伸成一个平面,用户可方便地在平面上查找信息。

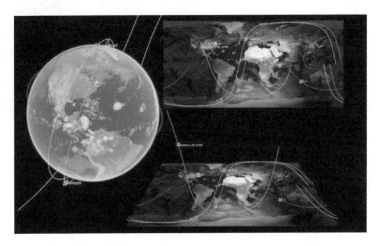

图 5-34　地球的三维和二维展示

#### 5.3.3.2　图层管理

图层(Layer)是地理空间数据可视化系统中数据管理的基本单位,在一定空间范围内特征属性一致、有着相互关系的地理实体在空间分布上的集合。图层及图层管理器本身就是对融合数据管理的一种抽象和可视化。例如根据不同类别的信息来建立图层,可形成如图 5-35 所示的图层结构,从上到下的 6 个图层分别是道路、土地利用、边界、水文地理、高程和影像底图。6 个图层可以分别呈现不同的信息,避免了混杂,清晰易懂。同时,用户可通过操作有选择地呈现不同的图层。

#### 5.3.3.3　网络关联

网络用于建模现实世界中实体间的关联,如社交网络、电力网络、铁路网络、通信网络等。网络一般用节点代表实体,边代表实体间的关联,以节点—链接形式进行可视化展示,让人直观地感知实体间的关联。现实世界中的实体往往具有地理位置属性,如一个机场实体,将建模好的网络依据节点的位置属性投射到地理空间进行可视化,有助于人们加强对实体间关联的理解。如图

5-36所示,在舆情系统中,将人物-事件网络投射到3D地理空间,使人们对整个事件的发展有更清晰的认识。

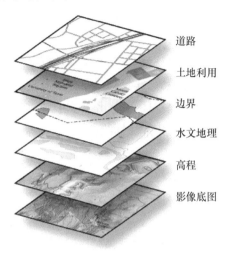

图 5-35 图层结构

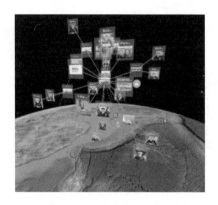

图 5-36 舆情分析系统

## 5.4 地理空间大数据可视分析

可视分析是大数据分析的重要方法,地理空间大数据分析旨在充分利用数据的时空属性,借助计算机自动分析能力,挖掘人对可视化信息的认知能力。本节首先介绍了地理空间的人机交互技术,然后讨论了几类面向地理空间应用主流的信息可视化技术,最后简要介绍了数字地球相关概念与技术。

## 5.4.1 地理空间人机交互

地理空间数据具有数据量大、多元异构、复杂性高等特点,仅考虑可视化效果的呈现就无法对数据进行深度探索和分析。基于此,人机交互与可视化的结合显得尤为重要。事实上,在数据可视分析领域,交互是数据分析的一大核心要素。

交互技术能缓和可视化展示空间与数据量过多二者之间的矛盾,让用户更好地理解和分析数据。在地理空间可视化系统中,常用的交互技术有导航、过滤、概览+细节、焦点+上下文和标注标绘。

### 5.4.1.1 导航

导航是可视化系统特别是地理空间可视化系统中最常见的交互手段之一,是调整视点位置、控制视图内容的最基本手段。缩放、平移和旋转(见图5-37)是导航的三个最基本的操作,通过这些操作能观察空间中的任意位置,但是也具有一定的局限性,例如当空间中的对象过于密集的情况下,就很难仅通过这些操作快速定位目标。因此,一些结合了数据拓扑结构的导航技术能更加高效地完成导航,如图5-38所示。

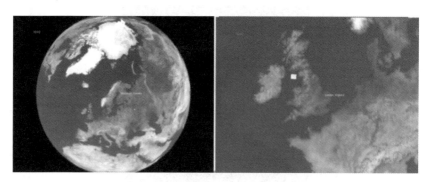

图5-37 缩放和旋转示意图,在三维地球上,通过缩放和旋转定位目标

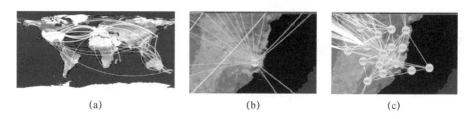

(a) (b) (c)

图5-38 与悉尼有航线连接的城市节点都被放在同一个视图中,
而且节点的布局对应于城市的实际地理分布

(a)红线表示所有到悉尼的航线;(b)缩进到悉尼;(c)使用Bring&Go技术后的效果。

## 5.4.1.2 过滤

过滤是指通过设置约束条件实现信息查询。在地理空间数据可视分析系统中,动态查询是应用得最为广泛的过滤交互技术。在动态查询中,用于设置过滤条件的过滤控件起到了很大的作用。这些控件主要有:传统控件,如滑块、按钮、组合框和文本框等;嗅觉控件,如在控件中嵌入图标文本标签、使用视觉编码或插入简明的统计图(如图 5-39 所示);关联控件,如刷动直方图组(如图 5-40 所示)。

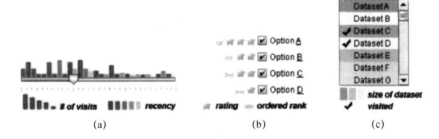

图 5-39 嗅觉控件示意图

(a)插入直方图的滑块,直方图条块的长度编码数量,透明度编码近况属性;
(b)嵌入图标和文字的复选框,用图标数量表示排名;(c)嵌入颜色和文本标签的列表,
用透明度编码数据集的大小,用勾选表示是否访问两个属性。

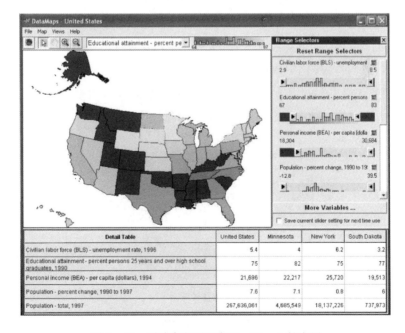

图 5-40 刷动直方图组在 DataMap 上的应用

#### 5.4.1.3 概览+细节

概览+细节的思想是指在较少的资源条件下展现概览与细节信息。这种展示方式使得用户既能对数据的整体结构等全局信息有个大体的把握,又能聚焦到关注的细节,进而从整体到细节对数据进行较为深入地探索和分析。概览+细节的多视图展示如图5-41所示。

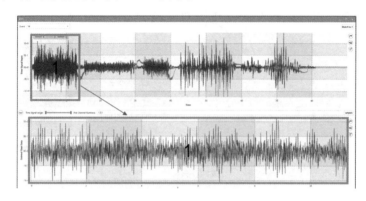

图5-41 概览+细节在信号处理中的多视图展示应用

#### 5.4.1.4 焦点+上下文

焦点+上下文目的在于对用户兴趣焦点部分的细节信息显示,同时描述焦点与周边关系的关联,通过视觉编码及变形技术将两者整合,为用户提供一种随着交互动态变化的视觉表达方式。焦点+上下文技术主要分为两大类:变形和加层。

变形通过对可视化生成的图像或结构进行变形,凸显关注区域,在有限的展示空间中获得更多的细节信息。变形主要有双焦视图、鱼眼视图、表透镜、日期透镜、边透镜等。其中,双焦视图和鱼眼视图被广泛使用,分别如图5-42和图5-43所示。

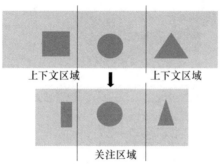

图5-42 双焦视图

(上下文区域被压缩,关注区域被突出)

图 5-43　鱼眼视图在地图上应用

（焦点区域被放大，上下文区域被压缩，呈现径向放大的效果）

加层是指在视图的局部添加另一层视图来同时浏览焦点和上下文。魔术透镜是其中的一个代表，该方法在视图上设置一个滑窗，滑窗中显示下方概览的细节信息，如图 5-44 所示。

图 5-44　卫星图上使用魔术透镜，滑窗内呈现其对应区域更为清晰的图片

## 5.4.2　面向应用的可视分析技术

可视分析技术在各应用领域都发挥了重要的作用，本节主要介绍其在三种场景下的应用，即轨迹数据可视分析、文本数据可视分析和赛博数据可视分析。

### 5.4.2.1　轨迹数据可视分析

轨迹数据是在时空环境下，通过采样一个或多个对象的运动从而获得它的运动信息，包含采样时间、采样点位置、速度等，根据采样的时间顺序把这些采样点数据构成轨迹数据。基于统一时空框架对轨迹数据进行可视分析,能够进行轨迹异常点检测、活动规律发现、行为预测等,从而在城市规划、导航、国防安全、公共安全等领域得到应用。

以下具体介绍一个轨迹数据可视分析的案例,本案例的数据是从携程网的 5000 篇台湾游记中提取地点实体,并根据时间顺序构建的 53420 条旅游轨迹序列。

图 5-45 直接将 53420 条旅游轨迹进行可视化,由于数据量过大,可视化结果出现严重的视觉混乱,阻碍了进一步的分析。为实现轨迹数据的可视分析,可以分别从时间和空间维度对大规模轨迹数据进行过滤聚集以减小视觉混乱,从而发掘出数据中蕴含的有价值的信息。

图 5-45 可视化 53420 条台湾旅游轨迹

**1. 基于时间的聚集可视化**

根据游记的出发时间和旅行时长两个属性对轨迹进行聚集,如图 5-46 所示。

对比图 5-46(a)、(b)两张图可以发现,随着旅行时间的增加,从高雄到垦丁的直线轨迹变得稀疏,很多人会选择花莲作为中间停留点。对比图 5-46(a)、(c)两图可以发现,夏季和冬季的旅行轨迹非常相似,但冬季对于台东的访问次数稍多于夏天。

**2. 基于空间的聚集可视化**

将具体的地点扩大到县城、城市等级别来减少轨迹数据,例如从高雄莲池潭到台南安平古堡,从高雄寿山公园到台南大东夜市,这两条轨迹在城市级别的聚集中可归纳为从高雄到台南一条轨迹。另外,基于热门景点(即游客数量大于指定阈值的地点)对轨迹进行过滤聚集,能让人们聚焦于热门轨迹,从而发现频繁模式。

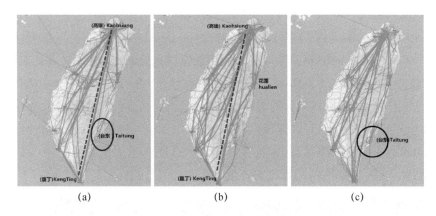

图 5-46 基于时间的轨迹聚集可视化

(a)出发时间:6~9月,旅行天数:3~5天;(b)出发时间:6~9月,旅行天数:12~20天;
(c)出发时间9~12月,旅行天数3~5天。

从图 5-47(a)可以发现,最主要的轨迹是从基隆到屏东,南投是台湾中部热门的旅途站点。从图 5-47(b)可以找到日月潭、阿里山等热门景点和游客常走的路线。当人们做旅行规划时,这些热门路线可以作为人们的参考。

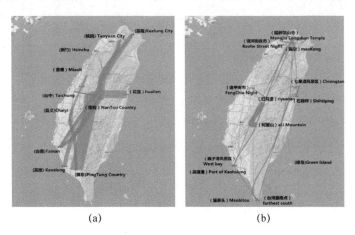

图 5-47 基于空间的轨迹聚集可视化

(a)基于城市级别的聚集可视化;(b)基于热门景点的聚集可视化。

#### 5.4.2.2 文本数据可视分析

地理空间的文本数据可视分析主要是指对位置、时间、主题、事件、人物、情感等信息要素进行提取,从而实现多维度的文本分析,借助数字地球信息平台优势能够在商业推广、舆情监测等领域得到应用。本小节将通过舆情可视分析案例详细介绍地理空间文本可视分析相关技术。

地理空间的文本数据与位置、时间属性密切相关,因此,如何将新闻、电子报告等相关文本中时空模式与规律进行有效可视化展示,是地理空间文本可视化的重要内容。如图 5-48 所示,对于时间属性,引入时间轴是一类主要的解决方法,通过时间轴进行重大历史事件的回放。对于空间属性,依附于 3D 虚拟数字地球是比较新颖的解决途径。利用 3D 知识图谱的网络可视化形式可有效展示事件与人物的相关关系,并且将事件信息通过地理位置属性与 3D 数字地球进行相关联。利用倾斜 3D 透明面板进行细节信息的展示与描述。

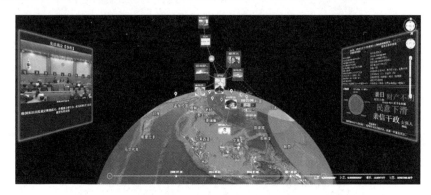

图 5-48　热点事件舆情可视分析

文本可视化用可视化表达的方式来直观地呈现文本信息,针对不同的分析任务采用合理、有效的可视化表现形式。此系统主要包括 4 个相关分析任务:事件分析、人物画像、舆情分析、其他信息分析。图 5-49(a)利用实时变动的折线图进行不同事件趋势展示,以 3D 词云形式展示不同时间段的关键词。图 5-49(b)利用散点气泡图进行不同时期的不同人物经历对比分析,利用柱状图与饼图进行财产对比分析。图 5-49(c)利用雷达图与河流图进行网民情感分析。图 5-49(d)通过二维词云可视化形式进行相关信息展示。

### 5.4.2.3　赛博数据可视分析

赛博空间(Cyberspace)概念最早是被加拿大科幻小说家威廉·吉布森提出,将个人计算机和他人计算机的联网产生的高度交互的信息媒介称为"赛博空间"。现在处处可见"赛博空间"一词的应用,主要指代全球性的互相依赖的信息技术基础设施的网络、电信网络以及计算机处理系统。

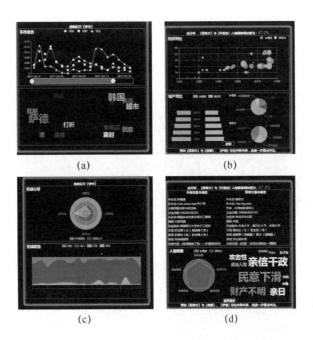

图 5-49　具体任务相对应的可视分析形式

(a)事件分析；(b)人物画像；(c)舆情分析；(d)其他信息分析。

"赛博空间"属于信息环境中的一个全球域,通过互相关联的信息技术设施网络构成,这些网络包含国际上的互联网、电信网、此外还有计算机系统以及嵌入式处理器与控制器。赛博空间作为一个全新的领域,主要研究的内容包括通过 IP 映射技术,建立赛博空间与地理空间的映射关系,并实现网络与电磁数据可视化。图 5-50 所示为赛博空间示意图。

图 5-50　赛博空间示意图

网络资源的展示，包含物理层、连接层、应用层。底光纤通信电缆系统成为全球网络空间物理基础设施的"基干"。图 5-51 分别展示了物理层全球网络空间海缆以及连接层的 IP 分布，以及应用层推特数据的全球分布图。

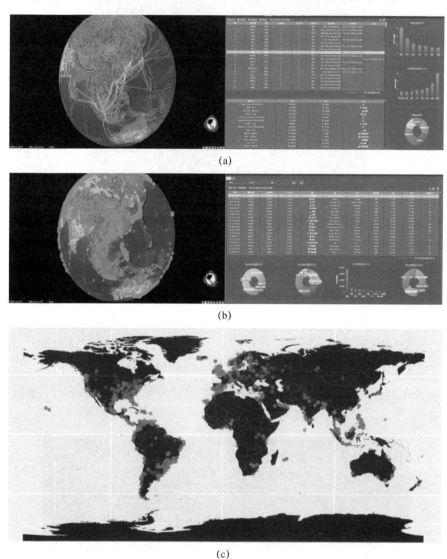

图 5-51　网络空间威胁可视分析
(a)全球海缆分布;(b)全球 IP 分布统计;(c)推特数据的全球分布图。

### 5.4.3 数字地球

#### 5.4.3.1 概述

数字地球是一种可以嵌入海量数据、多分辨率和三维的地球表达,是地理空间分析和可视化的一种颠覆性方法。地理空间的数据量是巨大的,传统地理信息系统(GIS)专家需要对这些数据进行收集、整合、处理、可视和分发。通常数据以三种形式存在:栅格数据,特征数据和几何数据。这些数据的分辨率和规模相当大,并且会随着技术的发展不断增长。但是传统的 GIS 专家面临的主要问题是数据的整合以及传统的 2D 地图数据可视形式并不能够很好地进行分析和理解。然而地球的 3D 表示很好地解决了这些问题。

#### 5.4.3.2 数字地球相关技术

**1. 坐标系**

坐标系中比较常用的有地心坐标系、参心坐标系。地心地固坐标系(Earth – Centered,Earth – Fixed,ECEF)简称地心坐标系,是一种以地心为原点的地固坐标系(也称地球坐标系),是一种笛卡儿坐标系。原点 $O(0,0,0)$ 为地球质心,$z$ 轴与地轴方向平行都是指向北极点,本初子午线与赤道的交点是 $x$ 轴指向,$y$ 轴与 $x-O-z$ 平面垂直(即东经 90°与赤道的交点)构成右手坐标系。用椭球的几何中心作为基准的大地坐标系称为参心坐标系,通常分为参心空间直角坐标系(以 $x,y,z$ 为坐标元素)和参心大地坐标系(以 $B,L,H$ 为坐标元素)。

建立一个地心坐标系,主要包括如下内容:

(1)确定地球椭圆体,这个地球椭圆体的大小 $a$ 和形状 $f$ 要和大地球体相吻合。

(2)地心的定位和定向,坐标系原点建立在地球质心,首子午面与国际时间局(BIH)平均零子午面重合,$z$ 轴与国际协议地极 CIP 的极轴相重合。

(3)尺度,采用标准的国际米作为测量长度的尺度。

建立一个参心坐标系,主要包括如下内容:

(1)确定地球椭圆体形状和大小。

(2)确定地球椭圆体中心位置,简称定位。

(3)确定地球椭圆体中心为原点的空间直角坐标系坐标轴的指向,简称定向。

(4)确定大地原点中心。

## 2. 地图投影

地图投影是指把地球椭球面上的经纬网通过对应的数学法则转换到平面上,使地面的地理坐标$(\phi,\lambda)$与平面的直角坐标$(x,y)$建立函数关系。投影公式一般为 $\begin{cases} x=f_1 & (\phi,\lambda) \\ y=f_2 & (\phi,\lambda) \end{cases}$,这是绘制地图的基础之一。由于地球是不可展的球体,使用物理方法将其展平会导致褶皱、拉伸和断裂,因此要使用地图投影法达到由曲面向平面的转化。

现有的地球投影算法非常多,关于投影算法的研究也很深入。常见的投影方法有:制图投影(Cartographic Projection)、方位角投影(Azimuthal Projections)、圆锥圆柱投影(Conic And Cylindrical Projections)、多面体投影(Polyhedral Projection)、斯奈德投影(Snyder Projection)、等面积投影(Equal Area Projection)和椭球投影(Ellipsoidal Projection)。图5-52所示为亚尔勃斯投影,此投影目的是保持投影后面积不变,将投影经纬长度进行相应的比例变化,是目前应用较广的投影方法,适合东西间距较大的中纬度国家,美国、中国两国都广泛使用此投影方法。

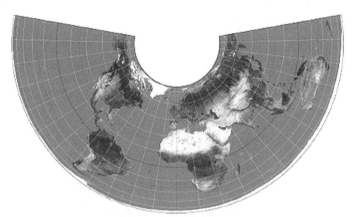

图 5-52　亚尔勃斯投影

## 3. 网格剖分

人类在认识地形环境过程中逐渐形成的一种基本理论和方法称为地理空间网格,即通过特定规则组织起来的连续的、多分辨率的网格单元,一步一步去逼近真实的地球,将空间的不确定因素控制在对应的尺度范围内。地理空间网格是离散全球格网系统(DGGS)的核心,网格以地球表面的多边形形式存在。如图5-53所示,常见的形状有三角形、四边形、六边形。这些网格形状配套笛卡儿坐标系与经纬度离散化共同完成球面表示,将地球表面离散化为一系列的平面网格是 DGGS 的关键第一步。

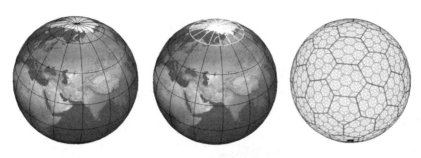

图 5-53　地球表面网格剖分示意图

**4. 网格索引**

网格索引是 DGGS 系统的一个核心技术,鉴于数字地球的体量巨大,数据的四叉树索引方法实际并不可行,因此 DGGS 的数据分配与检索一般通过网格索引方法,网格的索引与地球表面的网格位置一一对应。网格索引的形式一般有三种机制:基于层级的索引技术、基于曲线的索引技术、基于坐标的索引技术。

(1) 基于层级索引技术是指将渐变分割之后的子网格进行索引编码,如图 5-54 所示,子网格的索引编号依赖于父网格。这种方法的优势在于能够高效地层级遍历所有的网格,并且直接依据索引长度决定网格分辨率大小。

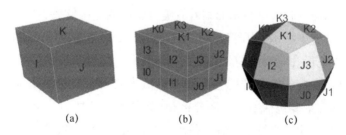

图 5-54　给定初始化多面体的层级索引过程示意图

(2) 基于曲线的索引方法是另一种常用的索引技术,是指利用特定形式的有方向性空间填充曲线贯穿整个网格,每一个网格的索引值由贯穿次序决定。常见的空间填充曲线有希尔伯特、皮亚诺、谢尔宾斯基和莫顿曲线,如图 5-55 所示。这种技术的索引优势主要在于相邻网格索引值比较相似,很大程度上可以减少内存的消耗。

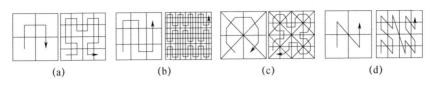

图 5-55　曲线索引示意图

（3）基于坐标的索引方法通常是指基于笛卡儿直角坐标系的网格索引方法，如图 5-56 所示，对于初始化的多面体而言，将每一个平面视为局部坐标系进行网格编码。

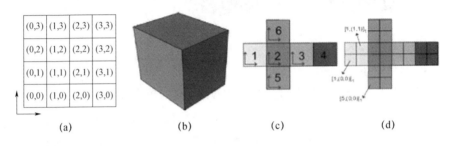

图 5-56　基于坐标的索引方法示意图

### 5.4.3.3　可视化渲染技术

由于地形、图像和矢量等数据规模巨大，将这些数据直接存储于内存当中并通过暴力的方式直接显示显然是不可行的。用户在使用数字地球过程中，不同时刻对于给定视点的数据都需要实时加载并被精确渲染，正是因为这些特性使得数字地球可视化渲染技术面临着有趣且特有的渲染挑战。

数字地球渲染技术应用于许多 3D 数字地球，如 Google Earth、Bing Maps 3D 等，通过渲染地形、图像和矢量数据供人们浏览。其主要技术包括椭球体分格化和着色算法。椭球体分格化是指在 GPU 渲染之前首先对椭球体的表面进行三角网格近似，主要包括细分表面分格化（如图 5-57 所示）、立方体图分格化和地理网格分格化三个算法。着色是承接分格化的第二步，仿真光照和材料的相互作用来产生像素的颜色。在球面渲染中，光照可以显示地球的曲率，而纹理映射可以显示高分辨率的图像。针对数字地球的经纬度网格显示功能，可使用网格渲染方法。而对于在显示没有太阳光照的球面一侧（即夜间城市光照），就需要综合使用日光纹理及夜间照明纹理。

本小节将介绍数字地球中面临的渲染挑战以及关键技术。

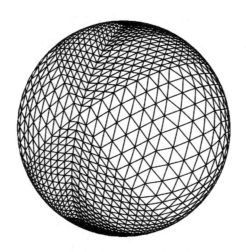

图 5-57　细分表面分格化示意

## 1. 曲率

地球的曲率给数字地球渲染带来了一些挑战(见图 5-58)。在平面中的一条线段在地球上是一条曲线,当纬度接近 90°或-90°时会发生过采样现象。

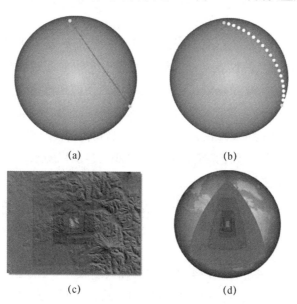

图 5-58　地球曲线对数字地球渲染的影响

(a)地球表面下连接表面上点的切割线;(b)地球表面两点通过一条曲线相连;
(c)Geometry Clipmapping 平面表示形式;(d)平面表示直接映射到地球上出现极点附近过采样。

数字地球的本质是一个能够进行大规模地形渲染的引擎,在进行地形渲染的时候需要考虑曲率特性带来的问题与挑战。层次细节(Level of Detail, LOD)技术是在大规模地形模型简化方面使用得最多的技术。它极大地提高了地形场景的漫游速度。LOD技术主要依据场景目标与视点距离的远近而对目标进行不同分辨率描述。Geometry Clipmapping是一种经典的地形LOD技术,主要是将嵌套的规则网格地形几何数据缓存在GPU中,每个网格以观察者为中心围绕在其周围,当观察者移动时,会增量更新网格数据,多级网格数据形成多个同心的矩形。

**2. 大规模数据集**

现实世界的数据需要巨大存储空间,但是所有的数据并不能直接加载到GPU显存、系统内存和本地硬盘中。面对这一挑战,采用的关键技术是服务器端数据,这些数据采用基于外存的渲染技术,即根据视点参数加载所需的数据。在外存绘制技术中,只有仅仅小部分数据加载到系统内存中,其余数据存储在辅助存储器中,如本硬盘或者网络服务器。根据视角参数,新的数据集被加载进系统内存中,过期的数据集从系统内存中移除,理想情况下绘制时没有抖动。

**3. 精确度**

为了能够让用户从全球范围到街道细节都能观察,虚拟地球需要具有较大的视角范围和比较大的世界坐标。假如通过一个非常近的近截面和一个非常远的远截面来渲染大规模场景,大量单精度浮点型的坐标将会导致光栅化时部分地方重合(z - fighting误差),发生场景图像抖动问题。抖动是由物体坐标数值的大小和单像素能够覆盖的范围决定的。当物体的坐标数值越大(离坐标原点越远)抖动越厉害。单像素覆盖的范围越小(离物体越近或视域越窄)抖动就越明显。只有抖动控制在屏幕一个像素之内,抖动才是可以接受的。目前可以在GPU中使用基于对数的深度计算方式来提高深度的分辨率,解决了深度计算误差导致的z - fighting现象。

### 5.4.3.4 数字地球可视化体系架构

数字地球是海量空天地各类数据的资源共享服务平台,通过核心模块以及各类功能模块的支撑实现多源异构数据的承载、组织管理、信息融合以及可视化展示,整个数字地球可视化体系架构如图5-59所示,从下往上主要包括:核心模块、渲染器、场景、第三方库以及功能模块。其中,核心模块以及渲染器模块主要负责各种维度的地图展示,支撑上层应用绘制各种几何图形、区域高亮、图层导入及三维模型展示等。

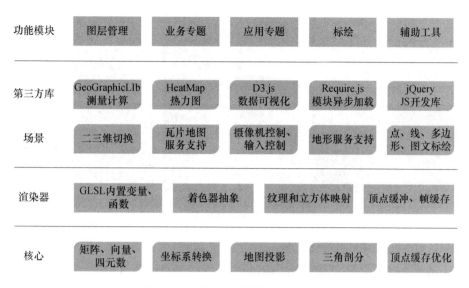

图 5-59　数字地球可视化体系架构

数字地球不仅包括高分辨率的地球卫星图像,还包括数字地图,以及经济、社会和人口等方面的信息。图 5-60 展示了数字地球可视化应用承载的数据,包括街景、影像数据、时相数据、地图数据、地名数据、矢量数据、高程数据、3D 模型、云图数据等。

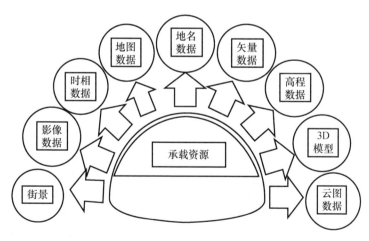

图 5-60　数字地球可视化承载资源

图 5-61 展示了各类应用数据在数字地球上的展示效果,包括 3D 城市、街景展示、北京公园热力图、全国空气质量、气象云图以及亚投行成员国 GDP 统计等应用数据可视化。

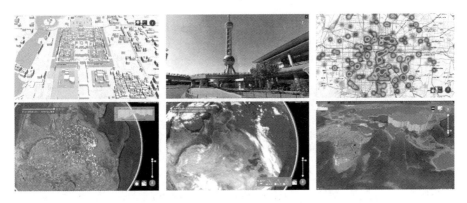

图 5-61 数字地球应用示例图

#### 5.4.3.5 地理空间可视化工具

地理空间数据通常要结合地图进行可视化,地图开发工具可分为两类:2D 地图引擎和 3D 地图引擎。表 5-3 按类列举了常用的地图引擎开发工具。

表 5-3 常用的二维和三维地图引擎开发工具

| 分类 | 名称 | 运行环境 | 开源 | 特点 |
| --- | --- | --- | --- | --- |
| 二维地图引擎 | OpenLayers | 浏览器 | 是 | 基于 h5 的 GIS 前端库,地图渲染方式为 Canvas 和 WebGL,常用 Canvas 展示二维地图 |
| | Leaflet | 浏览器 | 是 | 第三方控件比较多,体积小,对移动端友好 |
| | Mapbox.js | 浏览器 | 是 | Leaflet 的插件 |
| | QGIS | Windows,Linux,BSD | 是 | 基于 qt 平台使用 C++ 开发出来一款桌面版地理信息系统软件 |
| 三维地图引擎 | OpenGlobe | 浏览器 | 是 | 基于 JavaScript 和 WebGL,高性能的 3D 引擎,可应用于可视化仿真、游戏、3D GIS、虚拟现实等领域 |
| | WorldWind | Windows,Mac,Linux | 是 | 基于 Java 和 OpenGL,开放资源,允许无限制的用户化定制 |
| | Osg Earth | Windows,Mac,Linux | 是 | 基于 3D 引擎 osg 开发,为开发 osg 应用提供了一个地理空间 SDK 和地形引擎 |
| | Cesium | 浏览器 | 是 | 基于 JavaScript 和 WebGL,支持 3D,2D,2.5D 形式的地图展示,可以自行绘制图形,高亮区域,并提供良好的触摸支持 |

## 5.5 小结

本章首先介绍了可视化的定义和概念,其次介绍了通用可视化、大数据可视化、地理空间数据可视化相关的理论、方法和技术,最后结合案例介绍了地理空间人机交互技术、面向应用的可视分析技术以及数字地球相关技术。在大数据时代,根据可视化系统在计算能力、感知和认知能力以及显示能力方面的约束,未来的数据可视化的挑战在于如何突出以人为中心的探索式可视分析。

# 第 6 章
# 地理空间大数据典型应用

伴随大数据为地理信息行业发展带来的巨大机遇,地理空间大数据应用成为地理空间大数据产业链的重要一环,不仅助推了地理行业的发展,还对金融、电信、交通、农业等许多其他领域的应用产生了积极影响。

本章对面向国土资源、水利环保、城市建设、交通运输、公共舆情和电磁等领域的典型应用问题进行阐述,分析其需求背景,并介绍其应用方案。相关应用主要包括面向国土资源调查等应用的土地分类,面向水利调查与监测的污水处理厂检测,面向城市规划与建设的道路提取,面向交通运输的目标位置预测,面向公共舆情管控的热点事件预测,面向电磁领域的辐射源调制类型识别等。通过列举这些典型应用,可以看出地理空间大数据分析技术在我国民用设施建设与国防安全建设等领域的巨大作用。

## 6.1 国土资源领域

随着国土资源数据的增长和应用的推广,国土资源信息化发展迅速,急需打破信息壁垒,推进国土资源大数据关联融合、统一管理、挖掘分析等。国土资源管理将得益于地理空间大数据的广泛应用。本节将以土地分类为例,介绍地理空间大数据分析在国土资源领域的应用状况。

### 6.1.1 需求背景

土地分类是指根据土地在性状、地域和用途等方面的差异性,将土地划分成若干个不同的类别。它是土地科学的重要内容和基本任务之一,也是土地资产评估、土地资源评价和土地利用规划研究的前期和基础性工作。土地分类在

## 第6章 地理空间大数据典型应用

国民经济建设、土地规划、土地整治、地震灾害分析等领域都起到了至关重要的作用。

遥感图像因其观测范围大的优势,为土地分类提供了有力的数据支撑。最初使用遥感图像进行土地分类主要靠目视解译,这种方法人工成本投入较大、效率低下且需要解译人员具备一定的专家知识,使得目视解译的应用受到了极大的限制。在遥感大数据时代,遥感数据的数量呈指数级增长趋势,目视解译的方法更加难以满足实际应用对效率的要求,亟需一套高精度、自动化的土地分类方案。

随着地理空间大数据技术和人工智能技术的发展,以及计算和存储能力的迅速提升,使得海量遥感数据快速处理成为可能。在遥感大数据和人工智能技术突飞猛进的今天,迫切需要研究如何将以深度学习为代表的人工智能方法应用到在土地分类任务,借助人工智能方法强大的特征学习能力来提升土地分类的性能,提高土地分类的准确性和效率。

### 6.1.2 应用方案

本节对面向国土资源调查的遥感图像土地分类应用方案进行介绍,首先介绍其主要的技术方法,然后介绍基于地理空间大数据举例说明其应用场景。

#### 6.1.2.1 土地分类

**1. 技术方法**

在地理空间大数据时代,土地分类的主要流程可以分为图像数据采集、数据预处理、特征提取与选择、土地分类四个阶段,如图6-1所示。

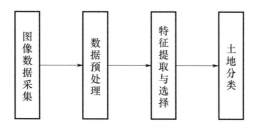

图6-1 土地分类处理主要流程

对于图像数据采集,往往需要针对不同的土地分类研究目的来确定相应的采集方式。一般来说,对于大区域范围的土地研究,例如国家土地覆盖情况的研究,只需要低分辨率的大尺度卫星遥感图像;而对于局部区域的土地分类研究,例如城市土地分类,一般采用高精度分辨率图像。因此,在进行数据采集时,应考虑研究区域的大小、研究的目的和意义等。

数据预处理的常用步骤包括图像预处理和图像增强。图像预处理的主要手段包括几何校正、辐射校正、图像匹配和配准等。图像增强的目的是增强图像的显示效果或者突出某些主要信息、抑制非主要信息。常用的图像增强方法包括空间域辐射增强、几何增强、SAR图像斑点抑制、彩色图像增强、波段变换增强等。面向土地分类的图像增强,需要根据区域特点、图像纹理特征等选择相应的增强方法,以突出各类地物,使之层次分明。

特征提取与选择是土地正确分类的依据和关键。特征提取就是特征的表示和计算,对于不同的样本,理论上如果它们属于同一类别,那么它们的特征值应该非常接近;如果它们属于不同的类别,它们的特征值应该有较大差异。特征选择则是根据特定的问题领域性质,选择有明显区分意义的特征。在大数据时代,随着神经网络的发展,尤其是卷积神经网络在图像领域的成功应用,手工设计的特征逐渐被神经网络自动学习的特征所取代,如何设计一个能更好地学习特征的神经网络是目前的一个研究热点。

常用的土地分类方法可以划分为非监督分类和有监督分类。非监督分类方法根据遥感图像中地物的统计特征和分布规律,从统计学的角度对地物类别进行划分。由于不知道各类地物的先验信息,其分类结果只是对不同类别做区分,并不能确定类别的属性。常用的非监督分类方法有 $k$ 均值聚类、循环集群法和均值漂移法等。有监督分类方法是根据训练样本,通过选择特征参数,建立判别函数,然后将图像中的各个像元划分到给定类中的分类过程。其基本特点是在分类前知道各类别信息,需要学习和训练,利用一定数量的已知类别函数中求解待定参数的过程。最后将未知类别的图像区域的观测值代入判别函数,再依据判别准则对图像的所属类别做出判定,以此完成对整个图像的分类。基于深度神经网络的方法是目前最常用的监督分类方法。

**2. 应用示例**

本小节以江苏省苏州市部分区域为例,展示了大数据时代人工智能算法在土地分类上的应用。所选用的遥感图像如图 6-2 所示,分辨率为 0.54m,覆盖面积约 $100km^2$。该区域包含的地物要素有水体、道路、建筑、耕地、裸地等,种类丰富,具有较强的代表性。

利用基于深度神经网络的土地分类方法,如图 6-3 所示,可以将地物要素分为 10 类,分别是不透水地面(白色)、住宅(深蓝,除工厂外的建筑物)、工厂(品红)、水体(浅蓝色)、道路(黄色)、草地(浅绿色)、林地(深绿色)、耕地(灰色)、裸地(红色)、背景(黑色)。

第 6 章 地理空间大数据典型应用

图 6-2 选择的苏州试验区域(约 100km$^2$)

图 6-3 土地分类示例

对比图6-2和图6-3，整体上可以看到建筑物（工厂和住宅）、水体、道路、林地、草地等地物要素都被正确地分类。由此可见，基于深度神经网络的土地分类方法在复杂场景的遥感图像地物分类具有巨大应用前景。

## 6.2 水利环保领域

随着信息化水利行业的不断推进，获取的水利数据种类和数量急剧增长，呈现出多源、多维、大量和多态等大数据特征。地理空间大数据技术可以推动水利数据资源综合利用、分析、融合、共享与挖掘，辅助水利环保工作用数据驱动管理与决策。本节以污水处理厂检测为例，介绍地理空间大数据分析在水利环保领域的应用状况。

### 6.2.1 需求背景

随着人口数量迅速增长和城镇化的快速推进，工业和生活污水排放量快速递增，水污染逐步加剧，污水、废水的排放和处理问题日益突出。城市污水处理能力与污水排放量的长期失衡，是造成流域江河水污染越来越严重的直接原因。加强城市污水处理设施建设，提高污水处理与回用率是发展城市水利的重点。

大力建设污水处理设施建设的同时，也要重视污水处理厂带来的一些问题。随着污水处理厂的运行，污水处理过程对我们的居住环境也造成了一定影响。为了解决这些问题，《城市排水工程规划规范（GB 50318—2017）》要求，城市污水处理厂应与居住区、公共建筑保持一定的卫生安全防护距离，行业惯例将这一卫生安全防护距离确定为300m。面对越来越多的污水处理厂，很难去实地测量污水处理厂与居民区的安全距离是否达标。

遥感技术是空间信息的动态采集与监测的重要技术，它能够远距离、非接触式地探测目标物，具有空间覆盖广阔、探测快速、信息丰富等特点，一幅遥感图像的覆盖范围可达数千万平方公里，可以作为大范围区域污水处理厂普查的有力手段。如何结合遥感大数据的宏观性、海量性、实时性等数据特征与优势，在图像中智能地检测污水处理厂并获取相关信息是当前研究的热点和难点。

### 6.2.2 应用方案

本节对面向水利调查与监测的遥感图像污水处理厂检测应用方案进行介绍，首先介绍其主要的技术方法，然后基于地理空间大数据举例说明其应用场景。

## 6.2.2.1 污水处理厂检测

**1. 技术方法**

污水处理厂检测旨在检测出遥感图像中污水处理厂的位置与类别,通过构建一个模型,模型的输入是一张待检测的遥感图像,输出则需要框选出图像中所有污水处理厂的位置以及所属的类别。在深度学习浪潮到来之前,目标检测的发展十分缓慢,靠传统依靠手工特征的方法来提高精度。而卷积神经网络所展现的强大性能,吸引着学者们将网络迁移到了目标检测任务。近年来,出现了很多目标检测方法,主要分为单阶段算法和双阶段算法,其中典型的单阶段算法包括 YOLO(You Only Look Once)、SSD(Single Shot MultiBox Detector)与 RetinaNet(Retina Netork)等,而双阶段算法包括 Fast RCNN(Fast Recurrent Convolution Neural Networks)与 Faster RCNN(Faster Recurrent Convolution Neural Networks)等。单阶段方法不依赖候选框提供目标位置,相比于双阶段方法,有更突出的速度优势。

利用卷积神经网络进行污水处理厂检测可以分为训练和测试两个阶段,检测流程如图 6-4 所示。在训练阶段,首先对包含污水处理厂的遥感数据进行预处理,包括数据清洗、数据裁剪与数据增强等;然后加载网络预训练模型,利

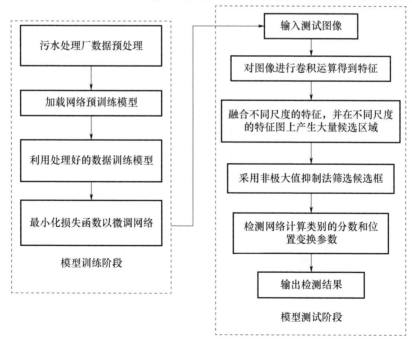

图 6-4 污水处理厂检测流程

用训练数据进行网络训练,训练过程中通过最小化损失函数来调优模型。在模型测试阶段,对于输入的待检测遥感数据,通过网络的前向传播提取图像特征,并在不同尺度的特征图上产生大量候选区域,后续利用非极大值抑制筛选候选框,并计算类别得分与位置变化参数,最终输出检测结果。

污水处理厂从外观上看一般有圆形和方形两种形状,如图6-5所示。与自然图像相比,遥感图像的背景比较复杂,包含地面上的各种物体。圆形的污水处理池具有更明显的特征,检测难度也相对较低。而方形的污水处理池与地面上的其他建筑物比较相似,所以检测难度较高,存在虚景和漏检情况。针对这一问题,可以使用多尺度的特征融合检测器,进一步增强模型的学习能力,使其能更准确地检测出污水处理厂,满足应用需求。

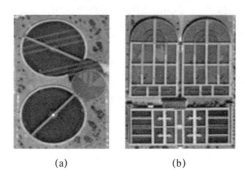

图6-5　两种污水处理厂类别示例图
(a)圆形;(b)方形。

图6-6是一种典型的检测污水处理厂的神经网络结构,该结构可以融合不同尺度的特征,有效地在特征层面将污水处理厂和地面其他建筑物区分开来,可以实现实时的污水处理厂检测。

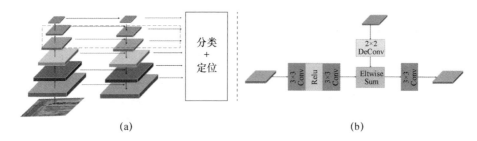

图6-6　污水处理厂检测结构图
(a)整体结构;(b)多尺度融合结构。

## 2. 应用示例

下面以苏州市为例,利用分辨率为 0.6m 的 Google Earth 数据,举例说明基于深度神经网络的方法在污水处理厂检测中的应用。针对苏州全境 8800km$^2$ 面积范围,若是使用人力实地走访调查的方式统计污水处理厂的情况,可能需要历时数月。而在单个英伟达 1080 型 GPU 条件下,使用训练好的深度神经网络进行污水处理厂检测,可以在 5h 内完成全部的处理,最终识别出污水处理厂共 138 个,漏警 2 个,虚警约 300 个,如图 6-7 所示。

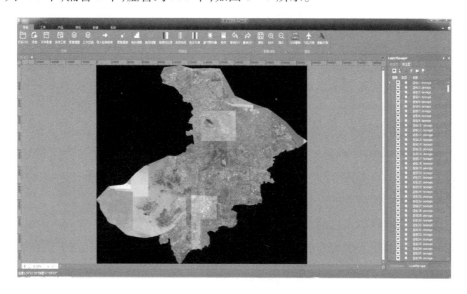

图 6-7 苏州全境污水处理厂处理结果

检测到的部分代表性污水处理厂如图 6-8 所示。可以看到,智能处理的结果可以完整覆盖污水处理厂范围,效果较为理想,为水利环保领域提供智能化的分析,有效减少人力物力的使用。

 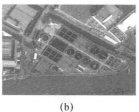 

(a) (b) (c)

图 6-8 代表性污水处理厂检测结果

## 6.3 城市建设领域

数据在智慧城市建设中的地位毋庸置疑,在当前数据爆发式增长的背景下,通过对地理空间大数据的获取、处理,将数据成果应用于城市建设领域,可以弥补传统城市建设中对数据掌握的空缺。本节将以道路提取为例,介绍地理空间大数据分析在城市建设领域的应用状况。

### 6.3.1 需求背景

道路信息作为重要的地理信息,在政治、经济等领域都有十分重要的应用。道路信息是人们生活中不可缺少的一部分,准确的路线图可以自动路由车辆并规划无人驾驶飞行器的路线;充分了解道路网络及其交通模式,可以加快通勤时间,改善公共交通系统等。经济的快速发展使得道路信息也在不断更新和改变,保持数字地图的提取跟上道路更新的步伐是一项严峻的挑战。而遥感观测技术具有获得信息速度快、信息量大、周期短、成本低、受地面限制少等优势,从遥感图像中提取道路网络具有很高的应用价值。

随着路网更新速度的不断加快,自动化提取道路的需求不断提高。早期的道路提取是利用人机交互的方式对图像的光谱特征、几何特征、纹理特征等特征进行识别,从图像中提取道路信息。这种基于人机交互方式的传统路网提取方法已经难以满足发展的要求。

随着地理空间大数据技术和人工智能技术的发展,利用卷积神经网络进行高分辨率遥感图像的道路提取方法逐渐兴起,一些常用的模型如全卷积神经网络、反卷积网络、SegNet、DeepLab 的应用,实现了从遥感图像中自动提取道路网,显著地改善了模型性能。卷积神经网络可以逐层合成低级特征,从而得到更加抽象的高级特征,对图像特征的表征能力更强,并且具有较强的学习能力,鲁棒性和容错性都比较好。如何对高速公路、国道、省道、县道以及更为复杂的道路信息进行全自动提取,并实现道路矢量化,是推进路网提取技术实用化的关键。

### 6.3.2 应用方案

本节对面向城市规划与建设的遥感图像道路提取应用方案进行介绍,首先介绍其主要的技术方法,然后基于地理空间大数据举例说明其应用场景。

### 6.3.2.1 道路提取

**1. 技术方法**

从遥感图像中提取道路的难点在于道路的图像特征会受到传感器类型、光谱和空间分辨率、天气、光变和地面等特征的影响。道路特征的表现形式随着遥感图像分辨率的不同而不同,高分辨率遥感图像包含丰富的地表物体信息,其中道路信息也十分丰富,Vosselman 和 Knecht 从 5 个不同方面对遥感图像中的道路特征进行了分类,遥感图像中的道路特征可以总结如下。

(1) 几何特征:遥感图像中的道路具有带状特征,在道路延伸方向上宽度变化较小,长度不会像宽度那么短,并且长度和宽度之间的比例非常大。道路交叉点通常可以表示为 T、Y 或 + 的符号。

(2) 光度学特征:光度学特征也称为辐射特征。辐射特征是指图像中的道路具有两条明显的边缘线且边缘梯度大的特点。同时,道路的灰度值或颜色相对一致并且变化缓慢,但它们与邻近的非道路区域(如树木和建筑物等)有很大不同。

(3) 拓扑特征:通常情况下,道路之间相互连接形成网络,道路网络有交叉点且道路不会突然中断。

(4) 功能特征:在现实世界中道路具有特定的功能,其主要功能是交通运输。

(5) 关联特征:主要指图像中与道路相关的地理信息和特征,例如道路两旁的树木、绿化带、建筑物等信息。

图像中的不同道路特征对道路提取具有不同的作用,几何特征与道路形状具有直接关系,光学特征与道路灰度或颜色有关,拓扑特征和功能特征相对简单,但难以应用于实际应用中。在实践中,许多道路提取方法需要使用多个道路特征,而不是仅一个特征。然而,由于光照、阴影和遮挡的影响,遥感图像中的道路不能完全表现出上述所有特征,这使得从遥感图像中提取出的道路准确度变差。

道路提取的一般步骤如图 6-9 所示,首先对遥感图像进行预处理,原始图像存在较多干扰和噪声,通过图像预处理可以提高图像质量,从而提高特征提取效果,一般包括图像增强、滤波、直方图均衡化等技术;低层次处理主要应用各种特征提取方法或图像分割算法,提取图像中的道路信

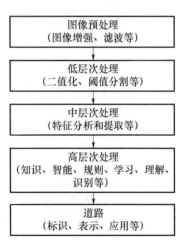

图 6-9 道路提取一般步骤

息,得到道路片段;中层次处理基于道路的几何特征、辐射特征、拓扑特征、关联特征等对处理过后的图像完成特征分析和提取;高层次处理主要将特征分析和提取后不连续的道路段,综合各特征信息的结构和关系以及与道路有关的规则、知识等按一定的规则组织起来。根据不同的道路特征,许多专家学者做了深入地研究与改进。

**2. 应用示例**

下面选取美国城市丹佛和荷兰城市阿姆斯特丹来展示道路提取结果。美国丹佛道路提取示例如图 6-10 所示;其中:图 6-10(a)为丹佛市部分区域的城市图;图 6-10(b)为丹佛市对应区域的公开城市的道路网络;图 6-10(c)为道路提取过程中产生的节点图,绿色为相对于原图搜索到的节点,而红色为推断过程中的错失的点;图 6-10(d)为经过迭代搜索算法得到的城市道路图。每张图片其中的道路使用黄色线条标记出来。

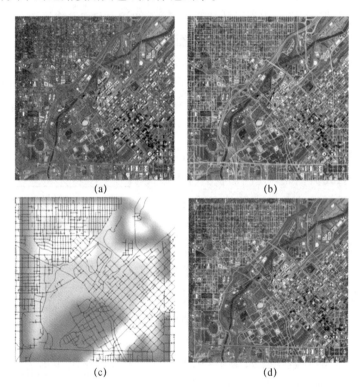

图 6-10 美国丹佛道路提取示例

(a)丹佛市部分区域的城市卫星遥感影像;(b)对应区域的公开城市的道路网络;
(c)道路提取过程中产生的节点图;(d)算法得到的城市道路图。

## 6.4 交通运输领域

随着交通运输服务与管理信息化、智能化的发展,地理空间大数据在交通运输领域的应用成为热点。地理空间大数据的应用使人们重新认识了交通需求和交通运行的内在规律,辅助实现交通信息的实时获取,促进交通行业的科学管理,提高交通运输效率。本节将以目标的位置预测为例,介绍地理空间大数据分析在交通运输领域的应用状况。

### 6.4.1 需求背景

挖掘目标位置中隐藏的目标行为规律,在目标行为预测等应用中有非常重要的作用。在个体层面,个体的位置预测在物流运输、公共交通监控和海洋船舶目标监视等应用中扮演着重要角色。在群体层面,群体目标的出行流量预测可以服务于交通调度、民船海域管理以及城市安全等应用。以交通调度为例,通过分析各类公共交通工具的位置轨迹,能够获取城市交通流量在各道路、各区域的变化规律,进一步预测容易发生拥堵的时间和地段,以便于提前做好交通管制和车辆调度,减少拥堵。

近年来,基于轨迹数据的行为模式分析逐渐成为研究热点。随着机器学习的快速发展,实现了对海量目标行为数据的智能化挖掘。然而现有方法还不能较好地满足实际应用需求,主要存在以下若干问题:①位置信息精度和采样频率越来越高,大量冗余数据会造成数据存储传输等方面问题;②轨迹数据具有时空连续性和不确定性,难以较好地表征目标行为;③轨迹数据表示的目标行为具有强烈的时间相关性。因此,针对轨迹数据的冗余性问题,需要分析轨迹的压缩方法,通过在收集轨迹时去除冗余点,降低数据存储、传输和可视化成本,提升后续行为分析方法效率。

### 6.4.2 应用方案

本节对面向交通运输领域的目标位置预测应用方案进行介绍,首先介绍其主要的技术方法,然后基于地理空间大数据举例说明其应用场景。

#### 6.4.2.1 目标位置预测

**1. 技术方法**

位置预测是指根据当前位置序列,寻找下个时刻目标最有可能去的下个位置。传统方法通常将轨迹通过聚类表征为频繁区域或停留点,利用网格或区域的编号表示目标行为。这些方法未考虑目标在区域间的移动行为,无法预测目标在道路上的位置。此外,当道路上的点位置序列较长时,传统模型的时间追溯能力有限,容易遗忘时间较前的位置信息。

针对以上问题,下面介绍一种基于时空语义神经网络模型的个体目标位置预测算法,算法流程如图 6-11 所示。首先利用时间映射,将连续时间值映射为离散的时间窗口;然后将经纬度值标记的轨迹点映射到近邻道路的固定点上,将轨迹转化为包含一系列离散固定的编号的位置序列;然后通过序列分割将历史数据划分为特征与标签,输入至基于 LSTM 的预测模型中;最后,将当前位置通过特征工程转化为位置序列,输入到训练好的模型,完成位置信息的预测。

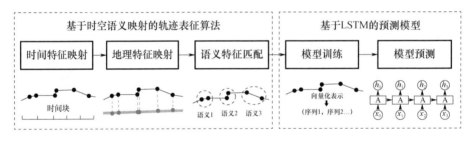

图 6-11 基于时空语义神经网络模型的个体目标位置预测算法流程图

(1) 基于时空语义映射的轨迹表征算法(Spatial-Temporal-Semantic, STS)。

该算法主要包含时间特征映射和地理语义特征映射,实现时间和地理坐标连续信息的离散化。

① 时间特征映射。轨迹点的时间属性是连续的,以固定统一的时间段为时间间隔,用固定时间窗的离散时间表示每天的时间。按照预先设定的时间间隔,将每段轨迹的轨迹点映射到各自的时间窗口。统计同一时间窗口中若干轨迹点的线性中心,即若干轨迹点以经纬度表示的平均值,作为该时间窗口的代表点。经时间特征映射,轨迹转化为由离散的、时间固定的代表轨迹点组成的位置序列。

② 地理语义特征映射。计算每个轨迹点与路网中所有道路的距离,选择其中距离最近的道路并计算轨迹在该道路的投影点。根据给定距离阈值,将道路线段划分为若干段,实现道路上投影点和固定点的关联。最后,将每个时间窗口的代表点映射到道路上的固定点。

经过上述时间语义特征和地理语义特征映射,原轨迹中的每个轨迹点转化为最近道路中的固定点,通过 OpenStreetMap 地图数据进行语义特征匹配。将轨迹转化为预测模型可以识别的位置序列,更好地表示目标行为。

(2)基于长短时记忆网络的位置预测模型。

① 轨迹表征的位置序列构建。在上述轨迹表征之后,每段轨迹被转换成由一系列道路 ID 表示的固定点序列。滑动窗口对位置序列进行扫描,将每个序列划分为具有相同长度的片段。窗口中的位置被作为训练特征,窗口外的下一位置用作标签。

② 长短时记忆网络模型构建。深度神经网络模型能够考虑时间序列中过去时刻对当前时刻的影响,因此具有较高的预测准确率。长短时记忆网络(Long Short Term Memory,LSTM)是一种特殊的 RNN,利用权重存储长期记忆,训练过程中权重缓慢变化,随数据的加入而更新,能够学习较长时间以前的信息。LSTM 的传送带状的结构允许它记忆很久之前的信息,并结合当前时刻的输入建模,LSTM 能够更好地处理离散的轨迹序列。

③ 预测算法流程。预测将在收集满一个时间窗口中的点时才进行。首先利用 STS 表征新收集到的轨迹信息,将位置序列送入 LSTM 模型预测特征,模型给出对下一个位置的预测。

**2. 应用示例**

下面对轨迹表征方法和基于 LSTM 的预测模型进行应用评估。以快递员轨迹作为测试数据,该轨迹未在训练集中出现过。如图 6 – 12 所示,蓝线表示原轨迹,橙色线表示特征提取后的序列。在 STS 特征提取算法中,设置时

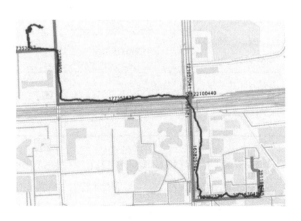

图 6 – 12　原轨迹与 STS 特征提取后序列

间窗口为 2s,设置距离阈值为每条道路的最大长度。用道路的 ID 表示映射到这条道路上的固定点,可视化时用整条道路表示位置。为了叙述的简洁性,用(ID0,ID1,ID2,ID3,ID4,ID5,ID6,ID7,ID8,ID9,ID8,ID9)替换固定点的道路 ID。

测试利用当前和最近的四个位置,即设置 LSTM 模型的参数 max Length 为 5。对比预测结果时,序列中其余位置采用真实值,用偏差距离表示预测位置与真实位置之间的距离。以(ID0,ID1,ID2,ID3,ID4)为输入序列,LSTM 模型的预测位置是 ID5,偏差距离 11.6m。将预测结果 ID5 加入位置序列,以(ID1,ID2,ID3,ID4,ID5)为新的输入序列,得到的偏差距离是 11.5m。重复该过程,将预测结果展示在表 6-1 中。可以看出,预测的偏差距离都在 70m 以内,说明该模型预测位置的准确度较高。

表 6-1  LSTM 模型给出预测结果的运行实例

| | 输入序列 | 预测位置 | 真实位置 | 偏差/m |
|---|---|---|---|---|
| 1 | ID0,ID1,ID2,ID3,ID4 | ID5(116.327,39.982) | (116.327,39.984) | 11.6 |
| 2 | ID1,ID2,ID3,ID4,ID5 | ID6(116.326,39.984) | (116.327,39.984) | 11.5 |
| 3 | ID2,ID3,ID4,ID5,ID6 | ID7(116.324,39.984) | (116.324,39.984) | 16.4 |
| 4 | ID3,ID4,ID5,ID6,ID7 | ID8(116.321,39.985) | (116.321,39.985) | 12.1 |
| 5 | ID4,ID5,ID6,ID7,ID8 | ID9(116.319,39.986) | (116.320,39.987) | 68.6 |
| 6 | ID5,ID6,ID7,ID8,ID9 | ID8(116.321,39.985) | (116.321,39.985) | 30.1 |
| 7 | ID6,ID7,ID8,ID9,ID8 | ID9(116.319,39.986) | (116.320,39.987) | 15.6 |
| 8 | ID6,ID7,ID8,ID9,ID8,ID9 | ID8 | X | X |
| 9 | ID7,ID8,ID9,ID8,ID9,ID8 | 121988914 | X | X |
| 10 | ID8,ID9,ID8,ID9,ID8,121988914 | 156469344 | X | X |
| 11 | ID9,ID8,ID9,ID8,121988914,156469344 | 390419078 | X | X |
| 12 | ID8,ID9,ID8,156469344,390419078 | 367394051 | X | X |
| 13 | … | | … | |

图 6-13 对预测结果进行了可视化展示。图 6-13(b)和图 6-13(c)分别给出了前 5 次和后 5 次的模型预测位置。图 6-13(b)用不同颜色在地图中标出了预测位置。需要指出的是,图 6-13(c)中用作训练的真实轨迹已结束,红色轨迹为模型输出。模型依据目标的历史活动规律,产生了一条快递员的模拟

移动轨迹,也是快递员最有可能的移动路线。实际情况中这是快递员从小区返回餐厅的移动路线,该预测较为准确。

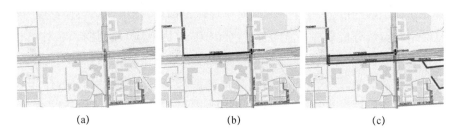

图 6-13　预测结果可视化

(a)输入位置序列;(b)算法输出的前 5 次预测结果;(c)后 5 次预测结果。

## 6.5　公共舆情领域

网络舆情是直接体现社会舆情动向的风向标,是社会舆情在网络空间的折射。网络舆情的产生、成型、传播和影响一般都要经历多个阶段的变化,不断发酵,最终产生强大的网络舆论压力,影响政府的决策。网络舆情在虚拟的网络中产生,影响着在地理空间位置分布各异的社会个体。结合地理空间大数据对网络舆情进行空间、时间分布的全面把控,有助于相关部门更好地监测、分析和决策网络舆情动态发展。本节将以热点事件预测为例,介绍地理空间大数据分析在公共舆情领域的应用状况。

### 6.5.1　需求背景

随着网络的蓬勃发展和日益普及,人们可以通过互联网对社会的公共事务、焦点话题等汇聚出一些有影响力、体现民众倾向的意见或看法,经此产生的网络舆情借由网络传播的快速性、普遍性和强互动性,已经成为一种新的力量和社会舆情的重要组成部分。网络舆论是一把双刃剑,一方面能促进社会效率、民主化、透明化,另一方面会因网络谣言和虚假信息、人肉搜索、网络群体分化等非理性特质给社会带来不稳定因素。目前中国处于发展转型、经济软着陆的关键时期,国内外面临着不同程度的国际势力和客观挑战。深刻把握当前互联网舆情状态,掌握目前社会主要观点和民意动向是了解社情民意的重要途径,是消除潜在威胁的重要手段。

网络舆论的社会热点问题,反映了当今社会一系列深层次的矛盾和冲突,是当前国际、国内形势的主要动向。由于网络舆情的突发性、复杂性、群体性、煽动性,在面对网络舆情事件时,政府相关决策部门和分析部门如果不能迅速收集和掌握足够的信息,在第一时间对事件做出回应,任由网络舆情泛滥,民众信息需求与舆情分析掌握不能同步,就会因为"首因效应"而削弱公众对政府信息的接受程度,进一步地影响公众对官方回应和处理方式的信任。更为严重和需要警醒的情况是,涉政的网络舆情事件反复发生导致的累积效应,往往会引导人们从最初的探求真相转移到对制度的质疑,引发民众与政府的对立矛盾。

政府作为官方、权威信息的来源地,有必要建立一个准确、即时的网络舆情分析系统,对复杂的网络舆情事件迅速做出判断决策,及时合理地处理公众的信息需求,提高决策过程的效率和效果。网络舆情分析的重点在于准确及时地获取网民在舆情事件中关心的焦点,通过基于大数据的互联网舆情分析手段,对民众关心的热点问题进行总结和提炼,进行合理的应对和回复,提高对舆情分析的准确度、舆论突发事件的及时性,进而提高政府的公信力和反应时效。

为了对互联网舆情有准确、及时、全面的分析,需要深刻把握互联网的舆情特点。互联网舆情具有以下几个典型特征:

(1) 准确性。"真实准确是舆论信息的生命"。真实可靠的消息才能满足用户的需求并用于提供决策支持,虚假或错误的信息不仅误导公众对实际情况的认知,甚至会对舆情控制产生严重的负面结果。

(2) 客观性。众口不一,网络舆情由众多网民的观点汇聚而成,网民的立场不同,对舆情事件也会持有不相同甚至截然相反的观点和情绪倾向,这就要求网络舆情工作者全面地审视网络舆情信息,全面收集民众们对同一事件的积极或消极倾向,尊重信息来源的客观性。

(3) 及时性。网络舆情事件把控的关键在于对事件的及时应对。事件在发生和传播时,如果不能及时知晓事件并迅速做出应对,事件的模糊性就会增加,从而促使人们通过谣言来满足自己的信息饥渴。研究结果表明,为了在第一时间有效地使受众知晓应对信息,清除接收到的虚假信息,至少需要数倍的信息量。这就要求网络舆情工作者及时掌握信息,迅速做出决策,不给虚假信息和谣言的传播有可乘之机的时间。

(4) 普遍性。网络舆情已经日益普及至我们生活的各方面,同时各个方面都可能成为舆情风暴的中心领域,不仅包括现实社会事件、国内外政策、自身利益相关的问题,还涉及经济、政治领域。政府作为舆情把控的中流砥柱,一定要保证从各个领域广泛地获取网络舆情信息,以保证信息的全面性。

（5）预见性。万事万物都在动态的发展变化过程中。收集网络舆情信息的过程中，仅仅考虑当前的需求是不够的，事件发展瞬息万变，网络信息传播快速而广泛，对上一时刻的信息服务往往会滞后于当前的信息需求。因此，网络舆情信息的收集要有一定的预见合理性，善于知微知大，宏观地掌握整个舆情事件的控制权，把握舆情事件发展趋势，预先对事件的可能走向做好应对的准备。

## 6.5.2 应用方案

本节对面向公共舆情管控的热点事件预测和情感分析应用方案进行介绍，首先介绍其主要的技术方法，然后基于地理空间大数据举例说明其应用场景。

### 6.5.2.1 热点事件预测

**1. 技术方法**

文本数据智能提取和分析是互联网舆情监督的重点，具体来说，是利用一系列的自然语言处理手段对文本中的信息进行提取、综合与分析，将过去的人工处理转换为自动处理－人工审核的流程，大大增加数据分析的速度和时效性。在互联网舆情监督领域，热点事件抽取与预测是从海量互联网文本舆情数据中抽取出事件，包括对事件要素的抽取和事件发展趋势的分析，同时，通过对海量热点事件的抽取和积累，对潜在热点事件进行预测。热点事件抽取包括事件触发词抽取和事件要素抽取。其中事件触发词抽取的核心方法是基于多层级语言模型的事件触发词抽取方法，网络结构如图6－14所示。

基于多层级语言模型的事件触发器抽取，首先是引入字符级别和词级别的词向量嵌入，用以获取文本中更为丰富的特征信息。如图6－14所示，针对特定的英文句子和英文单词，首先会针对单词的每一个字符，通过两个方向的SRU(Simple Recurrent Units)结构以获取特征信息，对两个方向的SRU的输出特征进行拼接后，输入到主网络中。主网络中的输入层主要包括两个部分，第一部分是对单词的词嵌入，第二部分是利用字符级别的词嵌入。两部分共同输入到主干网络的双向SRU中，对输出特征进行处理后，输入到最后的分类层得到对事件触发词的预测。

在模型训练的过程中，加入了语言模型进行联合训练，因为语言模型的训练无须大量标注的数据，仅仅通过自然语料就可以展开训练，同时语言模型通过预测自然语言序列的下一个词来学习到丰富的特征信息，因此加入语言模型进行联合训练可以提高模型的精度。通过基于多层级语言模型的事件触发词抽取方法，可以比较精确地对事件触发词进行提取，确定事件的发生。

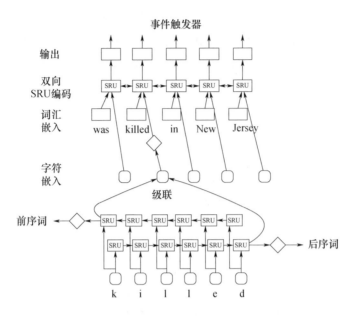

图 6-14 基于多层级语言模型的事件触发词抽取网络结构

在事件触发词抽取的基础上,下一步是对事件要素进行抽取,采用的主要方法是基于混合模型的事件要素提取方法。混合模型的事件要素提取方法主要包括基于命名实体识别与依存句法分析进行事件要素提取的技术。

(1) 构建实体识别模型。

构建实体识别模型需要抽取新闻文本中的实体,可以使用基于规则的方法,该方法可以在开源工具 CRF++(Conditional Random Fields)中实现。CRF 一般较难识别新闻文本中的专有名词,其原因在于:一是专有名词特征不太明显;二是单一 CRF 模型的局限性,即 CRF 对专有名词和非专有名词的识别仅仅根据一些简单的特征,如词性和词之间的关系。当 CRF 使用自定义的词典时,可以克服 CRF 具有的局限性来识别出特征不明显的实体。自定义的词典可以扩充一些新词,因而可控性较好,自然能够提高要素抽取的准确率。

(2) 依存句法分析及指代消解。

在事件元素的提取中,与地名和时间相比,提取人物较难。主要原因是,虽然大量事件中可以识别出来,然而哪些人物是事件句子的主要描绘者却无法确定。人物在事件中所起的作用可以通过依存句法来分析,通过提取的作用进而找出与事件相关的更重要的元素,从而实现指代消解,进而实现主要人物的抽取。

假如只针对与事件直接相关的主谓和非主谓关系,主谓关系可以是当事关系、施事关系或当事人关系,非主谓关系可以是源事件关系、涉案关系或病人关系。事件的因素、词性和关系类型可以通过依存句法分析器抽取。尽管句中的人物实体可以根据词与词之间的关系来分析,一些人称代词(如动宾关系、主宾关系、主谓关系)会对人物的刻画造成一定的影响。因此,为避免这种影响,可以将人称代词的处理考虑进来,这样既可以对代词进行消解,还可以考虑到人物在事件中所起到的作用。

总之,指代消解的具体方法如下:首先,如果句中有人称代词且人名为主谓或非主谓关系,则将人名的权重加1;然后,如果句中不含人名但含有人称代词,即使含有职位和称呼的名词,因为需要考虑人物的多样性,可以使用零代词消解,这样更能够提高识别的容错率;最后,如果人名和人称代词出现在句中且识别出的人名是单姓氏词,可以使用分词工具来抽取人名,这样既可以降低识别人名的容错率,又可以实现人称代词的指代消解功能。

(3)权重融合及要素提取。

语言学家研究表明,假如文本中提到的任务是与事件相关的主要人物,那么,该任务会在此文本中至少出现两次,并且扮演主语的角色;与之相反,假如某个人物只出现了一次,那么该人物为次要任务且主要是用来衬托主要任务。基于此,对主要人物和次要人物的辨别可以通过主谓关系和非主谓关系,进而实现人物要素提取的目的。

主谓关系中涉及的人物称为主语,非主谓关系中涉及的人物称为宾语。同一个人名不同的关系可以分为有主语有宾语、有主语无宾语、无主语有宾语和无主语无宾语四个方面。不同的方面所占的比例不同,根据这四个方面比例和上述的指代消解来设置权重。

综上所述,分别分析出某事件中主谓关系和非主谓关系涉及的人名数目,并对特定的人名(同时具备主谓关系和非主谓关系)进行指代消解,依据所报道的事件人物的特点,将非主谓关系的权重乘以0.4相加到主谓关系中人名的权重。

**2. 应用示例**

热点事件抽取可以从海量互联网舆情数据中抽取出目前比较受关注的热门事件,跟踪和分析热点目标和热点人物。下面以围绕重要目标、重要人物的事件分析为例,来展示关键技术突破和模型搭建在热点事件预测分析领域的应用效益。

围绕重要关注人物(中外著名政治人物等)、重要事件(热点突发事件、热门舆情事件等)、重要地点(敏感地区、我国周边等)、重要目标(如全球范围内重要的机场、港口、著名设备等),收集各个渠道互联网的舆情数据,围绕重点关注的要素,对关注热点的事件抽取并进行分析,实现对重要目标、重要人物的舆情分析和动向掌握。针对单条的文本数据通用智能处理,展示效果如图6-15所示。

图6-15 文本数据智能处理展示效果

围绕关注的热点事件,在对事件的触发词和事件要素进行提取的基础上,以时间轴的形式对事件的发展趋势进行展示和分析,事件发展趋势分析效果如图6-16所示。

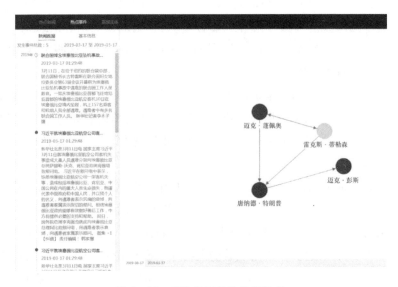

图6-16 事件发展趋势分析效果

围绕重点关注的事件,因为事件在一定的时间范围内存在演化趋势,因此可以通过收集到的海量互联网舆情数据,通过前面提到的事件要素提取方法和事件触发词提取方法,分析得到事件的发展趋势。与此同时,利用关系抽取等关键技术,对事件中涉及的事件要素之间的关系进行抽取,继而分析得到整个事件的完整发展脉络。

在对重点事件、单一文本进行智能处理的基础之上,围绕某一实体梳理得到实体的关系谱。因此利用通用的知识图谱构建技术,对热门实体进行了图谱的构建与相关信息的展示,如图 6-17 所示。

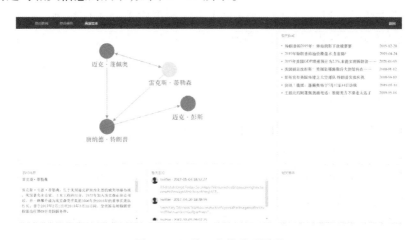

图 6-17 单一实体关系图谱

通过展示单一实体的全部关系,可以直观地看出目前关注的实体的基本信息、言论信息以及关系信息,便于辅助用户进行下一步的分析和研究。

## 6.6 电磁领域

本节以信号调制类型识别为例,介绍地理空间大数据分析在电磁空间领域的应用状况,揭示信息化对抗相关领域活动需要的一些要素信息。

### 6.6.1 需求背景

现代化社会面对的电磁环境日益复杂,电子信息设备大量使用,新体制新技术更新应用,电磁管控措施广泛存在,对非合作电磁目标跟踪、识别面临巨大挑战。

信号发生设备是指能发射电磁信号的装置,如通信装置、光电装置等。电子探测是指利用电子探测设备捕获电磁设备发射出的电磁波信号,并进行识别、分析和定位。常用的电子探测设备有电子探测卫星、飞机、船舶和地面探测站等。电子探测通过对探测数据的积累分析,挖掘目标的相关电磁参数特性等信息,为分析各类设备能力性能提供支撑。

传统的电子信号处理分析方法以时频变换为基础,分析信号的频谱特性和统计特征,实现对信号特征的提取和相关任务的实施。这种以数学物理特性为基础的分析方法,严重依赖于对信号本质特征的分析,特征设计难度较高、鲁棒性较差。以深度神经网络为代表的深度学习技术的发展,在语音、图像和文本领域都取得了突破性的成功,为电磁目标识别提供了一个强有力的工具。

### 6.6.2 应用方案

电子信号识别是在电子探测中的重要任务之一。随着新技术的发展,电磁信号发生设备体制和性能发生了巨大的改变,传统的处理方法受到了严重的挑战,对目标精细化识别的要求也越来越高,数据处理已经从简单的数据特征向更为基础的中频数据发展。

快速有效的电磁目标处理方法可以提高电磁目标识别的精度和时效性,为全面掌握电磁环境特性以及各类任务提供信息支持。其中,对电磁空间要素的需求主要包括目标参数要素、目标的时空要素、目标的活动规律等,这里以调制类型为例子简要描述一下其相关要素特征。

#### 6.6.2.1 电磁信号调制类型识别

**1. 技术方法**

调制类型是电磁信号的重要特征,也是电磁领域一个重要的研究对象,这对于目标指纹特性挖掘和目标个体识别都有着重要的意义。对于信号发生设备来讲,脉内调制方式是调制信号特征中最重要的一种,可以通过数学和物理的方式对信号本身进行描述。脉冲电磁信号的脉内调制可以根据调制来源分为有意的脉内调制和无意的脉内调制。有意的脉内调制是效用性的调制,是为了满足某种性能指标要求而有意识地对电子信号进行相位和频率的调制。无意的脉内调制是设备本身附带信号产生的,是设备本身电子元器件给信号添加的调制特性,因而每部设备的无意调制均不同,利用这一差异,可以通过脉内无意调制达到识别不同电磁设备的目的。

电子信号调制类型识别方法主要是通过分析信号本身的信号统计、变换特性等进行识别,如小波分析、频域突出谱线、Choi-Williams 分布、多次方谱线、星座图、随机森林、深度学习等。图 6-18 给出 5 种常见调制类型图,包括线性调频(Linear Frequency Modulation,LFM)、非线性调频(Non-Linear Frequency Modulation,NLFM)、频率跳变(Costascodes)、二相编码(Binary Phase Shift Keying,BPSK)、四相编码(Quadrature Phase Shift Keying,QPSK)。本节主要考虑基于卷积神经网络的调制识别技术,对常规调制类型信号、相位调制类型信号、频率类型调制信号都有较好的识别效果。

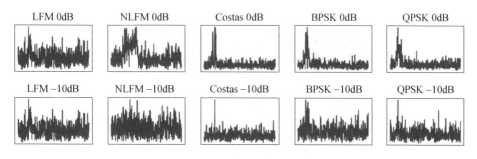

图 6-18 调制仿真信号的频谱

卷积神经网络以其强大的特征提取能力,使得其在调制类型方面效果明显,对噪声适应性和对数据集的泛化能力都要优于其他机器学习和一些传统的基于频谱分析的方法。下面设计了一个多尺度卷积神经网络模型,如图 6-19 所示,通过设计不同尺度的卷积,对全局特征和局部特征进行提取,并对特征进行拼接融合,完成模型训练。在数据预处理阶段,针对不同类型的噪声,对数据进行对应的去噪处理和数据泛化处理,提升样本数据集的数据质量,使得模型在低信噪比下仍能取得较高的识别精度。

该方法对常见的信号调制类型有着较高的识别率,有较好的应用价值,如电子干扰、通信信号解译等。电子干扰任务是电子信息对抗中常用的手段,用来对非合作的电子通信设备和电磁探测设备进行干扰和压制,使得各类系统信息通信保障和探测效能受到抑制,进而支援各类任务。调制类型以及信号样式对信号干扰有着重要的意义,与电磁目标参数一起组成干扰设备的参数装调表,为电子对抗提供装填信息,进一步为电磁相关任务提供强有力的支撑。

**2. 应用示例**

信号调制识别在军民多个领域均有着重要的应用。在各类电子系统中快速、准确地识别目标、通信信号,可以为电子对抗提供参数信息,为干扰任务提供数据的支撑;也可以通过对非合作通信信号的调制识别,对其通信站、数据链、水下通信信号等提供对应的目标参数信息,为下一步干扰压制、信号解调等提供对应的数据支持。由于背景噪声干扰及非合作设备反干扰对抗等设计,使得接收到的信号识别效率往往不佳,使得调制识别算法往往必须适应各类噪声,具备较强的鲁棒性和抗噪声能力。因此,具备鲁棒性、噪声适应性和数据集泛化能力的模型是辐射源调制类型识别和进行应用的基础,也是现代化信息对抗中制胜地一个重要的影响因素。图 6-20 所示为一类调制信号类型识别结果。

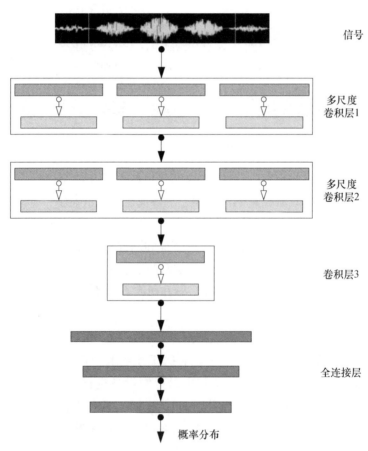

图 6-19　多尺度卷积神经网络模型结构

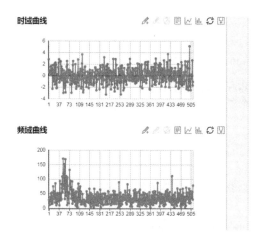

图 6-20　一类调制信号类型识别结果

## 6.7　小结

本章对地理空间大数据的典型应用进行介绍,包括面向国土资源、水利环保、城市建设、交通运输、公共舆情和电磁等领域的典型应用。如今,地理空间大数据技术正在深刻改变着经济社会的发展形态。随着地理信息与互联网、车联网、物联网和云计算等领域加速融合,地理空间大数据作为新兴研究领域,其深入开发和利用,对于更好地服务科学决策、重大工程建设和民生工程等工作,具有重要的研究和应用价值,也必将为各行各业的产业发展注入新的力量。

# 参考文献

[1] 朱洁,罗华霖.大数据架构详解:从数据获取到深度学习[M].北京:电子工业出版社,2016.

[2] 程晓波.地理空间大数据开发利用[M].北京:电子工业出版社,2018.

[3] 维克托·迈尔·舍恩伯格,肯尼斯·库克耶.大数据时代[M].盛杨燕,周涛译.杭州:浙江人民出版社,2012.

[4] 吴朝晖,陈华钧,杨建华.空间大数据信息基础设施[M].杭州:浙江大学出版社,2013.

[5] 杨麟.基于大数据技术的人口数据分析平台设计与实现[D].南京:南京邮电大学,2018.

[6] 韩子莹.大数据技术应用的伦理探究[D].北京:北京邮电大学,2019.

[7] 庞凌宇.基于网络评论的区域特征发现问题研究[D].沈阳:沈阳建筑大学,2014.

[8] 张杰.基于5G移动通信技术的物联网发展趋势探讨[J].信息与电脑,2019,(10).

[9] 朱建章,石强,陈凤娥,等.遥感大数据研究现状与发展趋势[J].中国图象图形学报,2016,(11).

[10] 孙世友,杨献,杨红粉.基于大地图的地理信息服务模式[J].测绘科学,2016,41(2).

[11] 题兴亮.大数据技术对社会科学方法论的影响[D].哈尔滨:哈尔滨理工大学,2019.

[12] 刘媛媛.大数据背景下我国政府治理创新机遇挑战与对策研究[D].中国矿业大学,2016.

[13] 缪应江.地理信息大数据在国土空间规划中的应用[J].工程建设与设计,2019,(14).

[14] 陈淑娟,王立刚.地理空间数据在自然资源管理中的应用研究[J].价值工程,2019,(21).

[15] 王戈飞,张佩云.地理信息系统与大数据的耦合应用[J].遥感信息,2017,32(4).

[16] 张振兴,牟如玲.大数据引领我们走向智能化时代[J].科技创新导报,2014,(20).

[17] 杨燕艳,朱春燕,韩业俭.大数据环境下的信息处理[J].电子技术与软件工程,2014,(23).

[18] 杨震.自动驾驶技术进展与运营商未来信息服务架构演进[J].电信科学,2016,(8).

[19] Singhal A. Introducing the knowledge graph:things, not strings [R]. America:Official Blog of Google, 2012.

[20] Andrej Z. Big Data Ethics [J]. Big Data&Society, 2014, (1): 1 – 6.

[21] Wolfgang P. The Causal Nature of Modeling with Big Data [J]. Philos Technol, 2016, 29 (2): 137 – 171.

[22] Hu H, Wen Y, Li X, et al. Toward scalable systems for big data analytics: a technology tutorial [J]. IEEE Access, 2014, (2): 652 – 687.

[23] LIU Z Y, YANG P, ZHANG L X. A sketch of big data technologies [C]. 2013 Seventh International Conference on Internet Computing for Engineering and Science (ICICSE 2013), Shanghai, China, 2013: 26 – 29.

[24] Michael S. The Data Miners: Tech Secrets From Obamas Re – Election Geek Squad [N]. TIME, 2012: 11 – 19.

[25] MAYE R, CUKIER K Bigdata. A revolution that will transform how we live, work and think [M]. John Murray Publishers Ltd, 2013: 174 – 180.

[26] Chuvieco E, Aguado I, Yebra M, et al. Development of a framework for fire risk assessment using remote sensing and geographic information system technologies [J]. Ecological Modelling, 2010, 221(1): 46 – 58.

[27] Kim J, Hang S T. A Study of Conceptual Recommender System for Big Data Platform [C]. International Conference on Database Theory & Application, 2016.

[28] Keim D, Qu H, Ma K L. Big – data visualization. [J]. IEEE Computer Graphics & Applications, 2013, 33(4): 20 – 21.

[29] Garcia – Garcia A, Orts – Escolano S, Oprea S, et al. A Review on Deep Learning Techniques Applied to Semantic Segmentation [J]. arxiv: 1704.06857, 2017.

[30] 朱旭光. 大数据的数据类型 [EB/OL]. (2017 – 10 – 30) [2020 – 03 – 12]. http://bigdata.idcquan.com/dsjjs/125410.shtml.

[31] 郑州中州技术专修学校, 大数据的发展历程 [EB/OL]. (2019 – 07 – 04) [2020 – 03 – 04]. https://wenku.baidu.com/view/a48c50dbfbd6195f312b3169a45177232e60e410.html.

[32] 数据成为核心竞争力 [EB/OL]. (2015 – 11 – 27) [2020 – 02 – 04]. https://wenku.baidu.com/view/b09cd6eec850ad02de8041e7.html.

[33] 陈朝兵, 大数据应用于互联网政务 [EB/OL]. (2018 – 04 – 03) [2020 – 04 – 01]. https://www.sohu.com/a/227161631_573333.

[34] 卢亿雷, 大数据核心技术 [EB/OL]. (2018 – 04 – 03) [2020 – 04 – 05]. http://wenku.ciozj.com/SlideShow.Aspx?G = CF16E5A716E410DB18EC3F4B3E987F37CF8B8A90.

[35] AI 探测全球原油储备 [EB/OL]. (2016 – 10 – 02) [2019 – 05 – 04] http://blog.sina.com.cn/s/blog_157b9f6e40102wggi.html.

[36] 大数据词云 [EB/OL]. (2020 – 02 – 11) [2020 – 04 – 05]. https://baike.sogou.com/v57928764.htm?fro.

[37] 戴从柏.认识大数据[EB/OL].(2019-12-16)[2020-05-01].https://blog.csdn.net/zhyjtwgsnwxhn/article/details/50351668.

[38] 大数据认知[EB/OL].(2016-08-18)[2019-09-04].https://blog.csdn.net/u010503822/article/details/52236119.

[39] 樊月龙.大数据关键技术[EB/OL].(2018-11-10)[2020-05-06].http://blog.sina.com.cn/s/blog_933e5f350101la3i.html.

[40] 韩重明.大数据采集[EB/OL].(2016-11-10)[2020-05-06].http://www.ciotimes.com/bigdata/156614.html.

[41] 中灏润数据分析师事务所.政府大数据典型应用[EB/OL].(2016-05-20)[2019-10-01].http://blog.sina.com.cn/s/blog_9bab83e50102w1qh.html.

[42] 毛华坚.云环境中的移动文件存储和时空数据分析关键技术研究[D].长沙:国防科学技术大学,2013.

[43] 周琛.面向CPU/GPU混合架构的地理空间分析负载均衡并行技术研究[D].南京:南京大学,2018.

[44] 赵贤威.云环境下顾及空间子域分布特征的空间大数据并行计算方法研究[D].杭州:浙江大学,2017.

[45] 张少将.基于Hadoop的地理空间大数据存储与查询技术[D].西安:西安电子科技大学,2017.

[46] 张立峰.面向网络优化的大数据存储和处理框架[D].北京:北京邮电大学,2018.

[47] 张光.存储虚拟化技术的研究[D].北京:北京交通大学,2013.

[48] 杨洪波.高性能网络虚拟化技术研究[D].上海:上海交通大学,2012.

[49] 杨伯钢,冯学兵.城市地理空间框架建设技术体系研究[J].测绘科学,2007,32(1):36-37.

[50] 徐爱萍,王波,张煦.基于HBASE的时空大数据关联查询优化[J].计算机应用与软件,2017,34(06):37-42.

[51] 肖建华,王厚之,彭清山,等.地理时空大数据管理与应用云平台建设[J].测绘通报,2016,(04):38-42.

[52] 王晓龙.基于Spark的地理空间大数据查询处理技术研究[D].西安:西安电子科技大学,2017.

[53] 王劲峰,李连发,葛咏,等.地理信息空间分析的理论体系探讨[J].地理学报,2000,67(1):92-103.

[54] 王广钰.基于Hadoop的时空大数据的分布式检索方法[D].北京:中国科学院大学(中国科学院国家空间科学中心),2017.

[55] 宋炜炜.基于时空信息云平台的空间大数据管理和高性能计算研究[D].昆明:昆明理工大学,2015.

[56] 宋关福.组件式地理信息系统研究与开发[J].中国图象图形学报:A辑,1998,3(4):313-317.

[57] 邱程.基于分布式存储的地理时空大数据管理系统研究[D].武汉:江汉大学,2019.

[58] 穆宣社.基于地理空间大数据的应急指挥辅助决策平台研究[J].测绘通报,2015,(06):93-96.

[59] 马越,黄刚.基于Docker的应用软件虚拟化研究[J].软件,2015,36(03):10-14.

[60] 马吉军,贾雪琴,寿颜波,等.基于边缘计算的工业数据采集[J].信息技术与网络安全,2018,37(04):91-93.

[61] 吕雪锋,程承旗,席福彪.地理空间大数据存储管理的地理网络地址研究[J].地理与地理信息科学,2015,31(01):1-5.

[62] 骆剑承,胡晓东,吴炜,等.地理时空大数据协同计算技术[J].地球信息科学学报,2016,18(05):590-598.

[63] 陆锋,张恒才.大数据与广义GIS[J].武汉大学学报:信息科学版,2014,39(6):645-654.

[64] 林博,张惠民.基于边缘计算平台的分析与研究[J].电脑与信息技术,2019,27(04):21-24,47.

[65] 李源林.基于服务器虚拟化的网络GIS集群关键技术研究[D].武汉:中国地质大学,2013.

[66] 李庆君.Hadoop架构下海量空间数据存储与管理[D].武汉:武汉大学,2017.

[67] 黄祥志.基于智方体的地理时空栅格数据模型化研究[D].杭州:浙江大学,2015.

[68] 何钦铭,陆汉权,冯博琴.计算机基础教学的核心任务是计算思维能力的培养——《九校联盟(C9)计算机基础教学发展战略联合声明》解读[J].2010.

[69] 高锐.基于MongoDB的黑河流域时空数据云存储关键技术研究[D].兰州:兰州大学,2016.

[70] 高崑.基于云计算的GIS数据存储管理研究[D].合肥:合肥工业大学,2016.

[71] 段龙方.面向遥感数据的云数据库技术研究与应用[D].开封:河南大学,2014.

[72] 丁琛.基于HBase的空间数据分布式存储和并行查询算法研究[D].南京:南京师范大学,2014.

[73] Yang C, Yu M, Hu F, et al. Utilizing cloud computing to address big geospatial data challenges[J]. Computers, environment and urban systems, 2017, 61:120-128.

[74] Worboys M. Computation with imprecise geospatial data[J]. Computers, Environment and Urban Systems, 1998, 22(2):85-106.

[75] Wiegand N, García C. A task-based ontology approach to automate geospatial data retrieval[J]. Transactions in GIS, 2007, 11(3):355-376.

[76] Shekhar S, Schrater P R, Vatsavai R R, et al. Spatial contextual classification and prediction

models for mining geospatial data[J]. IEEE Transactions on Multimedia, 2002, 4(2): 174-188.

[77] Sehgal V, Getoor L, Viechnicki P D. Entity resolution in geospatial data integration[C]// Proceedings of the 14th annual ACM international symposium on Advances in geographic information systems: ACM, 2006: 83-90.

[78] Pearlman R F, Walsh S M, Schantz D A, et al. Geospatial data based assessment of driver behavior. US20130141249A1.

[79] Lee J-G, Kang M. Geospatial big data: challenges and opportunities[J]. Big Data Research, 2015, 2(2): 74-81.

[80] Jaeger E, Altintas I, Zhang J, et al. A Scientific Workflow Approach to Distributed Geospatial Data Processing using Web Services[C]. SSDBM: Citeseer, 2005: 87-90.

[81] Dutton G. Encoding and handling geospatial data with hierarchical triangular meshes[C]. 7th International symposium on spatial data handling: Citeseer, 1996.

[82] Damiani ML, Bertino E. Access Control Systems for Geospatial Data and Applications[M]. Spatial Data on the Web: Springer, 2007.

[83] Carroll EA, Gardner CM. Method of preparing and disseminating digitized geospatial data. Google Patents, 2002.

[84] Buttenfield BP. Transmitting vector geospatial data across the Internet[C]. International Conference on Geographic Information Science: Springer, 2002: 51-64.

[85] Butenuth M, Gösseln Gv, Tiedge M, et al. Integration of heterogeneous geospatial data in a federated database[J]. ISPRS Journal of Photogrammetry and Remote Sensing, 2007, 62(5): 328-346.

[86] Atluri V, Chun SA. An authorization model for geospatial data[J]. IEEE Transactions on Dependable and Secure Computing, 2004, 1(4): 238-254.

[87] 刘峤,李杨,段宏,等. 知识图谱构建技术综述[J]. 计算机研究与发展,2016,53(3): 582-600.

[88] 徐增林,盛泳潘,贺丽荣,等. 知识图谱技术综述[J]. 电子科技大学学报,2016,45(4): 589-606.

[89] 戴明锋,金勇进,查奇芬,等. 二分类 Logistic 回归插补法及其应用[J]. 数学的实践与认识,2013(21): 162-167.

[90] 雷景生,叶文珺,楼越焕. 数据库原理及应用[M]. 北京:清华大学出版社,2014.

[91] 黄峻福,李天瑞,贾真,等. 中文异构百科知识库实体对齐[J]. 计算机应用,2016,36(7): 1881-1886.

[92] 程显毅,朱倩,王进. 中文信息抽取原理及应用[M]. 北京:科学出版社,2010.

[93] DESHPANDE O, LAMBA D S, TOURN M, et al. Building, maintaining, and using knowl-

edge bases: a report from the trenches[C]. Proceedings of the 2013 ACM SIGMOD International Conference on Management of Data. New York: ACM, 2013.

[94] LEHMANN J, ISELE R, JAKOB M, et al. DBpedia: A Large-scale, Multilingual Knowledge Base Extracted from Wikipedia [J]. Semantic Web, 2015, 6(2): 167-195.

[95] BOLLACKER K, EVANS C, PARITOSH P, et al. Freebase: a collaboratively created graph database for structuring human knowledge [C]. Proceedings of the 2008 ACM SIGMOD International Conference on Management of Data. Vancouver: ACM, 2008: 1247-1250.

[96] SUCHANEK F M, KASNECI G, WEIKUM G. Yago: a core of semantic knowledge[C]. Proceedings of the International Conference on World Wide Web. 2007: 697-706.

[97] HOFFART J, SUCHANEK F M, BERBERICH K, et al. YAGO2: A spatially and temporally enhanced knowledge base from Wikipedia [J]. Artificial Intelligence, 2013, 194: 28-61.

[98] HEATH T, BIZER C. Linked Data: Evolving the Web into a Global Data Space [J]. Molecular Ecology, 2011, 11(11): 670-684.

[99] LEY M. The DBLP Computer Science Bibliography: Evolution, Research Issues, Perspectives[C]. Proceedings of the String Processing and Information Retrieval, 2002: 1-10.

[100] MALTESE V, FARAZI F. A semantic schema for GeoNames[C]. Proceedings of the Inspire, 2013.

[101] RUBIN D B. Statistical analysis with missing data[M]. New York: John Wiley&Sons, 2002.

[102] SEDDIQUI M H, NATH R P D, AONO M. An Efficient Metric of Automatic Weight Generation for Properties in Instance Matching Technique [J]. International Journal of Web & Semantic Technology, 2015, 6(1): 1-17.

[103] ZHANG Z, GENTILE A L, BLOMQVIST E, et al. An unsupervised data-driven method to discover equivalent relations in large Linked Datasets [J]. Semantic web, 2017, 8(2): 197-223.

[104] Hebb D O. The organization of behavior: A neuropsychological approach[M]. [S.l.]: John Wiley & Sons, 1949.

[105] Hinton G E, Salakhutdinov R R. Reducing the dimensionality of data with neural networks [J]. science. 2006, 313(5786): 504-507.

[106] LeCun Y, Bottou L, Bengio Y, et al. Gradient-based learning applied to document recognition[J]. Proceedings of the IEEE. 1998, 86(11): 2278-2324.

[107] McCallum A, Freitag D, Pereira F C. Maximum Entropy Markov Models for Information Extraction and Segmentation[C]. Proceedings of the Seventeenth International Conference on Machine Learning: Morgan Kaufmann Publishers Inc., 2000: 591-598.

[108] Lafferty J, McCallum A, Pereira F C. Conditional Random Fields: Probabilistic Models for

Segmenting and Labeling Sequence Data[C]. Proceedings of the 18th International Conference on Machine Learning, 2001: 282 – 289.

[109] Dean T, Kanazawa K. A model for reasoning about persistence and causation[J]. Computational Intelligence, 1989, 5(2):142 – 150.

[110] Shi Y, Wang M. A dual – layer CRFs based joint decoding method for cascaded segmentation and labeling tasks[C]. Proceedings of the 20th international joint conference on Artifical intelligence: Morgan Kaufmann Publishers Inc., 2007: 1707 – 1712.

[111] Poon H, Domingos P. Joint inference in information extraction[C]. Proceedings of the 22nd national conference on Artificial intelligence – Volume 1: AAAI Press, 2007: 913 – 918.

[112] Singla P, Domingos P. Entity Resolution with Markov Logic[C]. Proceedings of the Sixth International Conference on Data Mining: IEEE Computer Society, 2006: 572 – 582.

[113] Meza – Ruiz I, Riedel S. Jointly identifying predicates, arguments and senses using Markov logic[C]. Proceedings of Human Language Technologies: The 2009 Annual Conference of the North American Chapter of the Association for Computational Linguistics: Association for Computational Linguistics, 2009: 155 – 163.

[114] Deerwester S, Dumais S T, Furnas G W, et al. Indexing by latent semantic analysis[J]. Journal of the American society for information science, 1990, 41(6):391 – 407.

[115] Hofmann T. Unsupervised Learning by Probabilistic Latent Semantic Analysis[J]. Machine Learning, 2001, 42(1):177 – 196.

[116] Tian L, Ma W, Wen Z. Automatic Event Trigger Word Extraction in Chinese Event[J]. Journal of Software Engineering and Applications, 2012, 5:208.

[117] Riedel S, McCallum A. Fast and robust joint models for biomedical event extraction[C]. Proceedings of the Conference on Empirical Methods in Natural Language Processing: Association for Computational Linguistics, 2011: 1 – 12.

[118] Li P, Zhu Q, Diao H, et al. Joint Modeling of Trigger Identification and Event Type Determination in Chinese Event Extraction[C]. COLING, 2012: 1635 – 1652.

[119] Li Q, Ji H, L. Huang L. Joint Event Extraction via Structured Prediction with Global Features[C]. ACL(1), 2013: 73 – 82.

[120] Zhao S, Grishman R. Extracting relations with integrated information using kernel methods [C]. Proceedings of the 43rd Annual Meeting on Association for Computational Linguistics: Association for Computational Linguistics, 2005: 419 – 426.

[121] Zhang N, Li F, Xu G, et al. Chinese NER Using Dynamic Meta – Embeddings[J]. IEEE Access, 2019, 7: 64450 – 64459.

[122] Li Z, Xu G, Liang X, et al. Exploring the Importance of Entities in Semantic Ranking[J]. Information, 2019, 10: 39 – 55.

[123] Zhang H, Liang X, Xu G, et al. Factoid Question Answering with Distant Supervision[J]. Entropy, 2018, 20: 439-451.

[124] Zhang H, Xu G, Liang X, et al. An Attention-Based Word-Level Interaction Model for Knowledge BaseRelation Detection[J]. IEEE Access, 2018, 6:75429-75441.

[125] Zhang H, Zhang W, Huang T, et al. A Two-Stage Joint Model for Domain-Specific Entity Detection and LinkingLeveraging an Unlabeled Corpus[J]. Information, 2017, 8: 59-81.

[126] Liu C, Li F, Sun X, et al. Attention-Based Joint Entity Linking with Entity Embedding [J]. nformation, 2019(10):46-63.

[127] 孙显,付琨,王宏琦.高分辨率遥感图像理解[M].北京:高等教育出版社,2011.

[128] 戴昌达,姜小光,唐伶俐.遥感图像应用处理与分析[M].北京:清华大学出版社,2004.

[129] 刘歌,张国毅,于岩.基于随机森林的雷达信号脉内调制识别[J].电信科学,2016,32(5):69-76.

[130] 刁文辉.基于深度学习的高分辨率光学遥感图像目标解译方法研究[D].北京:中国科学院大学,2016.

[131] 赵安.基于机器学习的高分辨率光学遥感图像飞机目标检测识别[D].北京:中国科学院大学,2017.

[132] 孙显,王智睿,孙元睿,等.AIR-SARShip-1.0:高分辨率SAR舰船检测数据集[J].雷达学报,2019,8(6):852-862. doi:10.12000/JR19097.

[133] Girshick R, Donahue J, Darrell T, et al. Rich feature hierarchies for accurate object detection and semantic segmentation[C]. IEEE conference on computer vision and pattern recognition, 2014: 580-587.

[134] He K, Zhang X, Ren S, et al. Spatial Pyramid Pooling in Deep Convolutional Networks for Visual Recognition[J]. IEEE Transactions on Pattern Analysis & Machine Intelligence, 2014, 37(9):1904-16.

[135] Girshick R. Fast r-cnn[C]. IEEE international conference on computer vision, 2015: 1440-1448.

[136] Ren S, He K, Girshick R, et al. Faster r-cnn: Towards real-time object detection with region proposal networks[C]. Advances in neural information processing systems, 2015: 91-99.

[137] Liu W, Anguelov D, Erhan D, et al. SSD: Single shot multibox detector[C]. European Conference on Computer Vision: Springer, 2016: 21-37.

[138] Redmon J, Divvala S, Girshick R, et al. You only look once: Unified, real-time object detection[C]. Proceedings of the IEEE Conference on Computer Vision and Pattern Recognition, 2016: 779-788.

[139] Redmon J, Farhadi A. YOLO9000: better, faster, stronger[C]. IEEE conference on com-

puter vision and pattern recognition,2017:7263-7271.

[140] Redmon J, Farhadi A. Yolov3: An incremental improvement[J]. arXiv preprint arXiv: 1804.02767, 2018.

[141] Zhou Z H. Ensemble methods: foundations and algorithms[M]. Chapman and Hall/CRC, 2012.

[142] Zitnick C L, Dollár P. Edge boxes: Locating object proposals from edges[C]. European conference on computer vision: Springer, 2014: 391-405.

[143] Dollar P, Zitnick C L. Fast Edge Detection Using Structured Forests[J]. IEEE Transactions on Pattern Analysis & Machine Intelligence, 2015, 37(8):1558-1570.

[144] Dollár P, Zitnick L C. Structured Forests for Fast Edge Detection[C]. IEEE International Conference on Computer Vision, 2013: 1841-1848.

[145] Krizhevsky A, Sutskever I, Hinton G E. ImageNet Classification with Deep Convolutional Neural Networks[J]. International Conference on Neural Information Processing Systems, 2012:1097-1105.

[146] Simonyan K, Zisserman A. Very deep convolutional networks for large-scale image recognition[J]. arXivpreprint arXiv:1409.1556, 2014.

[147] 百度百科-自然语言处理[EB/OL]. (2019-05-03)[2020-05-06]. https://baike.baidu.com/item/%E8%87%AA%E7%84%B6%E8%AF%AD%E8%A8%80%E5%A4%84%E7%90%86.

[148] Hutchins J. The history of machine translation in a nutshell. 2005.

[149] Goldberg Y. A Primer on Neural Network Models for Natural Language Processing[J]. Computer ence, 2016, 57: 345-420.

[150] Ian Goodfellow, Yoshua Bengio, Aaron Courville. Deep Learning[M]. The MIT Press, 2016.

[151] Zhang N, Li F, Xu G, et al. Chinese NER Using Dynamic Meta-Embeddings[J]. IEEE Access, 2019, 7: 64450-64459.

[152] Jozefowicz R, Vinyals O, Schuster M, et al. Exploring the Limits of Language Modeling[J]. 2016.

[153] Do Kook Choe. Eugene Charniak Parsing as Language Modeling[EB/OL]. (1992-02-01)[2020-03-04]. http://www.aclweb.org/website/old_anthology/D/D16/D16-1257.pdf

[154] Vinyals O, Kaiser L, Koo T, et al. Grammar as a Foreign Language[J]. Eprint Arxiv, 2015:2773-2781.

[155] Vaswani A, Shazeer N, Parmar N, et al. Attention is all you need[C]Advances in neural information processing systems,2017: 5998-6008.

[156] Devlin J, Chang M W, Lee K, et al. Bert: Pre-training of deep bidirectional transformers for language understanding[J]. arXiv preprint arXiv:1810.04805, 2018.

[157] 李文哲。最详细的知识图谱的技术与应用[EB/OL]. (2018-06-15)[2020-03-04]. https://zhuanlan.zhihu.com/p/80280367.

[158] 百度百科-命名实体识别[EB/OL]. (2019-05-03)[2019-06-01]. https://baike.baidu.com/item/%E5%91%BD%E5%90%8D%E5%AE%9E%E4%BD%93%E8%AF%86%E5%88%AB/6968430?fr=aladdin.

[159] 曾庆林.百度百科-网络爬虫[EB/OL]. (2020-10-11)[2020-11-01]. https://baike.baidu.com/item/%E7%BD%91%E7%BB%9C%E7%88%AC%E8%99%AB,

[160] Wang C, Sun X, Yu H, et al. Entity Disambiguation Leveraging Multi-Perspective Attention[J]. IEEE Access, 2019, 7: 113963-113974.

[161] 深度学习的发展历史及应用现状[EB/OL]. (2017-05-22)[2019-06-04]. https://blog.csdn.net/lqfarmer/article/details/72622348.

[162] 叶平,人工智能发展简史[EB/OL]. (2017-12-07)[2020-10-01]. http://www.360doc.com/content/17/1207/13/1609415_710797958.shtml.

[163] 目标检测-RCNN系列[EB/OL]. (2017-01-11)[2019-07-05]. https://blog.csdn.net/linolzhang/article/details/54344350.

[164] 王永超.基于深度学习的车道线检测[D].秦皇岛:燕山大学, 2018.

[165] 欧阳佳.基于对抗网络的域自适应红外遥感图像舰船检测方法[D].北京:北京航空航天大学, 2018.

[166] 基于最小二乘支持向量机的软件系统老化预测研究[D].西安:西安建筑科技大学, 2018.

[167] 王坤峰, 苟超, 段艳杰, 等.生成式对抗网络GAN的研究进展与展望[J].自动化学报, 2017, 43(3): 321-332.

[168] 吴晓凤.基于卷积神经网络的手势识别算法研究[D].杭州:浙江工业大学, 2018.

[169] 王振华.基于深度学习的野外巡线系统图像目标检测研究[D].北京:中国地质大学(北京), 2018.

[170] 周徐达.稀疏神经网络和稀疏神经网络加速器的研究[D].合肥:中国科学技术大学, 2018.

[171] 黄文监. TensorFlow和Caffe、MXNet、Keras等深度学习框架的对比[EB/OL]. (2017-02-24)[2020-10-01]. http://dy.163.com/v2/article/detail/CE0JAETJ05118HA4.html.

[172] 黄文监. TensorFlow和Caffe、MXNet、Keras等深度学习框架的对比[EB/OL]. (2017-02-19)[2020-10-01] http://www.360doc.com/content/17/0219/14/13792507_630285383.shtml.

[173] 魏鑫.基于卷积神经网络的遥感图像地物分类方法研究[D].北京:中国科学学院大

学,2018.

[174] 赵爽.基于卷积神经网络的遥感图像地物分类方法研究[D].北京:中国地质大学(北京),2015.

[175] 连明.三维数字地形动态调度及修改技术[D].西安:西北工业大学,2005.

[176] 张永生,贲进,童晓冲.地球空间信息球面离散网格:理论、算法及应用[M].北京:科学出版社,2007.

[177] 陈为,沈则潜,陶煜波.数据可视化[M].北京:电子工业出版社:北京,2013.

[178] 刘夔.无人机地面控制站的设计与开发[D].南京:南京航空航天大学,2013.

[179] 唐家渝,刘知远,孙茂松.文本可视化研究综述[J].计算机辅助设计与图形学学报,2013,25(3):273-285.

[180] 赵颖,樊晓平.网络安全数据可视化综述[J].计算机辅助设计与图形学学报,2014,26(5):687-697.

[181] 费安翔,徐岱.赛博空间概念的三个基本要素及其与现实的关系[J].西南大学学报:社会科学版,2015(2):111-119.

[182] 王祖超,袁晓如.轨迹数据可视分析研究[J].计算机辅助设计与图形学学报,2015(1):9-25.

[183] 万刚,曹雪峰.地理空间信息网格的历史演变与思考[J].测绘学报,2016,45(S1):15-22.DOI:10.11947/j.AGCS.2016.F002.

[184] 王瑞松.大数据环境下时空多维数据可视化研究[D].杭州:浙江大学,2016.

[185] 艾丽蓉,刘云峰.基于Hive的智慧城市数据处理技术研究与实现[J].计算机技术与发展,2018,28(02):9-13.

[186] 王倩倩.分布式离线计算平台的数据可视化系统的设计与实现[D].成都:西南交通大学,2018.

[187] 周志光,石晨,史林松,等.地理空间数据可视分析综述[J].计算机辅助设计与图形学学报,2018,v.30(5):3-19.

[188] 王莉娜.嵌入式时频分析结果的图形化显示研究[D].成都:电子科技大学,2019.

[189] Anscombe F J. "Graphs in statistical analysis." The American Statistician 27.1 (1973):17-21.

[190] Spence R, Apperley M.. Data base navigation: an office environment for the professional [J]. Behaviour & Information Technology, 1982, 1(1):43-54.

[191] Guttman A. R-trees: A dynamic index structure for spatial searching. Vol. 14. No. 2. ACM,1984:47-57.

[192] Furnas G W. Generalized fisheye views[C]//Sigchi Conference on Human Factors in Computing Systems. ACM, 1986:16-23.

[193] Bier E A, Stone M C, Pier K, et al. Toolglass and magic lenses: the see-through interface

[C]//Proceedings of the 20th annual conference on Computer graphics and interactive techniques. 1993: 73 – 80.

[194] Rao R. The table lens: merging graphical and symbolic representations in an interactive focus + context visualization for tabular information[C]//Sigchi Conference on Human Factors in Computing Systems. ACM, 1994:318 – 322.

[195] Snyder J P. Flattening the Earth: two thousand years of map projections[M]. Chicago: University of Chicago Press, 1997.

[196] Card M. Readings in information visualization: using vision to think. Morgan Kaufmann, 1999.

[197] Wong N, Carpendale S, Greenberg S. Edgelens: an interactive method for managing edge congestion in graphs[C]//Information Visualization, 2003. INFOVIS 2003. IEEE Symposium on. IEEE, 2003:51 – 58.

[198] Bederson B B, Grosjean J, Meyer J. Toolkit Design for Interactive Structured Graphics[C]. IEEE Transactions on Software Engineering 2004:535 – 546.

[199] Grafarend E, Krumm F. Map projections: cartographic information systems[M]. Springer, 2006.

[200] Andrienko G, Andrienko N, Rinzivillo S, et al. Interactive visual clustering of large collections of trajectories [C]//Proceedings of IEEE Symposium on Visual Analytics Science and Technology. Los Alamitos: IEEE Computer Society Press, 2009:3 – 10

[201] Sternberg R J, Mio J S. Cognitive Psychology. Australia: Cengage Learning/Wadsworth, 2009.

[202] Willems N, van de Wetering H, van Wijk J J. Visualization of vessel movements [J]. Computer Graphics Forum, 2009, 28(3):959 – 966.

[203] Yabandeh M, Knezevic N, Kostic D, et al. CrystalBall: Predicting and Preventing Inconsistencies in Deployed Distributed Systems[J]. ACM Transactions on Computer Systems, 2010, 28(1).

[204] Cozzi P, Ring K. 3D Engine Design for Virtual Globes[M]. A. K. Peters, Ltd., 2011.

[205] Selassie D, Heller B, Heer J. Divided edge bundling for directional network data [J]. IEEE Transactions on Visualization and Computer Graphics, 2011, 17(12): 2354 – 2363.

[206] Wu Y C, Yuan G X, Ma K L. Visualizing Flow of Uncertainty through Analytical Processes [J]. IEEE Transactions on Visualization and Computer Graphics, 2012, 18 (12): 2526 – 2535.

[207] Chu D, Sheets D A, Zhao Y, et al. Visualizing hidden themes of trajectories with semantic transformation [C]//Proceedings of IEEE Pacific Visualization Symposium. Los Alamitos: IEEE Computer Society Press, 2014: 137 – 144

[208] Mahdavi – Amiri A, Alderson T, Samavati F. A Survey of Digital Earth[J]. Computers & Graphics, 2015, 53.

[209] Yi D, Abish M, Zhou L K, et al. A correlation visual analytics system for air quality[J].

Chinese Journal of Electronics,2018,27(5):920-926.

[210] Ma Y, Wang Y, Xu G, et al. Multilevel Visualization of Travelogue Trajectory Data[J]. ISPRS International Journal of Geo-Information,2018,7(1):12.

[211] 李倩. 数据可视化[EB/OL]. (2018-06-29)[2020-10-01]. https://lq1228.github.io/front/article/2018/06/29/Data-visual-ization.html.

[212] 程远. 格式塔原则[EB/OL]. (2017-09-24)[2020-10-01]. https://www.uisdc.com/5-minutes-know-gestalt.

[213] Cameron Chapman. Exploring the Gestalt Principles of Design[EB/OL]. (2017-09-20)[2020-10-01]. https://www.toptal.com/designers/ui/gestalt-principles-of-design.

[214] Doantam Phan. 1995到2000年加利福尼亚移民流型图[EB/OL]. (2012-01-07)[2020-10-01]. http://graphics.stanford.edu/papers/flow_map_layout/.

[215] 曹云刚,王志盼,杨磊.高分辨率遥感图像道路提取方法研究进展[J].遥感技术与应用,2017,(1):12-21.

[216] 李建,张其栋.基于霍夫变换的遥感图像城市道路的提取识别[J].电脑知识与技术,2017,(3):34-49.

[217] 杨孝翠,孟万利.基于对比度增强和形态学的遥感图像道路提取[J].测绘通报,2017,(08):49-53.

[218] 孙冲.基于支持向量机的遥感图像道路提取[D].长春:吉林大学,2018.

[219] 王陈园.基于自顶向下方法的建筑物三维重建[J].国外电子测量技术,2017,(2):26-30.

[220] 康永辉.异源高分辨率遥感图像的三维重建[J].测绘科学,2015,40(6):156-161.

[221] 阮秋琦.遥感图像的三维重建算法研究[J].铁道学报,1994,(04):28-34.

[222] 周平华,熊彪.半自动机载LiDAR点云建筑物三维重建方法[J].测绘科学,2017,(05):132-134-139.

[223] 陈福集,叶萌.政府网络舆情信息的需求分析[J].情报杂志,2013,(9):52-56.

[224] 苏忠.我国城镇污水处理厂建设及运行现状分析[J].建材与装饰,2018,(29):116.

[225] 杨路江,等.基于Faster R-CNN模型的遥感污水处理厂目标检测[C]//第五届高分辨率对地观测学术年会论文集. 2018.

[226] 吴凡.基于多特征神经网络模型的移动目标行为模式分析[D].北京:中国科学院大学,2017.

[227] 桑连海,黄薇,廖志丹.长江流域城市污水处理现状与节水效应浅析[J].长江科学院院报,2007,024(004):23-25,30.

[228] 虞金中,杨先凤,陈雁,等.基于混合模型的新闻事件要素提取方法[J].计算机系统应用,2018,27(12):171-176.

[229] 陈福集,叶萌,郑小雪.面向网络舆情的政府知识需求分析[J].理论导刊,2013,

(10):37-39.

[230] 陈福集,叶萌. 系统动力学视角下政府回应网络舆情的能力提升研究[J]. 情报杂志,2013,(11):121-127.

[231] 杜越. 雷达调制信号的分析与识别[D]. 成都:电子科技大学,2018.

[232] Fukunaga K, Hostetler L. The estimation of the gradient of a density function with applications in pattern recognition[J]. IEEE Transactions on Information Theory,1975,21(1):32-40.

[233] Krizhevsky A, Sutskever I, Hinton G. ImageNet Classification with Deep Convolutional Neural Networks[C]// NIPS. Curran Associates Inc. 2012.

[234] Cao Z, Fu K, Lu X, et al. End-to-End DSM Fusion Networks for Semantic Segmentation in High-Resolution Aerial Images[J]. IEEE Geoscience and Remote Sensing Letters,2019,16(11).

[235] Zhan Y, Fu K, Yan M, et al. Change detection based on deep siamese convolutional network for optical aerial images[J]. IEEE Geoscience and Remote Sensing Letters, 2017,14(10):1845-1849.

[236] Zagoruyko S, Komodakis N. Learning to compare image patches via convolutional neural networks[C]. IEEE conference on computer vision and pattern recognition, 2015:4353-4361.

[237] Hadsell R, Chopra S, LeCun Y. Dimensionality reduction by learning an invariant mapping[C]//. IEEE conference on computer vision and pattern recognition, 2006:1735-1742.

[238] Miao Z, Fu K, Sun H, et al. Automatic Water-Body Segmentation from High-Resolution Satellite Images via Deep Networks[J]. IEEE Geoscience and Remote Sensing Letters, 2018, 15(4):602-606.

[239] Sui H, Chen G, Chuanwen H, et al. Integrated Segmentation, Registration and Extraction Method for Water-Body Using Optical Remote Sensing Images and GIS Data[J]. Geomatics & Information Science of Wuhan University, 2016,41(9).

[240] Yuan X, Sarma V. Automatic Urban Water-Body Detection and Segmentation from Sparse ALSM Data via Spatially Constrained Model-Driven Clustering[J]. IEEE Geoscience & Remote Sensing Letters, 2010, 8(1):73-77.

[241] Karlsson A, Rosander J, Romu T, et al. Automatic and quantitative assessment of regional muscle volume by multi-atlas segmentation using whole-body water-fat MRI[J]. Journal of Magnetic Resonance Imaging Jmri, 2015, 41(6):1558-1569.

[242] Serizawa M, Uda T, Miyahara S. Effects of Construction of Offshore Breakwaters on Segmentation of a Slender Water Body [J]. Procedia Engineering, 2015, 116(1):502-509.

[243] Tian Y. Effective segmentation method for water body: the algorithm of combination water-

shed transformation and region merging based on morphologic gradient images[J]. Proceedings of SPIE - The International Society for Optical Engineering, 2007, 6786: 67864L - 67864L - 7.

[244] Xia G, Bai X, Ding J, et al. DOTA: A Large - Scale Dataset for Object Detection in Aerial Images[C]. Computer Vision and Pattern Recognition, Salt Lake City, UT, USA, 18 - 22 June 2018: 3974 - 3983.

[245] Dai J, Qi H, Xiong Y, et al. Deformable Convolutional Networks[C]. International Conference on Computer Vision, Venice, Italy, 22 - 29 October 2017: 764 - 773.

[246] Cai Z, Vasconcelos N. Cascade R - CNN: Delving Into High Quality Object Detection[C]. Computer Vision and Pattern Recognition, Salt Lake City, UT, USA, 18 - 22 June 2018: 6154 - 6162.

[247] Yan J, Wang H, Yan M, et al. IoU - Adaptive Deformable R - CNN: Make Full Use of IoU for Multi - Class Object Detection in Remote Sensing Imagery[J]. Remote Sensing, 2019, 11: 286.

[248] Wang X, Xu G, et al. Syntax - Directed Hybrid Attention Network for Aspect - Level Sentiment Analysis[J]. IEEE Access, 2019, 7: 5014 - 5025.

[249] Zhang N, Li F, Xu G, et al. Chinese NER Using Dynamic Meta - Embeddings[J]. IEEE Access, 2019, 7: 64450 - 64459.

[250] Zhang Y, Xu G, Wang Y, et al. Empower event detection with bi - directional neural language model[J]. Knowledge - Based System, 2019, 167: 87 - 97.

[251] Wen X, Lin Z. Discussion of eia emphasis of municipal wastewater treatment plant project [C]. International Conference on Electric Technology Civil Engineering, 2011.

[252] Zhang Z, Wang C, Gan C, et al. Automatic modulation classification using convolutional neural network with features fusion of SPWVD and BJD[J]. IEEE Transactions on Signal and Information Processing over Networks, 2019, 5(3): 469 - 478.

[253] Yan X, Zhang G, Wu H, et al. Automatic modulation classification in stable noise using graph - based generalized second - order cyclic spectrum analysis[J]. Physical Communication, 2019, 37: 100854.

[254] F Bastani, et al. RoadTracer: Automatic Extraction of Road Networks from Aerial Images [C]. Computer Vision and Pattern Recognition, Salt Lake City, UT, USA, 18 - 22 June 2018: 4720 - 4728.

[255] 三大主流开源 NoSQL 数据库介绍[EB/OL]. (2015 - 09 - 15)[2019 - 12 - 09]. https://www.pianshen.com/article/5762754364.

[256] 知识图谱与数据组织关联[EB/OL]. (2019 - 01 - 10)[2020 - 12 - 19]. http://www.duozhishidai.com/article - 30624 - 1.html.